● 侯建文 阳 光 冯建军 贺 亮 等编著

刘付成 主审

深空探测
——金星探测

Deepspace Exploration
—— Venus Exploration

国防工业出版社

·北京·

内 容 简 介

本书首先对金星进行了概要介绍,以金星探测的科学目标为角度介绍了金星环境,对各国进行的金星探测活动进行了详细地讲述,主要包括整体结构、温控系统、推进系统、电源系统、GNC 系统、有效载荷以及故障分析。然后介绍了未来金星探测规划,主要包括金星环绕探测任务、金星大气漂浮探测任务以及金星表面和巡视探测任务。最后介绍了金星探测的关键技术构想。

本书可以作为航天爱好者的参考书,也可以作为航天器总体及有关专业的科技人员和高校师生的参考资料。

图书在版编目(CIP)数据

深空探测:金星探测 / 侯建文等编著. —北京:
国防工业出版社,2015.12
ISBN 978 - 7 - 118 - 09519 - 7

Ⅰ. ①深… Ⅱ. ①侯… Ⅲ. ①金星探测器 Ⅳ.
① V476.4

中国版本图书馆 CIP 数据核字(2014)第 092419 号

※

国防工业出版社出版发行
(北京市海淀区紫竹院南路 23 号 邮政编码 100048)
国防工业出版社印刷厂印刷
新华书店经售

*

开本 710×1000 1/16 印张 16¼ 字数 330 千字
2015 年 12 月第 1 版第 1 次印刷 印数 1—2000 册 定价 88.00 元

(本书如有印装错误,我社负责调换)

国防书店:(010)88540777 发行邮购:(010)88540776
发行传真:(010)88540755 发行业务:(010)88540717

　　"我们从何而来?"人类一直对浩瀚无垠的神秘宇宙充满了无限的向往。当今世界,深空探测的发展水平已经成为一个民族创新能力、一个国家综合国力的重要标志之一。1957 年苏联发射了人类第 1 颗人造卫星,1960 年 3 月美国发射了人类第 1 个深空探测器——"先驱者"5 号。进入 21 世纪以来,美国、俄罗斯、欧洲航天局(欧空局)、日本以及印度相继制定了宏大的深空探测的长远规划和实施计划,一些深空探测项目已经成功实施,深空探测已经成为世界航天活动的主要发展方向之一。

　　金星是地球的邻近行星,因为其质量和大小等性质与地球十分类似,因此又称它为地球的"姊妹星"。中国古代称金星为"太白"或"太白金星",也称"启明"或"长庚"(傍晚出现时称"长庚",清晨出现时称"启明")。西方则将金星视为爱的象征,命名为爱神"维纳斯"。

　　虽然金星在质量和体积上与地球很接近,运行轨道与地球轨道距离最近,但是金星却具有很多不同于地球的特征。金星的自转方向与地球相反,大气层充满了浓密的二氧化碳,温室效应很强,表面温度高达 600K,因此,人类对神秘的金星充满了兴趣。

　　科学家曾经推想金星有类似于地球的生机环境和海洋,但是 1956 年的雷达微波探测表明,金星表面是酷热世界。1961 年,人类开始用雷达探测金星的自转。航天时代的来临,揭开了金星的神秘面纱,书写了人类探测金星的新篇章。截至 2013 年年底,人类共发射了 43 颗金星探测器,其中美国 8 颗,苏联 33 颗,欧盟 1 颗,日本 1 颗。

全书由侯建文负责制定编著大纲、写作方案并统稿。

第1章由侯建文、阳光、贺亮编写。金星概述,介绍了金星的物理、气候和地质地貌特征,金星探测的科学目标和工程目标以及对金星探测的过去和未来进行了概要介绍。

第2章~第5章由冯建军、贺亮、曹涛、满超、周杰编写。详细介绍了金星探测的过去和现在。其中,第2章介绍俄罗斯(苏联)金星探测的过去和现在,第3章介绍了美国金星探测的过去和现在,第4章介绍了欧空局金星探测的过去和现在,第5章介绍了日本金星探测的过去和现在。

第6章~第8章由贺亮、冯建军、王卫华、刘宇、郭彦余编写。介绍了金星探测的未来规划。其中,第6章介绍了金星环绕探测任务,第7章介绍了金星大气漂浮探测任务,第8章介绍了金星表面和巡视探测任务。

第9章由阳光、侯建文、耿淼编写。从深空探测的角度详细讨论了金星探测的关键技术构想。

最后附有世界各国金星探测活动编年表。希望本书能够为我国金星探测任务提供有力的借鉴和佐证,并且能够对中国未来的深空探测发展战略的制定、金星探测技术的发展发挥有力的支撑作用。

本书在编撰过程中得到了上海市空间智能控制技术重点实验室的大力支持,上海航天控制技术研究所所长刘付成研究员在百忙中对本书进行了审阅,在此表示感谢。

限于编者的水平,书中难免有不妥之处,恳请专家和读者批评指正。

编 者

2015 年 9 月

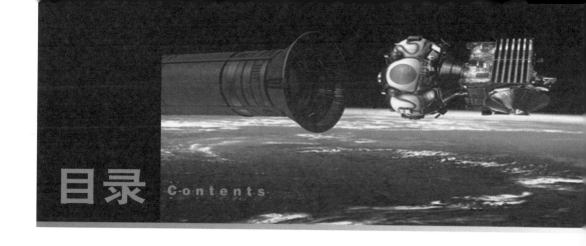

目录 Contents

维纳斯(Venus)是希腊神话中的爱与美的女神之名,也是星空之中最明亮的行星——金星的名称。金星是距离太阳第二近的行星,地球是距离太阳第三近的行星,由于金星的大小和质量跟地球相当而称为地球的"姊妹行星"。金星全球具有浓密的大气和云层,过去对金星的神秘表面和自转等情况不甚了解。

航天时代以来,金星曾一度成为关注的焦点之一。截至 2011 年,世界各国共发射了 43 颗金星探测器,其中美国 8 颗,苏联 33 颗,欧盟 1 颗,日本 1 颗。22 颗探测器已成功地探测了金星,其中美国 6 颗,苏联 15 颗,欧洲 1 颗。其中,金星飞越/环绕/大气层进入任务 33 次,着陆任务 8 次,漂浮任务 2 次。

虽然在 20 世纪 90 年代金星探测进入了一段平静期,但世界航天强国从来没有停止过金星探测的步伐。进入 21 世纪后,美、俄、欧等纷纷公布了各自的金星探测计划。NASA 制定金星探测"旗舰"任务,计划在 2030 年前实现金星取样返回探测,俄罗斯制定了金星环绕与着陆多种方式综合探测的 Venera-D 计划等,再次拉开了金星探测的热潮。

1.1 金星探测入门

在中国古代,金星被称为"太白",清晨现于东方时为"启明星",夜晚现于西方时为"长庚星"。西方则视其为爱的象征,命名为爱神"维纳斯"。它是地球的邻近的内行星,质量和大小等性质和地球十分类似,因此又称为地球的"姊妹星"。

尽管这颗邻星和地球十分相似,但金星的自转方向跟地球相反,大气层充满了浓密的二氧化碳气体,温室效应很强,表面温度高达 600K,因此人类对这颗神秘的星球充满了兴趣。如果能够掌握金星大气运动规律、演化历史,就能有助于解读和分析地球大气未来的发展趋势和现在潜在的危险;分析金星表面形貌、地质结构、火山活动,就能对金星的起源及类地行星的形成过程进行比较研究,为了解太阳系的起源和演化提供有力证据。

虽然金星被称为地球的"姊妹星",但是它的环境与地球可谓天壤之别。金星独特的环境也是吸引科学家们对它产生极大好奇不断探索的原因。金星的主要特点可以概括为以下几点:

(1)"度日如年"。

天文观测发现,金星的自转周期为 243d,公转周期为 223d,其自转速度比公转更慢。金星上的"一天"相当于地球上的 8 个月,金星的白昼与黑夜各长达 4 个月。有科学家推测,40 亿年前,金星的自转速度与现在的地球自转速度基本一致,而随着"年龄"的增长,金星仿佛迟缓了,而其究竟如何演变成"度日如年"的机理还有待进一步科学探索和研究。

(2)"西升东落"。

金星的自转很特别,是太阳系内唯一逆向自转的大行星,其自转方向与其他行星相反,是自东向西。也就是说,在金星上看,太阳是自西方升起,从东方落下。

(3)大气超旋。

苏联发射的 Venera 金星探测器发现,金星大气层中最为活跃的地方是对流层和中间层内(即 0~100km),带状风在云层顶部最高速度可超过 100m/s,比地球上任何台风的速度都高,带状风在地面及中层大气顶(100km)的风速又减小为 0。2005 年欧洲航天局(European Space Agency,ESA),简称欧空局发射的"金星快车"通过遥感的手段对这一超旋现象进行了研究,却仍无法揭示其现象的根本原因。后试图将浮空器送入到对流层和中间层展开研究。

(4)温室效应。

据科学家推测,早期的金星和地球拥有着相似的大气层和地表水。大约 20 亿年前,金星大气层中的氧气和水逐步逃逸,金星也没有了类似于地球上的石灰岩和海洋存储二氧化碳。因此二氧化碳成了大气层的主要成分。金星被厚厚的大气层包围,大气非常浓密,其中 96.5% 为二氧化碳,3.5% 为氮气,因此金星表面永远是浓云笼罩下的阴天,见不到明亮的太阳。

金星距离太阳比地球距离太阳近约 1/3,入射到金星大气层顶的光照比地球多 1 倍,但大气的反照率高达 0.76,而地球的反照率只有 0.39,也就是说,真正能够到达金星低层大气的光照比地球还少。浓密的二氧化碳带来的温室效应使得金星表面温度达到了 470℃,而且基本上没有昼夜和季节的差别。

(5)火山密布。

1989 年 NASA 发射的"麦哲伦"号金星探测器发现,金星上存在的大型火山有 1600 多处,小火山的总数估计超过 10 万处,可谓火山密布,是太阳系中拥有火山数量最多的行星。目前为止,金星上尚未发现活火山。尽管大部分火山早已熄灭,

仍不排除金星存在活火山的可能性。

1.2 金星探测的科学目标

1.2.1 基本参数

金星绕太阳公转轨道半长轴为 0.7233AU（1.0823 亿 km），公转周期为 224.701（地球日），轨道偏心率为 0.00677，轨道面对黄道面倾角为 3.3947°。由于金星公转轨道比地球小，从地球上看去，它离太阳的视角小于 48°，仅在黎明或者黄昏才容易见到。因为金星本身不发光，仅可以看到被太阳照亮的部分，在它相对于地球的会合运动（会合周期为 583.92d），甚至肉眼就可以依稀辨别出它有类似月球的盈亏的位相和视大小（图 1 – 1）周期性变化。

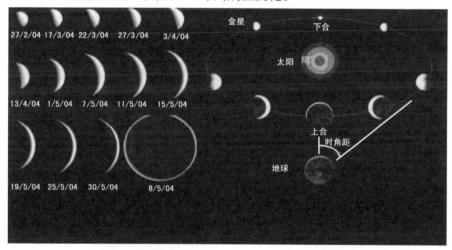

图 1 – 1　金星的位相（右）和视大小（左）的变化

金星的自转很特殊，自转方向与地球的自转相反，其赤道面与轨道的夹角为 177.33°，或自转轴也近于垂直轨道面，但北极朝南，自转周期长达 243.018 个地球日。奇怪而有趣的是，在金星和地球绕太阳公转的会合运动中，金星每次接近地球时，类似月球那样，面对地球的几乎总是金星的同一侧。

金星的质量为 4.869×10^{24}kg，是地球质量的 81.5%，金星的半径为 6052km，是地球半径的 94.9%。金星的平均密度为 5.24g/cm^3，跟地球的密度（5.52g/cm^3）相当。金星赤道表面重力加速度为 8.87m/s^2，逃逸速度为 10.36km/s。但是金星和地球也有很大差别，例如金星的自转方向与地球相反，金星有以 CO_2 为主的极其浓密的大气，温室效应很强，浓云笼罩的金星表面很热，金星表面没有液态水海洋，更没有生物。

虽然人们对金星这个相似的近邻更感兴趣，但航天时代之前对它了解甚少，揭示金星奥秘成为航天的热门任务,有很多新发现。因为金星在大小等方面与地球相似,原来以为金星会有磁场,但是出乎意料的是,飞船上的磁力仪探测不出金星本身的磁场,金星赤道处磁场强度仅为地球磁场的 1/1000 以下。但由于金星的电离层与太阳风相互作用会产生磁场,对太阳风流产生阻碍,在金星周围也形成类似磁层的区域。金星电离层的上游也存在弓形激波面。在弓形激波面与电离层之间是磁鞘,堆积太阳风等离子体和磁力线。代替一般磁层的磁层顶,金星磁层存在电离层顶,在 1.1 倍金星半径处,它把电离层及磁鞘中的等离子体和磁力线分开。磁鞘中的行星际磁力线受电离层所阻碍而绕金星弯转,形成金星背后的感生磁尾;磁尾由反向磁力线的两瓣组成,与地球的磁尾类似。因为金星没有自身的偶极磁场,就没有持久的俘获粒子,也没有辐射带。

1.2.2　金星大气参数

金星有比地球浓密得多的大气,表面压强达 93bar,主要成分是 CO_2,其次是 N_2,还有少量的 SO_2、Ne 和 H_2O,它们的平均含量如图 1 - 2 所示,还有氯化氢（HCl,0.1 ~ 0.6ppm,ppm 是百万分之一）、氟化氢（HF,0.001 ~ 0.005ppm）、硫酸（H_2SO_4）、硫化氢（H_2S）;金星大气的氘与氢的比率（D/H 约 2.5%）远高于地球的（0.016%）,而金星高层大气的 D/H 是总平均的 1.5 倍,这是由于大气的水汽（H_2O）被太阳紫外线离解为 H 和 O,H 容易逃逸到太空。

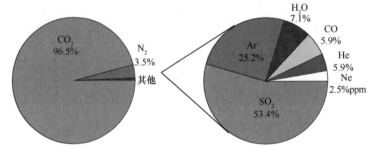

图 1 - 2　金星的大气成分

类似于地球大气按照气温随高度变化的分层,金星大气可以自低向高划分为对流层、中间层、热层和外大气层。与地球大气对比,金星高层大气要冷些,而底层大气很热。金星表面温度是类地行星中最高的,由于热惯性和风转移热,尽管自转很慢,但表面各处温差不超过 10K,可谓"全球同此凉热"（图 1 - 3）。

金星的对流层占大气总质量的 99%,略高于 50km 为对流层与中间层的边界——对流层顶。根据"麦哲伦"号和金星快车探测,在高度 52.5 ~ 54km 区的气温为 293K（20℃）与 310K（37℃）之间。

在高度 50 ~ 65km 处有浓密的云层,甚至夜间看到 80km 高云。这些云特征的分布往往对称于赤道,呈"Y"或"反 C"字形,主要是从东向西运动,有 4 天和 6 天的云

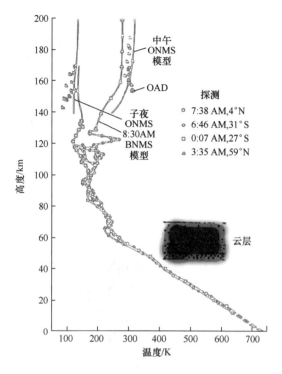

图 1 - 3 金星大气温度随高度的变化

纹特征团,也有从赤道向极区的(云顶)风,但风速仅 5 ~ 10m/s,这可能反映 SO_2 (及其他成分)含量的变化,与大气环流有关。纬度小于 50°的对流顶风速达 100m/s(慢于自转)。往高纬的风速很快减小,到两极减为 0。强烈的云顶风造成所谓大气的"超自转";垂直方向上风速随高度减小的变化梯度很大(每千米减小 3m/s),到表面附近平均为 0.3 ~ 1.0m/s,但因为大气密度大,仍足以搬运尘埃和小石块。

金星的云主要是硫酸(H_2SO_4 ,占 75%)和水汽(占 25%),还有少量的 SO_2、HCl、HF 以及其他气溶胶,多为液滴,也推测有固体结晶微粒的。金星大气存在一系列的化学反应。云层以上主要是光化学反应,云层以下主要是热化学反应,而云区是液相反应。高温的表面岩石可以放出 CO_2、SO_2、HF、HCl,它们在大气化学中起重要作用。H_2SO_4 是高层大气的 CO_2、SO_2 和 H_2O 受太阳的光化作用产生的:$CO_2 \rightarrow CO + O$,$SO_2 + O \rightarrow SO_3$,$SO_3 + H_2O \rightarrow H_2SO_4$。大气化学也对于大气的动力学及云的形成起重要作用。

金星大气的中间层从高度 65km 延续到 120km;热层从高度约 120km 开始,向上最终达 220 ~ 350km 的大气上限(外大气层)。中间层可以分为下、上两层。下层高度为 52 ~ 73km,与上云盖复合,几乎等温(230K)。上层高度为 73 ~ 95km,温度开始往外降低,到高度 95km 处降到 165K,这是昼侧大气最冷部分。作为中间层与热层的边界,昼侧中间层顶的高度为 95 ~ 120km,温度上升到常数值 300 ~

400K;相反,热层的夜侧是金星的最冷地方,温度仅为 100K,甚至称为"低温层"(cryosphere)。

金星的大气环流相当复杂,除了上述的云带东西环流运动,较低层存在子午(南北)环流,如图 1-4 所示。这终究是对流驱动的,太阳照射的赤道带热气体上升,缓慢流向到高纬,到纬度 60°开始下沉,从云下面返回赤道,形成子午环流——哈德莱(Hadley)环流。在纬度 60°~70°观测到极区冷环圈(cold polar collars),如图 1-5 所示,其温度比附近纬度低 30~40K,可能是上升空气绝热冷却所致,环圈内的云位于高度 70~72km。在冷环圈与中间高度的急流(140m/s)之间存在联系。这样的急流是哈德莱环流的自然结果,应存在于纬度 55°~60°。

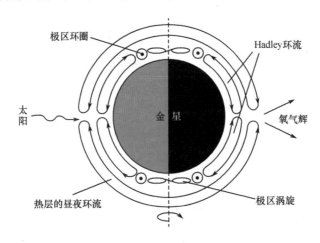

图 1-4 金星大气环流

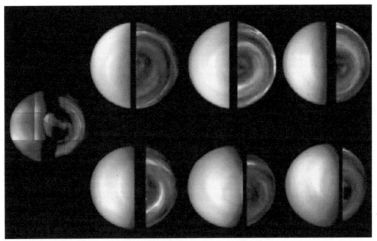

图 1-5 金星南极区的"双眼涡旋"(左小幅)及附近区
冷环圈的昼(左半)夜(右半)变化

上(中间)层和热层的环流团与低层大气完全不同。在高度 90～150km,空气从昼侧向夜侧运动,从昼半球上升和夜半球下降,后者导致夜半球空气的绝热加热而在中间层高度 90～120km 形成暖层,温度(230K)比典型夜半球热层(100K)高得多。从昼半球来的环绕空气也带来氧原子,它们在夜半球复合后,形成长寿命的氧激发分子,然后发射波长 1.27μm 的红外辐射。探测器在降落于金星黑夜半球的过程中,可见到金星大气的发光——称作"气辉",在高度 100～120km 处气辉最强,赤道区的气辉最亮,也有沿着离夜子午圈 30°的经圈较亮的趋势,气辉亮度随时间的变化很不规则。气辉是高速风把白昼半球的 NO(由光致离解产生)吹到黑夜半球而产生的光。

金星大气的温度、大气压、大气密度以及大气成分决定了金星大气特征。不同的大气高度有着不同的大气结构和特征,一般情况金星大气分为低层大气(0～70km)、中层大气(70～130km)和高层大气(130km以上)。不同高度的大气模型见表 1－1、表 1－2。

表 1－1 金星底层大气(0～30km)模型

高度/km	温度/K	大气压/bar	密度/($kg \times m^{-3}$)	高度/km	温度/K	大气压/bar	密度/($kg \times m^{-3}$)
0	735.3	92.10	64.79	12	643.2	41.12	33.54
1	727.7	86.45	61.56	14	628.1	35.57	29.74
2	720.2	81.09	58.45	16	613.3	30.66	26.27
3	712.4	76.01	55.47	18	597.1	26.33	23.18
4	704.6	71.02	52.62	20	580.7	22.52	20.39
5	696.8	66.65	49.87	22	564.3	19.17	17.88
6	688.8	62.35	47.24	24	547.5	16.25	15.62
7	681.1	58.28	44.71	26	530.7	13.70	13.59
8	673.6	54.44	42.26	28	513.8	11.49	11.77
9	665.8	50.81	39.95	30	496.9	9.581	10.15
10	658.2	47.39	37.72				

表 1－2 金星低层大气(30～65km)和中层大气(66～100km)模型

高度/km	温度/K	大气压/bar	密度/($kg \times m^{-3}$)	高度/km	温度/K	大气压/bar	密度/($kg \times m^{-3}$)
纬度 0～30°				纬度 75°			
33	471.7	7.211	8.041	33	471.7	7.211	8.041
36	448.0	5.346	6.274	36	446.5	5.345	6.294
39	425.1	3.903	4.823	39	420.5	3.894	4.865
42	403.5	2.802	3.646	42	394.5	2.780	3.701
45	385.4	1.979	2.693	45	368.7	1.941	2.762
48	366.4	1.375	1.967	48	343.5	1.321	2.016

高度 /km	温度 /K	大气压 /bar	密度 /(kg×m⁻³)	高度 /km	温度 /K	大气压 /bar	密度 /(kg×m⁻³)
纬度 0~30°				纬度 75°			
51	342.0	0.9347	1.432	51	318.5	0.8741	1.438
54	312.8	0.616	1.032	54	290.0	0.5582	1.009
57	282.5	0.3891	0.7212	57	258.2	0.3392	0.6878
60	262.8	0.3257	0.4694	60	237.5	0.1948	0.4293
64	245.4	0.1156	0.2443	64	234.3	8.950×10^{-2}	0.1998
68	235.4	5.447×10^{-2}	0.1210	68	242.0	4.180	9.030×10^{-2}
72	224.1	2.476×10^{-2}	5.775×10^{-2}	72	243.6	1.987	4.263×10^{-2}
76	212.1	1.081×10^{-2}	2.633×10^{-2}	76	234.9	9.345×10^{-3}	2.079×10^{-3}
80	197.1	4.476×10^{-3}	1.156×10^{-2}	80	214.7	4.176×10^{-3}	1.016×10^{-3}
84	183.8	1.733×10^{-3}	4.926×10^{-3}	84	196.1	1.734×10^{-4}	4.618×10^{-3}
88	173.6	6.312×10^{-4}	1.898×10^{-3}	88	182.4	6.665×10^{-4}	1.908×10^{-3}
92	167.2	2.191×10^{-4}	6.836×10^{-4}	92	176.1	2.433×10^{-4}	7.250×10^{-4}
96	169.2	7.519×10^{-5}	2.314×10^{-4}	96	169.6	8.586×10^{-5}	2.638×10^{-4}
100	175.4	2.660×10^{-5}	7.890×10^{-5}	100	166.1	2.054×10^{-5}	9.250×10^{-5}

1bar = 100kPa

1.2.3 金星的内部结构和磁场与磁层

迄今尚缺乏金星内部的有关资料,尤其是它的地震资料,只能以现有资料作为条件,加上某些较为合理的推断和假定,粗略近似地借助内部结构方程组,来推算金星内部的结构模型。金星的大小、质量和平均密度与地球相似,常认为金星内部也有类似于地球的壳、幔、核结构,如图 1-6 所示。金星外壳的平均密度较小($2.7 \sim 2.9 g/cm^3$),有火成岩且各区域成分不同,大气中富含 CO_2,说明经过分异而

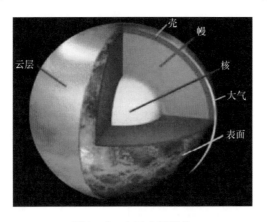

图 1-6 金星内部结构

形成壳、幔、核。但是,金星又跟地球有相当大的区别,其内部结构具体情况也不同。金星没有可探测到的磁场,说明它内部没有像地球那样的液态金属核。金星的重力异常区位于 Beta 区和 Aphrodite 高原等区,说明它们不是像地球高原那样浮在较低密度岩石上面,而可能由从幔上升支撑而均衡补偿,且内部是热的,岩石壳不太厚(100~200km)。然而,"麦哲伦"号的重力探测资料表明,金星外壳比以前推测的更强和更厚。金星没有地球那样的移动板块,而是经历规则间歇的大规模火山的上涌,新鲜熔岩充满表面。一些新近的发现表明,金星的孤立地质热斑仍然是火山活跃的。一般认为,金星的铁核半径为 3000km(也可能略小于地核),金星幔很厚,可能是熔融的,但没有对流和软流圈,因而不足以驱动板块运动,而上幔的热斑和火山活动更强烈更持久,岩石圈较厚而坚硬。

　　原以为金星会有磁场,但飞船探测的金星磁场比地球磁场弱得多(赤道处磁场强度至多仅为地球磁场的 1/1000)。这是金星电离层与太阳风相互作用而感生的外部磁场,而不是像地球那样由星核的"发电机"产生的内部磁场,发电机要求导电流体、自转和对流,金星的核可能是导电的,但自转太慢,虽然模拟也可能产生发电机,但缺乏对流而不产生磁场。

　　不同于地球的磁层,金星只有被太阳风携带的磁场形成的感应磁层,如图 1-7 所示。这是由于太阳风磁场遇到金星大气阻碍而磁力线蜷曲所致。金星电离层朝太阳侧存在弓形激波,在 2007 年太阳活动趋于极小期,测出日下点的弓形激波离金星表面 1900km(0.3 金星半径);而太阳活动极大时,则可能远几倍。弓形激波面与电离层之间是磁鞘,主要堆积太阳风等离子体和磁力线。磁层顶位于高度 300km;而电离层顶在高度 250km 附近;两者之间存在磁障——局部增强磁场到 40nT(1nT = 10^{-9}T),至少在太阳活动极小年阻止太阳风等离子体进入大气深处。

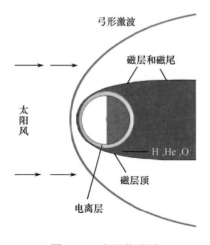

图 1-7　金星的磁层

1.2.4　金星的地形和地质

由于雷达电波可以穿透云层到达金星的固态表面,从接收表面反射的回波可以分析出表面地形及表面性质,早在 20 世纪 60 年代初就开始用地球上雷达探测金星表面,绘制金星的地形 - 地质(雷达)图像,70 年代后期以来,用飞船上雷达探测金星表面,分辨率逐渐提高到 120 ~ 300m。

1. 表面地形

1990—1994 年,"麦哲伦"轨道器的雷达扫描 98% 金星表面,约 80% 为平坦的火山平原覆盖,70% 有褶皱脊、10% 是平坦或叶状的,有 22% 绘制了三维立体图像。

金星表面的雷达图像显示有高原、山脊、脊、低谷、火山、构造、陨击坑等多种特征,各特征的经度和纬度是相对于本初子午线(经过陨击坑 Aradne 中央峰)的。

除了少数高原,金星表面的高程差很小,60% 表面的高程差不超过 500m,仅 2% 高出 2km 以上。地球的表面高程双模式分布反映海洋和大陆的划分;金星没有海洋,是单模式的。金星的南、北半球差别显著;北半球主要是多山脉的高原;南半球主要是较平坦的平原。

金星地形可按照高低划分为高地(highlands)、沉积平原(deposition plains)和低谷(lowlands)。高地高出 2km 以上,约占表面的 10%。最重要的是伊什塔高原(Ishtar Terra)、阿夫罗迪特高原(Aphrodite Terra)和拉达高原(Lada Terra)以及 Beta、Phoebe、Themis、Alpha、Eistla、Tholus。沉积平原高 0 ~ 2km,占表面的 1/2 以上。低地比平均表面低,雷达反射资料表明,这些区域在厘米尺度上很平滑,这是高原剥蚀的细物质沉积所致。

金星整个表面似乎都大致同样年龄和地质上年轻的,最老地貌似乎也只有 8 亿年左右,陨击坑少,而火山地貌占主导,几乎 90% 的表面是新近固结的玄武岩浆,表面约 75% 有赤裸岩石。

2. 陨击坑

虽然金星表面缺乏像月球和水星表面那样的大量陨击坑和陨击盆地,但陨击作为一种重要的行星地质过程也在金星表面有一定表现。已识别出金星约有 900 个陨击坑。它们的直径范围为 3 ~ 300km。多数有共生的偏心西向暗边缘,这是由于金星逆向自转而使得烧蚀物质随浓密大气偏向。小于 30km 的陨击坑常常是形状不规则或多坑群,说明陨落体(约 1km 大小)通过浓密大气时发生了破碎,落下的碎块产生陨击坑群。陨击坑几乎都有锐利的边缘,周围的溅射沉积未受扰动,似乎都是新近形成的,而剥蚀缓慢(因为表面风速小,又无水)。不像地球和月球的退化态陨击坑,约 85% 的金星陨击坑处于良好保留的原来条件,以前的老陨击坑已被 3 ~ 6 亿年前的全球火山活动事件覆盖掉了,随后火山活动衰退,而新近形成的年轻陨击坑保存完好。

典型的 Aurelia 坑的直径为 32km，有环形边缘、阶梯壁和中央峰，周围溅射物粗糙（雷达图上是亮的）且不对称形状指明陨落体进入方向，如图 1 – 8 所示。Jeanne 坑的直径为 19.5km，也有不对称溅射物和亮流，周围则有两类暗物质：西南侧是平坦熔岩流区（雷达图上是黑的）；东北侧很暗区可能被平坦物质（细粒沉积物）覆盖。Adivar 坑直径 30km，有趣的是金星 50km 高空大气的高速风把溅射物吹到很远才沉落。麦克斯韦（Maxwell）山脉上有直径约 100km、深 2.5km 的一个多环坑（Cleopatra Patera）和直径 34km 的 Golubkina 年轻陨击坑。

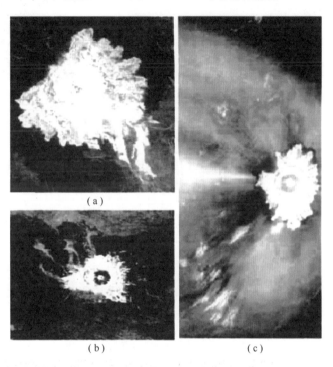

图 1 – 8　金星火山地貌图
(a) Aurelia 坑，32km；(b) Jeanne 坑，19.5km；(c) Adivar 坑，30km。

金星的陨击坑数目有两个有趣特征：一是陨击坑分布如同随机的；二是被火山活动或构造活动改造的陨击坑很少——仅占总数的 17%，这意味着缺乏近 10 亿年的过程记录。如果火山岩流以均匀速度覆盖表面，就会掩埋较多的陨击坑。曾考虑过金星全球的灾难性更新表面，后来的更新表面细致模型表明，陨击坑数目可以符合很宽范围的模型，允许不同大小的区域以不同速率更新表面，如图 1 – 9 所示。少数被改造的陨击坑很符合小区域（直径约 400km）发生更新。即使很多暗底的陨击坑是被火山填充的，那也是区域很小的。总之，金星的陨击坑数目表明，它是地质上很活跃的，在近 10 亿年内完全更新了表面，或许现今还在更新。

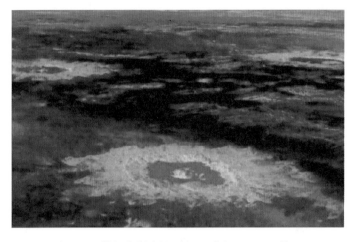

图 1 - 9　模拟的陨击坑 Saskia(直径 37.3km,前),

Danilova(47.6km,左),Aglaonice(62.7km,右)的三维视图

3. 火山地貌

金星的大型(>100km)火山位于隆起区域——Beta 区、Alpha 区、Themis 区,由深处上涌所支持。Alpha 区中心在 0°E/25°S,宽 1300km,高 1.8km,有许多交切的脊和谷,其西南有三个盾形火山(Shas, Innini, Hathor Mons),附近有火山丘。Beta区的中心位于 30°E/285°N,具有南北两个盾形火山(Theia, Khea Mons),高度为 4 ~ 5km。Theia 盾形火山的底部直径为 820km,火山口顶部为 60 ~ 90km,是太阳系中最大的火山,其周围 500km 延伸出去的粗纹可能是熔岩流或者是径向断裂,着陆器在附近探测到的闪电有可能与火山喷发有关系。玛特火山(Matt Mons)的高度约 8km,直径约 400km,如图 1 - 10 所示。Sapas 火山是典型的大盾形火山,其基地为 400km,高度约 1.5km,山顶有塌陷的破火山口,熔岩流延伸到几百千米,

图 1 - 10　玛特火山(Maat Mons,194.5°E/0.9°N)的三维图像(高度已放大 22.5 倍)

穿过断裂的平原。

"冕"(Coronae)是金星上特有类型的大且平的环状火山构造特征,直径为100~300km,中央隆起高度为几百米,边缘有凹陷或者隆起,如图1-11所示。经常存在几个不同年龄的火山,其周围存在大的同心断裂脊和谷,还存在放射状断裂交割,外有熔岩流所包围。金星上存在500多个冕,最大的冕是Artemis,其直径为2000km。冕是在幔上涌热物质羽的时候形成的,上涌热羽推起外壳为拱形,而后在熔岩冷却和侧向流出时,中央塌陷,留下类似冠冕的结构。

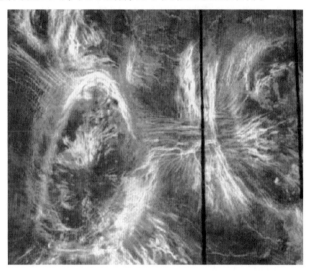

图1-11　金星的两个"冕"(左:Bahet冕,230km;右:Onatah冕,350km)

金星的表面也存在很多较小的火山,其直径为5~50km,有些火山具有山顶火山口和放射状岩流,这类似于地球上的火山。同时也存在几种不同于地球上的火山,金星上的火山有些外貌似"烤饼"的平顶、盾陡的火山穹,其直径为15km,而高度小于1km,推测是由于黏性大、富硅熔岩喷发所形成的,一般情况下与"冕"和"镶嵌地块"(Tessera)协同。

金星表面还存在特有的Novae(径向沟坝或地堑网)以及蛛网(Arachnoid)。Novae是在大量岩浆侵入表面而成为径向脊和壕时所形成的,它们对雷达波反射大。蛛网也是火山周围的放射状特征,火山岩浆放射状流出而构成了岩墙,冷却后保留下蛛网状地形。

金星的熔岩流要比地球上的大得多,长度达到几百千米、宽度达到几十千米。金星火山周围普遍存在着广延熔岩流床(channels)和熔岩管道(lava tubes,冷凝通道上面形成凸顶),其宽度为几十米,长度为几百千米,有可能未液体熔岩流和高温(冷凝缓慢)所导致。已经识别了200多个流床和谷的复合体,尤其是Baltis谷的长度达到了6800km,这是所有行星上最长的谷。

在金星的平原上有很多小的(<5km)盾形和锥形火山,已经测绘了数千个类似的火山,来自火山口的熔岩流可供给 15% 的平原火山沉积,如图 1 – 12 所示。平原上的另外一些岩流可能是源自陨击产生的裂痕,而这些裂痕被后来的喷发掩埋了。

图 1 – 12   来自 Ammavaru 火山口的熔岩流(雷达像,范围约 500km)

4. 构造地貌

虽然金星似乎没有板块构造活动所导致的诸如断层、褶皱、火山、大型山脉和裂谷,但存在多样和令人迷惑的构造特征。活跃的火山活动导致褶皱山脉链,遍及火山平原具有特殊的"镶嵌地块"等构造地形;具有多种尺度的构造变形,最小的与断裂或者断层有关,在许多区域呈现出平行线网络,而小的不连续山脉峰与月球、火星上的相似。雷达图像表明,这些变形集中带位于赤道带和南半球高纬度地区,宽几百千米,似乎贯穿全球交连,形成于火山分布联系的全球网络。

镶嵌地块(tessera)是形如镶嵌地板的特殊挤压 – 扩张变形地貌。每一组线"纹"可能是由于一次变形事件所导致;或者如果牵涉剪切时,两组线"纹"同时形成。有些情况可以将事件确定出来,然而多数情况对于事件序列仍不清楚。镶嵌地块包含有后来平原环抱的一些几十千米的孤立块。在镶嵌地块内不同方向的平行脊、断裂、地堑交叉,伴随有少量的火山活动。其中,镶嵌地块主要位于 Aphrodite 高原、Alpha 区、Tellus 区和 Ishtar 高地东部。诸如在 Aphrodite 高原西部的 Ovda 和 Thetis 大的镶嵌地块高地具有陡峭且高于内部的侧边缘。平原上也有很多高几百米、宽几十千米、长几百千米的同心构造脊带。镶嵌地块可能是形成于大平原的玄武岩泛滥,而后受到强烈的构造断裂。

大峡谷(chasmas)是由平行的谷和断层组成的扩张变形,金星上存在有 5 个主要的大峡谷:Parga、Hecate、Dali/diana、Devana、Ganis,它们延展几千千米,深度达到

几千米。通常这些区域断裂带的宽度约200km,低槽一般较窄(宽50~80km)。金星上还存在7个较小的大峡谷,它们长度为几百千米,并且有相宜的断裂带和地槽。地球上的峡谷通常是由流水剥蚀所导致的。而金星上几十亿年都没有地面流水,这些峡谷应该另有成因。有几个大峡谷位于"热斑"隆起的侧面,这可能是由热羽上面地形上升所导致的。其他的大峡谷多数与"冕"同步形成。扩张和上涌的热羽将岩石圈变薄,集中于某区域的附加扩张和上涌,造成断裂。

金星上普遍存在着多种脊带(ridge belts)。大部分脊带长度为100~200km,宽度为10~20km,高度小于0.5km,间距约25km。其中金星上最大的脊带集中在Atalanta/Vinmara低地平原和Lavinia平原,前者比其他脊带大一个量级。Lavinia平原的脊带是异常的,带内的扩张断裂几乎平行于挤压特征,这可能是由于地形沿着脊上升而形成的。可以认为,较大脊带是幔的下沉产生的挤压应力所导致的,较小的脊带可能与局部构造活动有关。

褶皱脊系(wrinkle ridges)也是金星表面上普遍存在的特征,也被解释为挤压折叠或者是断层所造成的,但是脊更窄(宽度小于1km),间距为20~40km。褶皱脊系可能是局部的,比如与冕共生,但是更普遍的脊系是覆盖几千千米,这有可能是重力把高的地形扩展到低区,某些大的地形特征周围也形成了脊系列。有些脊系与地形的高度没有明显的关联,这可能是由于气候变化造成的表面收缩。

在金星的平原上,存在多种长、窄近于直线的断裂特征。大多数可以从平行地堑和形状解释为扩张断裂。有些诸如火山、冕等关联的局部特征,可能是由于岩浆上面的扩张所造成的。在一些地方,覆盖几百千米的是单组或者交叉网格的断裂,规则间距为1~2.5km,说明涉及的是薄层变形。

金星上的另一种扩张特征是多角形,有200多处。典型的多角形的直径约2km,而有些多角形的直径能够达到25km。它们类似于在均匀扩张引力场形成的泥裂开。但是,它们不是因为缺失水分的干旱所致,而是由岩石的冷却和收缩所导致的,普遍与小型火山结构向关联,两者往往是同步形成的,有些多角形可以由岩浆流冷却所造成。某些区域有多种尺度的变形,有些特征关联着局部事件(如火山),而另外一些覆盖广泛区域却没有明显的成因。

5. 登陆考察

尽管金星表面存在很多不利条件,如金星表面温度高、气压大等,但是仍然有几个登陆器成功考察了金星的表面。"金星"8号降落在起伏高地上,那里的表面成分类似于花岗岩。"金星"9号着陆在斜坡上,如图1-13所示,其附近是一堆角石,大小约70cm,厚度不到20cm,大多数岩石的边缘非常尖锐,岩石之间的表面比较暗,可能是细粒。"金星"10号降落在离"金星"9号2250km的平原地区,这里的暗细粒中有零星的藏头亮岩石,这两个着陆地区都位于Beta区的边缘地带,从岩石硬度和放射元素含量来看属于熔岩,这一探测结果与雷达图像推测的火山玄武岩一致。"金星"13号着陆点的一侧是露头岩石和细粒,而另一侧是细粒和岩石

图 1 – 13　自上而下为"金星"9 号、"金星"13 号、"金星"14 号着陆器拍摄的金星局部表面

堆。"金星"14 号的着陆点几乎没有尘土,其一侧可以看见五个岩层,类似于熔岩流及板岩露头,而另一侧几乎是连绵的基岩。"金星"13 号和"金星"14 号探测器的落点位于 Beta 区域东南几千千米的起伏高地,岩石略带棕色,其成分为玄武岩。这些情况表明,金星表面各处的岩石不同,由 γ 射线测得的铀、钍、钾含量是不同的。"金星"10 号探测器测量得到的金星表面物质密度为 $(2.8 \pm 1.0)\,\mathrm{g/cm^3}$,跟雷达资料推算得到的 $(2.3 \pm 0.4)\,\mathrm{g/cm^3}$ 相当。

6. 金星的地质过程

虽然金星与地球的大小和总体成分与地球的类似,但是两者却经历了不同的地质历史。金星表面温度高、气候干燥,除非早期情况与现在不同,水不可能起到重要的地质作用。风能够侵蚀表面,虽然风速很小,但是由于气体密度大而等效于地球风速 8m/s 的搬移尘粒作用,而实际上金星底层大气清澈,表面的角岩又是风蚀作用小的,所以风蚀作用也不重要。"金星"9 号探测到的角岩片可能是坡移的结果。"金星"10 号探测到的露头岩石有较缘边及小坑,可能受到化学风化和其他侵蚀作用。

金星表面的多种地貌表明,陨击、火山以及构造活动是主要的地质过程。尽管有多种地貌,但是金星表面最重要的特点是平坦,其表面仅有 11% 的地区高于10km,而地球则约 30% 的地区高于 10km。从陨击坑的保留程度来看,金星低地区比其余地区要老,而高地则较为年轻,这与地球上的低地(海洋盆地)最年轻的情况正好相反。从褶皱山脉的脊与谷推算出金星的外壳较厚,而且金星表面高程差较小,这意味着缺乏驱动板块的外壳活动。另一方面,裂谷和横断层似乎是板块构造活动的迹象。对于金星是否存在板块活动这一问题曾经有过争议,但是现有资料表明金星没有板块构造。金星的内部对流驱动表面地质活动,造成十多个高原,这些高原包括幔羽上面形成的热斑和更为神秘的强力变形高地平原。金星大部分

表面是广延的火山平原,并且带有独特的构造特征。从几万个几百米火山岩流、火山堆、火山盾,到几百个大于100km的大尺度盾形火山,现在的金星表面绝大部分是几亿年的年轻火山岩,缺乏较早的遗迹。遍布的火山活动可以掩埋了或者构造过程破坏了最早的严重陨击表面。构造特征的尺度范围也比较大,从刚分辨出的神秘的线性断裂和多角形,到直径为1000~2000km的镶嵌地块组成的高地平原。

由于金星早期就几乎完全失去了水,导致岩石圈的强度大而不会破裂为板块,软流圈的强度也很大而不利于水平板块的快速运动。同时又由于缺乏水分,使得大量的CO_2保留在大气内部,造成很强的温室效应,恶化了金星表面环境。但是对于金星为什么失去了水分,至今仍不得而知,或许是由于金星没有磁场,使得金星大气暴露于太阳风的剥蚀,反过来,金星内部必定是很快失去很多热量而不能驱动磁流体,因而内部磁场很弱。金星内部挥发物的缺失影响到热量的损失,更关键的是不能发育板块构造。

1.3 金星探测的工程目标

金星探测的工程目标有:①获取第一手的金星探测数据;②验证深空探测所需要的若干共性关键技术;③验证金星探测工程系统设计的正确性与可行性。

深空探测能够推动多个领域的技术创新和多学科的交叉融合。自主导航与控制、自主管理、深空通信、捕获制动等深空共性关键技术,将在火星、小行星以及金星探测器的研制过程中得到突破并逐渐走向成熟。

此外,由于地内行星和地外行星两种探测任务有所区别,所需要的新技术也有所不同。由于地外行星探测面临距离远、光照弱等问题,因此地外探测对推进和能源类新技术的需求更加强烈,而对于地内行星探测,由于飞行方向的不同,探测器将会面临更加复杂的热流与空间环境问题,对热控以及可靠性的要求比对推进和能源类新技术的需求表现得更加强烈和严格。

金星探测不仅可以验证深空探测共性关键技术,也能够推动热控与可靠性等关键技术的不断创新,推动航天领域高新技术的不断发展。

1. 深空测控通信技术

金星位于地球内侧,靠近太阳,属于内行星。与火星探测相比较而言,金星探测与地球之间的通信角度变化比较大。与地球卫星不同,金星探测器从发射升空到进入金星环绕轨道,需要经历长达5~6个月的中途转移轨道,在转移过程中探测器轨道的偏差会造成捕获制动失败或者地面丢失对探测器的跟踪,从而导致任务的失败。所以,在地金转移过程需要对探测器进行最大程度的跟踪,生成精密的定轨结果,完成遥测接收处理与必要的遥控任务。

对于地球轨道卫星的测控技术我国已经完全掌握,并且通过中俄联合探测火星工程实现了远距离的环火轨道 VLBI 测定轨方案及系统的研制与地面验证试验。但是,长期地金转移飞行的测定轨技术尚未有工程实践基础,我国正在建设的地面深空测控网目前也无法实现全球覆盖。地金转移飞行阶段的测控弧段受限,增加了飞行过程的测控运行风险与难度。

目前,近地卫星采用 R、E、A 测量元素测定轨的精度已经不能满足深空探测中地金转移过程导航的需求,需要联合高精度的 VLBI 测角信息,进行联合定轨。采用深空站的 R、E、A 数据和 VLBI 测角信息的联合定轨方法虽然满足地金转移测定轨实时性及精度要求,但是我国目前的航天测控中尚无经验。因此,需要结合我国新建的深空站和地面 VLBI 系统,研究作为地面测控合作目标的探测器所需要的测控设备配置和技术指标要求,突破地金转移过程中高精度的测定轨技术。

2. 深空导航与控制技术

金星探测器从地金转移阶段进入金星影响球以后,近金捕获制动的成功是决定金星探测任务成败的关键,金星捕获制动器件,地金时间延时大,制动时间长。为了进入绕金轨道,探测器必须进行减速制动,以便被金星捕获。如果制动失败,将会飞离金星影响球,比如日本的"拂晓"号探测器由于制动失败而飞离金星。

由于传统的导航方法是基于地面测量获得探测器的轨道位置和速度信息,但是金星到地球的距离从 4000 万到 2.6 亿 km 变化,时间双向延迟最大可达到 30 多分钟。在这样的时延条件和目前我国测控站布局的约束条件下,为了确保探金星探测器的巡航飞行和捕获制动成功,探测器必须具备高精度的自主导航与控制能力。自主导航能够使探测器不完全依赖于地面的支持,金星探测器自主精确地确定出在惯性空间中的绝对位置和速度,以实现探测器的安全捕获与精确入轨。

3. 金星探测浮空器技术

金星浮空器作为地外有大气行星探测的重要手段,是一种新型的深空探测模式,国际上目前也只有美国和俄罗斯掌握了该项技术。

目前我国的深空探测以火星探测为主,兼顾金星、小行星和木星系统的探测,这些探测目标中火星、金星和部分木星卫星中都含有大气,均可以采用浮空探测的方式,因此,掌握进入器技术将极大丰富未来深空探测的手段,提高深空探测的广度和深度。

不同目标星体的大气组成、大气密度以及特性不尽相同,浮空和着陆探测的形式也有所不同,但是浮空器的总体技术、系统组成模块、气动外形设计技术以及热防护技术等方面都有通用之处。

通过金星浮空器探测任务,可以逐步突破由大气行星进入过程中的关键技术问题,掌握这些技术将对后续的深空探测任务具有重要的借鉴意义。

4. 复杂热流幻境适应及地面验证技术

探测器在飞往金星的过程中,太阳辐射强度从地球附近的平均 $1353\mathrm{W/m^2}$ 增加到金星附近的平均2613.9W/m²,太阳辐照常数变化范围在1～1.9之间,反照强度是地球的5倍,金星的热流远大于地球,并且热流光谱复杂。

面对这样的技术要求,需要对传统的热控手段进行技术提高和改进,可以参考的方法有使用更多的主动热控措施和被动控制手段,如布置ORS贴片等方式。如何适应这种复杂的外热流轨道环境,解决金星探测器光、机、电、热等多学科交叉融合的一体化设计技术,是我国航天器领域的一个技术创新点。同时,还需要建立与之对应的地面试验系统,进行地面试验。"麦哲伦"金星探测器在发射之前通过系统性的热试验对探测器热性能进行了验证。然而,在发射升空数月之后,温度还是超过了预定值。如何通过真空热试验进行准确、有效的试验验证,以确保金星探测器在轨工作在合适的温度范围,则是另一个技术难题。

1.4　金星探测的过去概述

由于金星的浓厚云层笼罩其表面,甚至地球上的大型光学望远镜也看不到金星表面的真面貌,看到的(尤其加滤色片时)只是它的高层云特征。

科学家们曾推想金星有类似地球的生机环境和海洋,但是1956年的雷达微波探测表明,金星表面是可融化锡铅的酷热世界。1961年开始用雷达探测金星的自转,直到1964年才确证它是逆向自转的。

1961年2月"金星"1号探测器从金星旁掠过,由于通信系统故障未能获得探测数据。1962年"水手"2号探测器从金星旁掠过,利用红外谱段和微波辐射计对金星进行扫描,获得了表面的探测数据。

1976年10月18日,苏联的"金星"4号飞船在降落金星过程中发送回93min的金星大气温度、压力和化学成分资料。"金星"4号是第一个进入金星大气层进行直接测量的探测器,获得了金星大气的探测资料。由于金星表面的大气压力远远超过人们的预测,"金星"4号探测器在着陆金星表面之前就被压毁,随后发射的"金星"5号和"金星"6号由于同样的原因,分别在距离金星26km和11km的高度损毁。

1970年12月15日,"金星"7号在进入金星大气时,发送回23min的表面遥感微弱信号。使人们第一次得知金星表面的温度达475℃,气压达90个大气压。

随后的"金星"号系列飞船多次实现了软着陆,发回在降落过程中探测到的大气和着陆表面的宝贵资料,拍摄到了金星表面的首批照片。比如,"金星"15号飞船分析和绘制高层大气图,并用综合口径雷达测绘金星地质图,包括发现大型盾形火山。

"维加"1号和"维加"2号飞船是苏联、法国、德国等欧洲国家合作的金星探测器,也探测哈雷彗星,分别于1984年12月15日和21日发射。"维加"1号设备被大气强风激活而无结果。维加2号着陆器降落于8.5°S/164.5°E(ApHro-DiTe高地东),发回 56min 的资料。

20 世纪 60 年代,美国宇航局的"水手"2 号和"水手"5 号飞船借助它的射电掩星实验得到金星大气的成分、气压和密度。

1978 年先后发射先驱者金星轨道器(Pioneer Venus Orbit),即"先驱者—金星"1 号和"先驱者—金星"2 号探测金星的大气、云层、磁场和表面。

1989 年 5 月 4 日,美国发射"麦哲伦"(Magellan)探测器,载综合口径雷达(SAR)、测高仪(ALT)和辐射计(RAD),测绘金星的 98% 表面图和 95% 的重力场图,分辨率约达 100m。美国飞往木星的"伽利略"航天器和飞往土星的"卡西尼－惠更斯"探测器在飞越金星时也进行了金星的探测。

2005 年 11 月 9 日,欧空局发射"金星快车"(Venus Express)号探测器,它携带了 7 种科学仪器的探测资料揭示了金星大气、云层和表面的一些谜,诸如是否有活火山活动、金星大气的特性、大气环流、大气结构和成分与高度的关系、大气与表面的关系以及金星的空间环境等。

2010 年 5 月 20 日日本空间探测局(JAXA)发射金星轨道器－Akatsuki(原名为 Planet－C),研究金星的大气(尤其是高层大气的超自转),测量大气温度,寻找火山活动和闪电的证据。但 2010 年 12 月未能进入预定轨道,期望它成功地"冬眠",尝试 6 年后再次与金星交会。

1.5 金星探测的未来概述

虽然从金星的雷达图像可以测绘出表面地形,但雷达图像的解释涉及表面成分与结构等复杂因素。金星的表面温度高,迄今只了解几个着陆点附近的粗略情况。金星的很多奥秘还有待新的飞行器进行探测。目前,有几个计划正在筹措之中。

欧空局计划发射"哥伦布"(BepiColumbo)飞船,并于 2020 年达到水星轨道之前,进行两次飞越金星的探测。

美国宇航局的新探索计划(New Frontiers Program)提出"金星实地探测器"(Venus In－situ Explorer, VISE)登陆金星,研究表面条件和表面土壤的元素与矿物特征,它装备"核心采样器"(core sampler)挖掘表面,研究未受严酷表面条件风化的原岩样品。

美国宇航局提议 2016 年发射"大气与表面地球化学探测器"(Surface and Atmosphere Geochemical Explorer, SAGE),它在穿过大气的降落中,测量大气成分和获得气象资料,着陆到金星表面之后,用研磨器暴露风化的和原始的表面区,测量成分和矿物,期望了解金星的起源以及为什么金星不同于地球。SAGE 的科学目标:金星大气的总成分和起源,表面－大气相互作用,水和其他挥发物的历史,影响气候的地球化学循环。

俄罗斯的金星 – D(Venera – D) 探测器计划在 2016 年发射,其目的是到金星附近做遥感感测,并投放一个可以在金星表面长期存在的着陆器,还有包括漫游车、气球以及飞机进行探测。

欧空局制定了一个就地探测金星计划"欧洲金星探索者",包括一个轨道器、一个位于云层高度的气球探测器和一个下落探测器,从而实现对金星的立体探测。

人类在探索金星的历程中,还从来没有使用过飞机。金星飞机面对的技术挑战是剧烈的腐蚀性的大气层。在感兴趣的飞行高度上,云顶的风速达到大约 95m/s。为了保持在金星的日照面,金星飞机的速度必须维持在风速或者超过风速。

未来的金星探测是在 50 年探测的基础上进行的,因此其科学目标已经不是普查,而是深入认识和了解一些关键问题,或者说是未解之谜。这些未解之谜包括:为何金星的二氧化碳如此之多? 为何金星存在大气超旋? 金星的中心是否存在液体核? 金星是否存在过海洋? 金星的真实面貌究竟如何? 金星日出西方的根本原因是什么? 等等。

上述金星的未解之谜是未来探测金星首要解决的问题。由于金星大气的特殊性质,目前人们对大气层本身问题的认识程度还比较肤浅,对金星表面形态的探测遇到了许多技术难题,对待大气层与金星表面的相互作用研究,也仅仅处于起步阶段。因此,为了深入、全面地认识这些问题,需要对金星开展多种方式的探测。这些探测方式包括环绕探测、下落探测、着陆器探测、金星表面巡视车探测、气球(包括气艇)探测、飞机探测和取样返回等。

环绕探测就是采用以往的探测方式,而未来的环绕探测,对仪器的性能提出了更高的要求,比如要求光谱仪的谱分辨率和灵敏度更高,对于雷达探测,要求提高空间分辨率。

下落探测的方式也被之前的金星探测多次使用,未来的要求是提高科学仪器的性能,增加仪器的种类。

苏联在 20 世纪 70 年代曾经发射多个着陆器,着陆探测方式可以直接了解金星表面的状态,未来的进行探测要求着陆器具有更长的寿命,携带更多的探测仪器。之前发射的金星着陆器是固定在着陆点不动的,为了更加广泛全面地了解金星表面的状态,则需要发射金星车,也就是说探测地点不限制在着陆点,而是能够在一定的范围内移动,这样就可以获得更多的信息。

气球探测不仅仅能够了解金星大气的特征,还可以在低高度对金星的表面进行探测。气球探测方式对于研究金星大气层与金星表面的相互作用是一种非常有效的手段。在探测气球的运行期间,通常将探测气球悬浮在一定的高度上,在纬向风的作用下水平移动,这样能够获得关于金星表面特征和大气特征的重要信息。

由于金星大气层比较厚重,采用飞机进行探测是一种很好的探测方式,而之前的金星探测并没有采用飞机探测。国外已经对飞机探测的可行性及优点进行了深入的研究,这种方式将很快列入到金星探测行列中。

在实际的金星探测中,可能采用多种方式同时进行探测,这样能够分辨出相关物理量的空间变化和时间变化特征,更加全面地了解金星。

取样返回的探测方式能够深入了解金星表面元素和矿物质构成,但是取样返回的技术难度比较大(图1-14)。

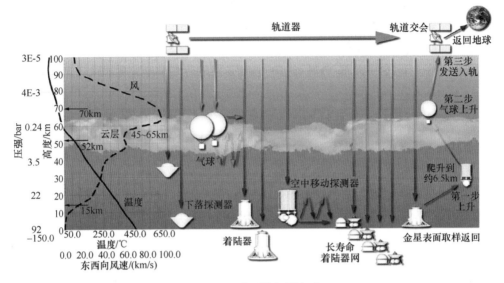

图1-14 典型的探测方式

金星表面及近表面的环境是非常恶劣的,在这些区域进行探测,将面临许多技术挑战。因此,为了实现既定的科学目标,必须在相关技术领域取得突破,目前需要攻关的技术包括:

(1)表面样品获取和处理技术:在高温高压环境下如何获取样品、如何将样品送到真空容器中,需要在苏联取样技术的基础上加以发展以解决上述问题。

(2)高级被动热控制技术:为了增加着陆器的寿命,需要高级绝热材料,从而能够让着陆器的工作时间提高到12h以上。增加热绝缘可以减小着陆器的制冷要求。

(3)近表面(低于15km)气球:金属波纹管是一种有效的结构,但需要在金星表面的温度和压力条件下进行模拟验证。近表面平台在90天的工作期间内可能移动几百千米,以高的分辨率对表面进行成像,需要考虑操作时的高度变化。

(4)飞行在云层高度的气球。现在的要求是可靠性和长寿命,要求气球的运行时间在一个月以上,所以气球材料必须能够耐高温和耐腐蚀。

(5)高温和高压部件、传感器以及电子学装置。

(6)压力控制技术:钛压力容器已经被证实可以在金星表面使用;现在需要新的轻型材料。如铍材料和蜂窝状结构能够减小结构的质量,这样就可以携带更多的有效载荷。

（7）下落探测器和传感器。发展小型的能够从气球平台上释放的探测器。

（8）新型电源技术：现在已经证实，斯特令转换器在热边温度为850℃、冷边温度为90℃的环境下能够运行300h，效率为38%。对于金星探测器，冷边温度不仅由90℃升高到480℃，而且要有较高的转换效率。同时还要求长寿命、轻重量。

（9）具有新功能的主动制冷技术：几乎每种长间隔（25h以上）的金星表面或者近表面平台都需要有制冷机才能够生存。焦点是以放射性同位素为基础的双重系统既产生制冷，又能够发电。要求低质量、低震动，以适应近表面移动探测和地震网测量的需要。

（10）环境模拟设备：目前全世界都没有能够进行全尺度模拟试验的金星环境模拟器。这种环境模拟设备可以模拟瞬态金星大气层状态和成分，这对于确保着陆器、巡视车、低空气球的安全运行是至关重要的。

2

俄罗斯(苏联)金星探测的过去和现在

从 20 世纪 60 年代开始,俄罗斯共发射了 33 颗金星探测器。在 60~70 年代期间,总共发射了 27 颗金星探测器,掀起了金星探测的高潮。不过,在已发射的 33 颗金星探测器中,大约有半数任务都失败了。

2.1 苏联"金星"(Venera)系列探测器

2.1.1 "金星"1/2 任务

1."金星"1 号

1961 年 2 月 12 日,苏联发射了"金星"1 号撞击探测器,在途中毁坏。和它结构相同的孪生探测器 Sputink – 7(即"金星 – 1961A")早于其 8 天发射但未能脱离地球轨道(表 2 – 1、图 2 – 1)。"金星"1 号是苏联 1VA 系列的第二个探测器,重 643.5kg,探测器上的科学仪器包括一个磁力计、离子收集器、微小陨石探测器和宇宙辐射计量器。"金星"1 号由闪电号运载火箭送入了 227km × 285km 的地球停泊轨道。飞行一圈后,第四级发动机点火将探测器送入奔向金星轨道,但从遥测数据很快发现探测器热控系统不能正常工作,使姿控系统损坏,通信系统只能使用其万向天线。2 月 22 日,在探测器飞行了 170 万 km 后,高频发射机已不能正常响应,预定的与探测器的通信失败,从此与地球的通信联系中断。

通信中断期间,苏联还曾请求英国 Jodrell Bank 地面站协助,该站在 3 月 4 日用其天线花了 3h 收听其信号,后来几天内用了 7h 收听其信号,营救尝试一直进行到 6 月 10 日才终止。由于这次飞行任务失败,决定以后的计时器设计必须改进,接收器要永远保持在开放状态,机械百叶窗运转不良,必须更换。

表 2 - 1 "金星"1 号进入探测器

目的地	金 星	
任务	星际飞行所需的系统演示;在星际空间和接近金星处进行环境测量;金星大气层进入和与其表面撞击	
主要合同商	OKB - 1	
发射场,火箭	拜科努尔,"闪电" - 8K78	
发射日期	Sputink - 7	"金星"1 号
	1961 年 2 月 4 日	1961 年 2 月 12 日
到达日期	一未到达金星	一未到达金星
任务结束	未能脱离地球轨道	在航行中失败
质量	着陆舱质量未知,飞行器总质量 643.5kg	
载荷试验	只在着陆舱中放置苏联的小三角旗,可能未与主飞行器分离,而不是信号传输问题	
运送结构	由飞越航天器运送,很可能未分离	
热状况	未知	
功率状况	未知	
通信结构	未知	
EDL 结构	烧蚀气动壳	
着陆速度	未知	
主动运行(展开等)	未知	

图 2 - 1 "金星"1 号探测器

虽然该探测器后来远距离飞越了金星,但无法得到它的探测结果。

2. "金星"2号

在1965年11月的发射窗口,苏联连续发射了3个3MV型金星探测器,"金星"2号是其中的第一个。1965年11月12日,"闪电"-M运载火箭将搭载着电视系统、照相机、红外光谱仪、声谱仪和光谱仪等科学仪器的"金星"2号探测器送入了地球停泊轨道。1966年2月27日,它在距离金星24000km远处飞越金星,但由于舱内温度过高,探测器系统在到达金星前就已停止工作,没有发回数据(图2-2)。

图2-2　"金星"2号探测器

"金星"2号探测器出现的故障是:探测器在飞越金星时通信中断。其实在探测器接近金星准备启动飞越程序前的最后一次通信中,"金星"2号就报告其增压舱内温度急剧上升。后来,地面控制人员发送了一条飞越照相和开始试验的上行指令,但由于通信质量非常不好,指令没有被接收。当探测器飞越金星时,地面人员想建立联系并想下载由探测器搜集的科学数据和图像时,探测器就再没给出回应。苏联只得于3月4日宣布飞行任务失败。故障原因是:调查发现,辐射散热器在探测器接近金星时已损坏,导致了指令、接收和解码系统故障。科学仪器可能已完成了对金星的首次拍摄,但没办法将信号传回地球。处理结果是:鉴于"金星"2号和后来"金星"3号探测器失败的教训,苏联在后来重新设计金星探测器时对结构作了一系列重大改进。首先改进了封头和液基辐射散热器,将辐射散热器从太阳电池阵上移到高增益天线后面的环上,使高增益天线兼起辐射散热器作用,将从向阳面上吸收的热量传到背阳面散发出去,并采用气冷来替代原来用的液体冷却。此外为保持通信安全,还采取措施保证天线能连续地指向地球;其第二项改进是装备了新的高温试验舱,金星探测所用的全部设备都必须在极高温度的真空下进行模拟环境试验;第三项改进是装备了 500g 离心机,实验证明在首次试验时,原来的舱体迅速地损坏了,说明新的着陆器必须大幅度增强才能在金星环境下存活,此外还在金星舱底部和侧面采用了新的烧蚀防热材料和 3 层吸热材料。

2.1.2 "金星"3/4/5/6 任务

1. "金星"3 号探测器

苏联在 1965 年 11 月 16 日发射了"金星"3 号着陆器,这是苏联在该窗口发射的第二个探测器,重 963kg,于 1966 年 3 月 1 日在金星上实现硬着陆,由于高热使一切通信遥测信号全部中断,探测器虽然失败了,却首次实现了人类发射的探测器到达另一颗行星飞行。"金星"3 号的仪器包括温度、密度和压力敏感器、气体分析仪、光度计和 γ 射线探测器(图 2 - 3)。

图 2 - 3 "金星"3 号探测器

金星 3 号探测器发生的故障为:在进入金星大气层前抛出金星着陆舱,但不清楚该操作是否完成。在探测器接近金星时,没有发回任何数据。发生故障原因是:事故分析发现"金星"3 号遇到的问题和"金星"2 号相似,由于制造标准很差,致使球形头帽上防热涂层系统损坏。由于热问题十分严重,很明显是温度升高而使无线电通信受到破坏,在 2 月 16 日就与地球失去联系。造成的影响为:估计该探测器在 1966 年 3 月 1 日坠毁于金星表面。

2. "金星"4 号探测器

苏联于 1967 年 6 月 12 日发射了重达 1106kg 的"金星"4 号,于 1968 年 1 月 10 日进入金星大气层。着陆舱降落在金星表面。"金星"4 号是 3MV 型探测器的改进型,着陆舱直径 1m,重 383kg,所承担的任务和以前的探测器相似,包括离子收集、原子氢浓度、原子氧、金星磁场测量等,探测器外表包着一层很厚的耐高温壳体。由于金星大气的压力和温度要比预想的高得多,所以着陆器降落到金星表面前损坏了,未能发回金星上探测到的情况(图 2 - 4)。

太阳/恒星
定位器

离子阱

持续太阳
方向定位器

图 2-4 "金星"4 号探测器

"金星"4 号探测器发生的故障为：在着陆金星的过程中，成功打开降落伞并发回数据，93min 后，下降到 25~27km 处，通信中断，原因并不是由于其电池达到其 100min 的使用寿命，而是由于压力升高，着陆器顶部开裂，任务失败。这时的大气压约为 22kg/cm^2，温度为 277℃。发生故障的原因是巨大压力导致着陆器裂开。

3. "金星"5 号探测器和"金星"6 号探测器

苏联于 1969 年 1 月 5 日和 1 月 10 日分别发射了"金星"5 号和 6 号，它们的设计同"金星"4 号非常接近，但其外壳经过加固，可以承受 2.5MPa 和 450g 的负加速度。但仍然无法经受金星大气层的高压，着陆下落过程中均被大气压坏（图 2-5）。

"金星"5 号探测器和"金星"6 号探测器发生的故障为：虽然吸取了前面着陆金星时失败的教训，将其着陆器的耐热和耐压性能分别提高很多，但在着陆金星时还是像前两个探测器一样，着陆器在巨大的压力下破裂，导致探测失败。"金星"5 号展开降落伞后，在大气层中下降了 53min，在进入大气层距金星表面约 24~26km 高度时，着陆器被压碎，这时的环境温度为 320℃，压力 27kg/cm^2。"金星"6 号展开降落伞后，在金星大气层收集了 51min 数据，但在 10~12km 高度时也毁坏了。发生故障的原因为：虽然有了"金星"3 号和"金星"4 号的教训，但对金星大气层环境的认识仍有很大差距，设计措施未跟上，最

图 2-5 "金星"-5/6

后是巨大压力导致着陆器裂开。

苏联的"金星"3号到"金星"6号属于第四代金星探测器,即大气层进入探测器(硬着陆器),于1967—1972年的4个连续金星发射窗口发射。在这7次任务中有3个飞行器(宇宙-167/359/482)未能脱离地球轨道(是运载上面级的持续性问题),且"金星"4号至"金星"6号最终也未到达金星表面,但这些探测器是首批成功进入金星的探测器。尽管有1b/s的严格限制的数据速率,它们还是传回了大气层温度、压力构成、成分、动力学、亮度级和表面成分等数据(表2-2)。

表2-2 "金星"4/5/6进入探测器

探测器 / 项目	"金星"4	"金星"5	"金星"6
发射日期	1967年6月12日	1969年1月5日	1969年1月10日
到达日期	1967年10月18日	1969年5月17日	1969年5月17日
着陆坐标	19°N/38°E	3°S/18°E	5°S/23°E
任务持续	94minTX,结束在25km处	53minTX,结束在18km处	51minTX,结束在18km处
质量	383kg	405kg	405kg
合同商	NPO Lavocnkin(正式为OKB-301)		
任务	现场测量金星大气层及表面		
火箭	拜科努尔,"闪电"8K78M		
载荷试验	"金星"4(直径1m): MDDA TP密度探测器(Avduevskii, Marov, Rozdestvensky, Mikhnevich) (TPV β射线密度计和Pt热阻温度计综合在Mikhnevich的IS-164D单元中); G-8和G-10化学气体分析仪; 多普勒实验(Kerzhanovich); 采用FMCW技术的无线电高度计; 项目科学家是Mikhail Ya Marov。 "金星"5/6(直径1m): MDDA、IS-164D TP和VIP音叉密度计探测器(Avduevskii, Marov, Rozdestvensky); 改进的G-8和G-10化学气体分析仪; 多普勒实验(Kerzhanovich); FO-69大气气辉光光度计(Moroz); 采用FMCW技术的无线电高度计; 项目科学家是Mikhail Ya Marov		
运送结构	在距离20000~40000km处与绕飞航天器分离		
热状况	在探测器分离前预冷至-10℃;在主舱内加压;内风扇;三水硝酸锂(使用FSK)		
EDL结构	进入角度43°~65°、速度约11.2km/s;圆形或蛋形气动壳;驾驶和主降落伞系统;峰值进入过载400~500g		

这些探测器的直径较以前增大了10cm,并越来越成熟,更能适应金星表面的温度和压力。"金星"4~6均进入夜晚侧,它们最终被具有更大载荷能力、表面着

陆能力和数据传输能力的第五代金星探测器所取代。

2.1.3 "金星"7/8 任务

1970年12月15日,"金星"7号在金星实现软着陆,成功传回金星表面温度等数据资料。测得金星表面温度为447℃,气压为90个大气压,大气密度约为地球的100倍。该飞船的着陆舱能承受180个大气压,因此成功地到达了金星表面,成为第一个到达金星实地考察的人类使者。它在降落过程中,考察了金星大气层的内部情况及金星表面结构。传回的数据表明,着陆舱受到的压力达90多个大气压,温度高达470℃。大气成分主要是二氧化碳,还有少量的氧、氮等气体。至此,人类撩开了金星神秘的面纱(表2-3、图2-6)。

表2-3　"金星"7/8 进入探测器

项目　　探测器	"金星"7	"金星"8
发射	1970年8月17日	1972年3月27日
到达	1970年12月15日	1972年7月22日
着陆位置坐标	5°S/351°E	10.70°S/335.25°E
任务持续	35min 降落 +23min 表面	55min 降落 +50min 表面
质量	500kg	495kg
合同商	NPO Lavocnkin(正式为 OKB-301)	
任务	现场测量金星大气层及表面	
火箭	拜科努尔,"闪电"8K78M	
载荷试验	"金星"7(直径1m,蛋形) IDT TP 探测器(Avduevskii, Marov, Rozdestvensky); 多普勒实验(Kerzhanovich); 无线电高度计; 还可能有β粒子密度计(Mikhnevich),DOU-1M 加速度计(Avduevskii)和 GS-4γ 射线分光计; 项目科学家是 Mikhail Ya Marov; "金星"8(直径1m,蛋形) IDT TP 探测器(Marov); DOU-1M 加速计(Avduevskii); IOV-72 光度计; 多普勒实验(Kerzhanovich); 无线电高度计(Natalovich, Tseitlin@ RN II KP); IAV-72 氨分析仪(Surkov); GS-4γ 射线分光计; 项目科学家是 Mikhail Ya Marov	

（续）

项目 \ 探测器	"金星"7	"金星"8
运送结构	在距离金星20000~40000km处与绕飞航天器分离	
热状况	在探测器分离前预冷至-10℃;在主舱内加压;内风扇;三水硝酸锂	
功率状况	主电池28A·h	
通信结构	单向DTE,频率920MHz;数据速率约1b/s	
EDL结构	进入角度43°~65°,速度约11.2km/s,圆形或蛋形气动壳,驾驶和主降落伞系统,峰值进入过载400~500g	
着陆速度	16.5m/s("金星"7)	
主动运行	雷达高度计天线、通信天线和表面通信天线(仅"金星"8)展开	

图2-6 "金星"7号

"金星"8号探测器携带温度压力和光传感器、测高仪、伽马射线分光计、气体分析仪和无线电发射机,于1972年7月22日到达金星,发射信号的时间为3011s,证实了"金星"7号任务的数据,也测量了地表摄影的光照度。到达金星表面的"金星"8号还化验了金星土壤,对金星表面的太阳光强度和金星云层进行了电视摄像转播,金星上空显得极其明亮,天空是橙黄色,大气中有猛烈的雷电现象,还有激烈的湍流。

"金星"8号仍基本为一个大气层探测器,而"金星"9号则是一个真正意义上的着陆器。"金星"8号上,如果探测器未处于向上的位置放置,为保证表面通信,提供了一个附加的弹出天线。天线与探测器保持系留,带有一个倾斜开关以使天线始终朝上。"金星"8号的主发射天线也有不同,这是探测器计划在白天侧附近着陆的结果——地球非常接近地平线,因此所选天线的波束在低高度下有高增益。

"金星"7号探测器发生的故障为:"金星"7号到达金星后,在60km的高度打开了降落伞。此时下降速度已降为200m/s,仪器开始收集信息。但过了一段时间就发现其遥测系统的机械转向器出现了大的故障,已不能提供温度数据。下降

6min后,在20km高度,降落伞遮蓬开始熔化和撕开,探测器猛烈摇摆,下降速度增大。又过了几分钟,降落伞完全损坏,在3km高度起着陆器就自由落体地下落,原来预计从进入阶段需60min才可以落到金星表面,而实际情况是只有35min就撞击了金星表面,着陆后传回了微弱的信号,1s即消失。经过2个月的遥测信号分析,才发现探测器在金星表面又传回了32分58秒的数据,只是信号强度是原来的1%,这些曾经被认为是"噪声"的信号(与探测器采用的频率相同)就是探测器传回的信号,表明当地温度高达475℃,压强为92kg/cm^2。于是判断探测器的确在金星表面着陆,但发生了翻转,天线的位置非常不好,造成信号的强度急剧降低。在不同的传感器之间交替着转换遥测信号的转换器"卡"在了温度传感器上,而其他仪器的数据再也没有被传送回来。发生故障的原因为:降落伞无法承受金星大气层的高温而损坏。造成的影响是:使探测器最后阶段以自由落体方式降落,造成传输信号强度急剧降低到只有正常信号的1%,探测仅为部分成功。

2.1.4 "金星"9/10 任务

1975年6月8日和14日先后发射的"金星"9号和"金星"10号,于同年10月22日和25日分别进入不同的金星轨道并成为环绕金星的第一对人造金星卫星。两者探测了金星大气结构和特性,首次发回了电视摄像机拍摄的金星全景表面图像。两者最终着陆在金星的地点相距2200km,探测了金星表面的一些基本情况,包括金星表面温度压力、风速和岩石类型等(表2-4)。

表 2-4 "金星"9/10

项目	"金星"9	"金星"10
发射时间	1975.6.8	1975.6.14
到达时间	1975.12.20	1975.12.25
近金点高度	1510km	1620km
远金点高度	112200km	113900km
轨道周期	48h18min	49h23min
轨道倾角	34.17°	29.5°
数据传输时间	53min	63min
轨道器结束工作时间	1976.3.22	

"金星"9号探测器进入大气层时温度高达12000℃,重力加速度168g。降落伞在49km跌落,悬浮体散射计记录的最后云层的高度是30km。在42km时,温度为158℃,压力3.3个大气压;在15km时,温度上升到363℃,压力为37个大气压。

"金星"10号着陆在金星表面北纬16°东经291°。其上的科学仪器表明,金星表面温度为465℃,92个大气压。"金星"10号的着陆点是一个古老的地貌,属于平原地区,该处岩石很平整,密度为2.7g/cm^3。

"金星"9号着陆器探测工作非常成功,唯一失误是其中一个相机盖未能抛掉,原计划拍摄的全景图像只能得到180°的图像,仅仅是探测器的一个侧面。虽然探测器还带了另一个摄像机,但它所能拍摄到的图像数据不如前者清晰。同年6月14日,"金星"10号探测器在着陆后也碰到了类似的问题,它的一个镜头盖也卡住了,传输回来的只是探测器一侧的图像(表2-5、表2-6、图2-7)。

表2-5 "金星"9/10载荷

探测器	载荷	功能
着陆器	全景遥测光度计(Panoramic telephotometer)	—
	分光计(Photometer)	测量大气化学成分
	辐射仪	测量63km到18km大气高度
	温度和压力敏感器	—
	加速度计	下降段测量重力加速度
	测风仪	—
	伽马射线光谱仪	测量岩石颗粒辐射
	辐射密度计	—
	质量光谱仪	—
轨道器	全景相机	—
	红外光谱仪	—
	红外辐射计	测量云层温度
	光偏振计	—
	光谱仪	—
	磁力计	—
	等离子静电光谱仪	—
	变换粒子的捕获	—
	紫外成像光谱仪(法国)	—

表2-6 "金星"9/10的科学成果

探测项目		探测成果
轨道器	云底	30~35km,云层到64km
	低层云层中有溴和碘蒸气	—
	赤道附近的云层密度,呈螺旋式到达极地	—
	云层温度	向光面35℃,背光面45℃
	最高云层温度	金星表面40~50km处
	进入云层前的温度	-35℃
	38km处CO_2与水之比	1000:1

探测项目		探测成果
"金星"9着陆器	进行表面有足够的自然光(10000lux)	—
	着陆时扬起尘土	—
	风速	0.4~0.7m/s(不到10km/h)
	温度	480℃
	土壤密度	$2.7g/cm^3 \sim 2.8kg/cm^3$
	压力	90个大气压
	云层	3
"金星"10着陆器	风速	0.8~1.3m/s
	温度	465℃
	压力	92个大气压
	表面密度	$2.8g/cm^3$

图2-7 "金星"9号着陆器模型

2.1.5 "金星"11/12任务

1978年9月9日和9月14日,苏联又分别发射了"金星"11号和"金星"12号探测器,这次任务主要的科学目标仍集中在金星大气研究,进行了大气化学组分测试分析、云层组成和大气热平衡特征分析。两个探测器均成功实现软着陆,分别工作了110min。特别是"金星"12号于12月21日向金星下降的过程中,探测到金星上空闪电频繁、雷声隆隆,仅在距离金星表面11km到5km的这段时间内,就记录到1000次闪电,有一次闪电竟然持续了15min!

它于1978年12月软着陆,速度为7~8m/s,95min后开始通过飞行平台向地球传回探测数据。主要载荷包括大气组成分析测试的气相色谱仪、研究太阳辐射散射和土壤成分的仪器,一个称作 Groza 测量大气放电的仪器,并证实闪电和雷电的存在,大气组分具有较高的 Ar36/Ar40 比值,在低空发现有 CO 存在(图 2 - 8、表 2 - 7 ~ 表 2 - 10)。

图 2 - 8 "金星"11/12 号探测器

这两个探测器在着陆后摄像机盖也都未能抛掉,因此它们没有传回任何图像。另一个故障是采样系统无法使用,因此无法采样。虽然工程师们未能最终确定照相机无法打开的原因,但一个理论提示是气体喷射系统的加热器出现故障而造成的。另一个可能性是由于热膨胀过大,将照相机盖密封死了。采样系统故障的原因是下降制动中强烈的振动损坏了将地面试样传送到分析器腔的气密通道。

表 2 - 7 "金星"11/12

探测器 参数	"金星"11	"金星"12
发射时间	1978.9.9	1978.9.14
到达时间	1978.12.25	1978.12.25
数据传输时间	95min	110min
轨道器结束工作时间	1980.2	1980.4

表 2 - 8 "金星"11/12 载荷

项目	载 荷	备 注
飞行时仪器	全向 γ 射线和 X 射线检查仪	法国制造
	Konus 宇宙射线检测仪	—
	KV - 77	测量高能粒子
	等离子光谱仪	—
	紫外光谱仪	—
	磁力计	—
	太阳风检测仪	—

项目	载　荷	备　注
仪器	全景彩色相机	—
	气体色谱仪	—
	质量光谱仪	—
	伽马射线光谱仪	—
	雷电检测仪	—
	温度和气压敏感器	—
	风速计	—
	悬浮体散射计	—
	光学分光计	—
	X射线荧光光谱仪	—
	加速度计	—
	土壤穿透器（PrOP-V）	—

表2-9　"金星"11/12 科学成果

探测项目	探测成果
表面压力	"金星"11:88个大气压 "金星"12:80个大气压
表面温度	"金星"11:446℃ "金星"12:500℃
金星大气中发现氩-36(到氩40)和氩-56	小于地球的1/200倍
大范围的闪电	—

表2-10　"金星"12 科学成果(金星大气)

探测项目	探测成果
CO_2	97%
N	2% ~ 3%
微量元素	—
水	$700 \sim 5000 \times 10^{-6}$
氩	110×10^{-6}
氖	12×10^{-6}
氧	18×10^{-6}
氪	$0.3 \sim 0.8 \times 10^{-6}$
SO_2	130×10^{-6}
CO	28×10^{-6}

2.1.6 "金星"13/14 任务

　　1981 年 10 月 30 日和 11 月 4 日先后发射的"金星"13 号和"金星"14 号,其任务是探测金星表面的岩石分布及化学组成。着陆舱携带的自动钻探装置深入到金星地表,采集了岩石标本,两颗探测器的着陆点相距 950km(图 2 - 9 ~ 图 2 - 11、表 2 - 11 ~ 表 2 - 12)。

图 2 - 9　"金星"13/14 号的轨道器和着陆器

图 2 - 10　"金星"13 号拍摄的首幅图片

图 2 - 11　"金星"13 号拍摄的第二幅图片

表 2 – 11   "金星"13/14

参 数	"金星"13	"金星"14
发射时间	1981. 10. 30	1981. 11. 4
到达时间	1982. 3. 1	1982. 3. 5
数据传输时间	127min	57min

表 2 – 12   "金星"13/14 载荷

探测器	载 荷	功 能
着陆器	重力仪	—
	悬浮体散射计	测量气溶胶的密集度
	质量光谱仪	检测大气化学成分
	气相色谱仪	检测大气化学成分
	光谱仪和紫外分光计	测量大气层和水蒸气中的太阳辐射
	遥测光度计	拍照
	穿透器	着陆时测试金星表面硬度
	X 射线荧光光谱仪	检测土壤化学成分
	闪电成像仪	—
着陆器	压力和温度指示仪	
	无线电光谱仪	分析电子和地震活动
	液体比重计、湿度敏感器	检测水蒸气含量
	试验性太阳	测量光强度
	加速度计	—
轨道器	伽马冲击检测仪	法国制造
	宇宙射线检测仪	—
	太阳风检测仪	—
	磁力计	—

　　"金星"13 号探测器的设计和"金星"9 ~ 12 号类似,在大气层下降过程中进行化学和同位素测量,监测散射太阳光谱,记录放电现象。在金星表面,飞行器利用照相系统、X 射线荧光分光计、螺旋钻孔机和地表取样器、动力穿透器和地震检波器探测金星地表。下降探测器于 1982 年 3 月 1 日和主体分离,进入金星大气层,降落在南纬 7°30′东经 303°Phoebe Regio 高地正东方。该高地露出表面的岩石被有纹理的黑色风化土壤所包围。着陆后,探测器开始全景摄影,从金星表面传回第一张彩色照片,机械臂伸到地面,采集样品,放置在保持 30℃ 、0. 05 个大气压的密

闭室内,进行 X 射线荧光分光计分析测试。"金星"13 号着陆器在 457℃、84 个大气压下工作了 127min(设计寿命 32min);"金星"14 号任务在 465℃、94 大气压下工作了 57min(设计寿命 32min)。

这两次探测结果和科学数据研究表明,金星上的地质构造仍然很活跃,金星的岩浆里含有水分。从二者发回的照片知道,金星的天空是橙黄色,地表的物体也是橙黄色的。"金星"13 号着陆区的温度是 457℃,"金星"14 号的着陆地点比较平坦,是一片棕红色的高原,地面覆盖着褐色的沙砾,岩石层比较坚硬,各层轮廓分明。"金星"13 号下降着陆区的气压是 89 个大气压;"金星"14 号下降着陆区为 94个大气压,这样大的压力相当于地球海洋 900m 深处所具有的压力。在距离地面30～45km 的地方有一层像雾一样的硫酸气体,这种硫酸雾厚度大约 25km,具有很强的腐蚀性。探测表明,金星赤道带有从东到西的急流,最大风速达 110m/s!金星大气 97% 是二氧化碳,还有少量的氮、氩及一氧化碳和水蒸气。主要由二氧化碳组成的金星大气,好似温室的保护罩一样,它只让太阳光的热量进来,不让热量跑出去,因此形成金星表面的高温和高压环境。

"金星"14 号的设计有了新的改进,采用了最新的防热技术和可以在极高热条件下工作的润滑油。其主要目的之一是在金星表面钻探取样,探测其物理性质。但"金星"14 号在着陆后,仍然犯了和"金星"11/12 号类似的错误。1982 年 3 月,当它采用一个具有强力的弹簧打开镜头盖时,镜头盖恰好落在金星表面取样Prop - V 机械臂扫过之处,导致针穿硬度计探测到的是镜头盖的强度,而不是金星表面的强度。

"金星"13 和"金星"14 号的发现:金星岩石的化学成分、测到 2 次小型地震、两个着陆点的特征、被风吹走的尘土、土壤强度、大气脱水、大气中的水蒸气扩散。

"金星"13 和"金星"14 对大气有了新的认识:

(1)高度为 90km 时,气压为 0.0005,温度为 -100℃。

(2)高度为 75km 时,大气压为 0.15,温度为 -51℃。

(3)水蒸气集中在 40～60km。

(4)在 48km 处水含量 0.2%。

(5)悬浮体散射器证实 3 个不同的云层:①57km 及以上云层较密;②50～57km 透明的中间云层;③48～50km 更密的云层。

(6)光强:2.4%("金星"13),3.5%("金星"14)。

2.1.7 "金星"15/16 任务

1983 年 6 月 2 日和 6 月 7 日,"金星"15 号和"金星"16 号相继发射成功,二者分别于 10 月 10 日和 14 日到达金星附近,成为其人造卫星,它们每 24 小时环绕金星一周,探测了金星表面以及大气层的情况(图 2-12～图 2-13,表 2-13～表 2-15)。

图 2 - 12　"金星"15/16 号探测器

图 2 - 13　"金星"15/16 号探测器的雷达成像系统

表 2 - 13　"金星"15/16 探测器的参数

项目	"金星"15	"金星"16
发射时间	1983. 6. 2	1983. 6. 7
达到时间	1983. 10. 10	1983. 10. 14
工作轨道	1000 × 65000km	
轨道周期	1440min	
轨道倾角	87. 5°	
重量	5300kg	
目的	用雷达对金星北部 30°N 区域进行了为期 8 个月的测绘,分辨率为 2m	

表 2 – 14　"金星"15/16 探测器与之前探测器的区别

序号	内　容
1	更多燃料(1985kg),贮箱长 1m
2	太阳能电池 2 个,每边有 2 个太阳帆板
3	抛物面天线增大至 1m
4	传输能力增加 30 倍,信息流 108kb/s
5	6m 宽的雷达,分辨率 1～2m,测量高度 50m
6	辐射度系统 Omega 25kg
7	雷达高度计精确度 50m

表 2 – 15　"金星"15/16 探测器的载荷

序号	载　荷	备　注
1	雷达	—
2	Omega 辐射度测量系统	—
3	傅里叶红外光谱仪(GDR)	35kg,柏林空间中心研制
4	无线电掩星设备	—
5	色散	—
6	宇宙射线探测仪	飞行期间工作
7	太阳风探测仪	飞行期间工作

两个飞行器相差一天先后进入金星轨道,轨道平面夹角约为 4°,有可能对同一地区重复成像。每个飞行器的近极地轨道的近金点在 62°N,成像地区从北极到 30°N 的范围,时间长达 8 个月。该探测器主要是在"金星"9 号和"金星"14 号探测器的基础上略加修改,圆柱高 5m,直径 6m,圆筒的一端有 1.4m 高的综合孔径雷达(SAR)的抛物线形天线,另外还有一个 1m 直径的高度计抛物线形天线。高度计和 SAR 的天线指向相差 10°。圆柱的另一端装有燃料箱和推进器单元。两侧有两块太阳能电池阵列板。通信用的 2.6m 天线也放置在圆柱的侧面。

探测器上的雷达高度计在围绕金星的轨道上对金星表面进行扫描观测,雷达的表面分辨率达 1～2km,可看清金星表面的地形结构,成功绘制了北纬 30°以北约 25% 金星表面地形图。

2.1.8　"金星"系列任务主要探测结论

对于苏联"金星"系列任务,主要的探测结论包括如下几个方面:

(1)"金星"9/10 任务中的掩星射电探测大气,得到日间和夜间气体分子数密度、压力和温度随高度变化的关系,分析了金星大气的分层结构和湍流,测量了地表压力。

(2)"金星"15/16 卫星在三个掩星循环过程中,探测 42～90km 之间的金星大气的热结构,表明在金星两极具有相似性。

（3）"金星"15 的傅里叶红外分光计探测数据重构金星中间层的热结构和气溶胶结构。这些数据可作为基本的金星数值模型。

（4）利用"金星"15 卫星上的傅里叶分光计探测金星的红外光谱,重构 60～95km 高处范围大气的温度分布。

（5）"金星"11～14 分别探测到闪电信号。

（6）得到了金星地貌的特征、介电常数、土壤密度和大气的反射率衰减,反射图谱上的一些特征反映了金星相应信息。

（7）"金星"11/12 飞越金星,两个远紫外分光光度计使用离散波长从上层大气探测金星远红外辐射。高灵敏度和高空间分辨率测量了 HI 121.6nm（Ly－α）、HeI 58.4nm 和 OI 130.4nm 的发射特征。

（8）"金星"15/16 上的傅里叶分光计探测金星红外光谱,获取了金星云层顶的光谱特征,空间分辨率为100km。可以识别出 CO_2、H_2O、H_2SO_4、SO_2 波段,同时也获得了金星大气温度的垂直分布特征。

2.2　苏联"维加"（Vega）"金星—哈雷彗星"探测器

2.2.1　概述

"金星—哈雷彗星"探测器（Vega,亦称为"织女星"）是苏联与多个国家（包括奥地利、保加利亚、匈牙利、东德、西德、波兰、捷克斯洛伐克、法国等）共同联合研制的。Vega 一词含有俄语中的"金星"（Venera）与"哈雷"（Gallei）的首字母。"金星—哈雷彗星"1 号和"金星—哈雷彗星"2 号两颗姐妹星于 1984 年 12 月先后发射,其最终目的地为哈雷彗星（1986 是哈雷回归年）,途径金星时释放气球和着陆器进行金星探测。

浮空器探测是使用超压气球携带探测器平台漂浮在金星 50～60km 高处,并利用金星大气环流带动探测器对金星大气及地表进行短时间、近距离、大范围探测。这是人类首次利用悬浮气球对外星球大气进行探测。目前实施浮空探测的任务只有 Vega1/2,均获得了成功。

"维加"1 号和"维加"2 号探测器由轨道器和浮空气球组成,是首次采用气球方式对金星大气进行探测的任务。这是苏联进行的一次重要的国际合作项目。

"维加"1 号和"维加"2 号探测器为结构相同的姊妹船,由先前的"金星"9 号/10 号发展而来。探测器由 Babakin 空间中心设计,Lavochkin 制造。探测器由太阳能帆板供电,星载设备包括碟形天线、照相机、分光计、红外线音响器、磁强计和等离子探测器。

"维加"1 号于 1985 年 6 月 11 日抵达金星,"维加"2 号于 1985 年 6 月 15 日到

达金星。"维加"探测器携带了重 1500kg、直径 240cm 的球形下降级。该下降级在探测器到达金星的前几天从主探测器上分离,无控进入金星大气。每个下降级包括一个着陆器和一个探测气球。它们释放的气球都成功地进行了金星大气的探测和温度分析。着陆器也都实现了软着陆。

"维加"1 号着陆器因受强烈气流扰动,使传感器误读数据,提前在 20km 的空中就启动了钻探程序,导致采样失败。"维加"1 号最终着陆在金星 7.5°N/177.7°E 的位置。

"维加"2 号于 UTC 1985 年 6 月 15 日 03:00:50,着陆于金星 7.5°S/164.5°E,着陆点高度为 0.1km(平均半径)。着陆点大气压强为 91atm,温度为 736K。着陆器从金星表面传回了 56min 的数据。"维加"探测器的详细参数如表 2 – 16 所列。

2.2　苏联"维加"(Vega)、金星 — 哈雷彗星"探测器

表 2 – 16　"维加"探测器

目的	金　星	
任务	测量风、垂直热流和云层粒子密度,首个行星气球	
主要合同商	NPO Lavochkin(正式为 OKB – 301)	
发射场,火箭	拜科努尔,"质子"号 8K82K/11S824M(携带"维加"1/2)	
发射日期	"维加"1AZ	"维加"2AZ
	1984 年 12 月 15 日	1984 年 12 月 21 日
到达日期	1985 年 6 月 11 日	1985 年 6 月 15 日
坐标位置	漂浮高度 54km,北纬 8°	漂浮高度 54km,南纬 7°
任务结束	46.5h 后	46.5h 后
进入质量	吊舱 6.9kg,氦 2kg,总质量 20.5kg	
载荷试验	VLBI 位置和速度测量(Sagdeev, Blamont, Preston); 多普勒实验(Kerzhanovich); 气象组件(TP 探测仪,垂直风风速计,亮度级/闪电探测仪)(Linkin, Blamont); 测云计(Ragent, Blamont, Linkin); 项目科学家是 Roald Z. Sagdeev	
运动结构	在下降过程中从着陆器后盖释放	
运行高度	53km	
热状况	在开始漂浮高度处温度为 30 ~ 40℃	
功率状况	锂电池 250W·h(1kg)	
通信结构	单向 DTE:1.667GHz,4b/s 时 4.5W(最初每 30min 持续 270s);DVLBI 测量位置	
EDL 结构	在高度 61km 处由"维加"着陆器释放,在高度 55km 处打开降落伞;运行高度为 50 ~ 54km;直径 3.54m 特氟隆气球,充氦	
着陆高度	—	
主动运行	降落伞和膨胀系统弹射;在高度 50km 处释放压舱物;携带温度探测仪和风速计杆	

"维加"1和"维加"2分别于1984年12月15日和12月21日从地球发射,于1985年6月11日和6月15日到达金星,此时与金星最近的距离为39km和25km,与地球的距离为1.02亿km,向金星大气层投放浮空器,着陆速度为11km/s。于1986年3月6日和3月9日到达彗星,与彗星最近距离10万km,与地球距离约1.7亿km,交会速度为79km/s,地球与彗星之间的距离为12亿km(图2-14)。

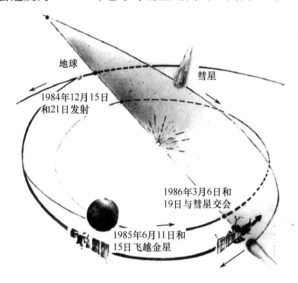

图2-14 "维加"金星探测器飞行路线

2.2.2 整体结构

"金星—哈雷彗星"探测器的总体结构继承了"金星"9号和"金星"10号。球形隔热罩直径2.4m,内含一个着陆器和一个浮空气球;中部圆柱体装有轨控发动机和推进剂;背面装有散热器,背面两个黑色圆盘为测控天线(图2-15)。

图2-15 "维加"探测器

1. 着陆器

"金星—哈雷彗星"的着陆器和"金星"9~14号的着陆器设计一致。"维加"2于1985.6.15,03:00:50 UT在金星表面着陆;"维加"1由于受强风影响,未能正常开机。

着陆之后,对着陆点附近表面进行采样分析(图2-16、图2-17)。

图2-16　着陆器总体外形

2. 浮空气球

浮空气球重21.5kg,两者的任务时间为1985.6.11—1985.6.13("维加"1);1985.6.15—1985.6.17("维加"2)。浮空气球的直径为3.4 m,共携带载荷5kg,悬挂于气球下方12m处。气球释放时处于金星黑夜(图2-18)。

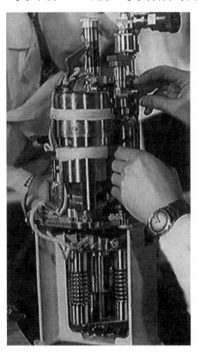

图2-17　金星表面采样器　　　　图2-18　浮空气球实物图

气球悬浮于金星表面上方54km高度，处于金星大气活动最活跃的层面。测得的数据直接传回地球。气球电池设计寿命60h，实际传输数据47h。漂浮约两天，共漂浮9000km之后，气球进入金星白天，受热膨胀后破裂。

地面VLBI跟踪气球运动轨迹，可测量金星风速。跟踪过程利用了20个测控站，包括苏联、法国和NASA深空测控网（图2–19）。

图2–19 "维加"测控站

2.2.3 科学目标

（1）探测金星大气环境、对流；

（2）探测金星地表环境、岩石成分；

（3）金星地表采样分析。

2.2.4 飞行过程

1. 发射入轨

"金星—哈雷彗星"1号和"金星—哈雷彗星"2号分别于1984年12月15日和21日在苏联拜科努尔发射。运载火箭为Proton 8K82K，推进剂为非对称二甲基肼和四氧化二氮。运载将"维加"送至近地停泊轨道后，再由上面级Block–D送入地金转移轨道（表2–17）。

表 2 – 17   "维加"1/2

序号	名称	"维加"1	"维加"2
1	发射时间	1984. 12. 15 9:16:24 UTC	1984. 12. 21 9:13:52 UTC
2	发射地点	拜科努尔	
3	运载火箭	Proton 8K82K	
4	发射质量	4920kg	4920kg
5	气球/着陆器分离时间	1985. 6. 11	1985. 6. 15
6	飞越哈雷彗星时间	1986. 3. 6	1986. 3. 9
7	距离哈雷彗星距离	8890km	8030km
8	着陆地点	7. 2°N/177. 8°E	7. 14°S/177. 67°E

2. 进入过程

气球与着陆器在隔热罩内,于125km处进入金星大气层,速度为11km/s,进入角为19°;在64km处气球和着陆器分离,分别打开降落伞减速,此时进入速度为280m/s,大气密度为0.2atm;在55km处气球开始充气,速度为8m/s;在53km处释放降落伞并开始充气装置分离,此时速度为5m/s,大气密度0.6atm;气球在此高度工作了15h,在50km处抛弃压舱物;最后漂浮于54km高度。

3. 着陆过程

"维加"2于1985.6.15,03:00:50 UTC在金星表面着陆;"维加"1由于受强风影响,没有能够正常开机。"维加"1着陆点为7.2°N 177.8°E;"维加"2着陆点为7.41°S/177.67°E。"维加"着陆过程如图2 – 20所示。

2.2.5   有效载荷

1. 浮空气球载荷

气球的有效载荷(Gondola)呈圆柱型,在尾部有个锥形天线。内部是可持续工作50h的电池、传输系统和载荷。每75s读一次数,每半个小时传输一次,频率为1.67GHz。气球充气后内2kg的氦气,吊舱长1.2m,直径14cm,重6.9kg,传输频率1.667GHz,4.5W传输功率,气球总重21kg。吊舱携带了多种科学仪器,包括1kg电池、发射机以及:

- 温度计和晶体压力传感器。
- 风速计,是一个自由转动的螺旋桨,其转速由一个光电计数器测量。
- 浊度计,通过光的反射来测量云的密度。
- 光度计。

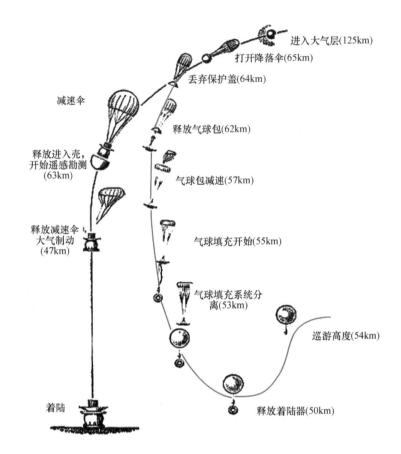

进入大气层(125km)

打开降落伞(65km)

丢弃保护盖(64km)

减速伞

释放气球包(62km)

释放进入壳，
开始遥感勘测
(63km)

气球包减速(57km)

释放减速伞
大气制动
(47km)

气球填充开始(55km)

气球填充系统分
离(53km)

巡游高度(54km)

着陆

释放着陆器(50km)

图 2-20　"维加"着陆过程

2. 着陆器载荷

"维加"着陆器搭载的有效载荷主要是对金星的温度、压强、悬浮颗粒和光线等特征进行探测。着陆器有效载荷见表 2-18。

表 2-18　着陆器载荷

序号	名　称	型号	图　片
1	温度、气压计 Thermometers，Barometers		

（续）

序号	名　称	型号	图　片
2	紫外吸收光谱仪 UV Absorption Spectrometer	ISAV – S	
3	光学气溶胶分析仪、浊度计 Optical Aerosol Analyzer, Nephelometer	ISAV – A	
4	悬浮颗粒形态计量仪 Aerosol Particle – Size Counter	LSA	—
5	悬浮颗粒质量仪 Aerosol Mass Spectrometer	MALAK HIT – M	
6	悬浮颗粒气相色谱仪 Aerosol Gas Chromatograph	SIGMA – 3	
7	气溶胶 X 光荧光光谱仪 Aerosol X – Ray Fluorescence Spectrometer	IFP	—
8	湿度计 Hygrometer	VM – 4	—
9	土壤 X 光荧光光谱仪 Soil X – Ray Fluorescence Spectrometer	BDRP – AM25	—

序号	名　　称	型号	图　片
10	伽马射线谱仪 Gamma – Ray Spectrometer	GS – 15STsV	—
11	透度计/土壤欧姆计 Penetrometer/Soil Ohmmeter	Prop – V	—
12	稳态振荡器/多普勒无线电 Stabilized Oscillator/Doppler Radio	—	—

3. 彗星探测器载荷

"维加"的最终目的是探测哈雷彗星,彗星探测器所携带的有效载荷见表 2 – 19和图 2 – 21。

表 2 – 19　彗星探测器载荷

序号	名　　称	质量/kg	功耗/W
1	电视成像系统　Television System（TV）	32	50
2	三通道分光计　Three – Channel Spectrometer（TKS）	14	30
3	红外光谱仪　Infrared Spectrometer（IKS）	18	18
4	尘埃质量谱仪　Dust Mass Spectrometer（PUMA）	19	31
5	尘埃颗粒计数器　Dust Particle Counter（SP – 1）	2	1
6	中性气体质量谱仪　Neutral Gas Mass Spectrometer（ING）	7	8
7	等离子能量分析仪　Plasma Energy Analyzer（PLASMAG）	9	8
8	能量粒子分析仪　Energetic Particle Analyzer（TUNDE – M）	5	6
9	磁强计　Magnetometer（MISCHA）	4	6
10	波动和等离子分析仪　N Wave and Plasma Analyzer（APV – N）	5	8
11	波动和等离子分析仪　V Wave and Plasma Analyzer（APV – V）	3	2
12	尘埃粒子探测器　Dust Particle Detector（DUCMA）	3	2
13	尘埃粒子计数器　Dust Particle Counter（SP – 2）	4	4
14	能量粒子探测器　Energetic Particles（MSU – TASPD）		

2.2.6　故障分析

"维加"号探测器(图 2 –22)发生的故障是:"维加"1 号着陆器在金星上空释放后,在47km 高度打开降落伞,在离着陆前 15min,即下降到18km 高度时,遇到了强烈的气流扰动和风的冲击,使它的 8 个传感器加速度计误认为探测器已经着陆,探测器因此启动了它的金星表面活动程序,开始进行表面钻探。当然这时它所收集到的样品都只是空气而已。探测器在金星着陆后由于它的钻探程序已过早地在大气层中就完成了,因此不可能再按原计划进行岩石样品的 γ 射线分析,而且

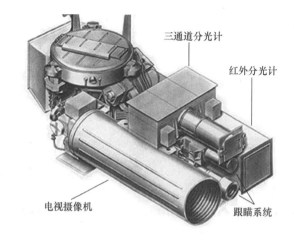

三通道分光计

红外分光计

电视摄像机

跟瞄系统

图2-21 彗星探测器载荷平台

图2-22 "维加"号探测器

该探测器也没有携带摄像机,无法进行表面拍摄。美国两个"先驱者—金星"号探测器在这个高度附近也都发生仪表故障的问题,提示它们都曾受到过强烈的振动。故障原因是:强烈的气流扰动和风的冲击导致探测器误认为已着陆,进而使它过早实施钻探程序,未达到预期目的。

3 美国金星探测的过去和现在

在美国计划行星探测项目中,水手计划系列只有 Mariner 2/5/10 是真正意义上围绕金星作为主要目标来进行的。

1973 年美国发射的"金星先驱者"1 号开始利用雷达技术测绘金星表面图像。

1989 年美国发射的"麦哲伦"号金星探测器,在环绕金星运行的 4 年时间内,利用合成孔径雷达测量到几乎是金星全球的表面测绘图像,分辨率达 300m,揭示了浓密云层覆盖下金星全球表面的面貌,后期又测量了金星全球的引力场分布。

3.1 美国"水手"(Mariner)系列任务

美国于 1962—1973 年共发射了 10 个"水手"号金星和火星探测器。1962 年 7 月 22 日发射的"水手"1 号重 202kg,带两块太阳能电池板,但因火箭偏离轨道,发射失败。一个月后的 8 月 27 日,"水手"2 号发射成功,到 12 月 14 日从距金星 34800km 处飞过,探测了金星的大气温度,从而揭开了人类探测金星的序幕。1967 的 6 月 14 日起飞的"水手"5 号,飞到离金星的距离只有 4000km 的地方。最后一个"水手"10 号探测器,是 1973 年 11 月 3 日发射的,它重 503kg,携带有紫外线分光仪、磁力计、粒子计数器、电视摄像机等,1974 年 2 月 5 日飞经距金星 5760km 的地方,拍摄了几千张金星云层照片。美国"水手"号系列探测器飞越金星只能算作"走马观花"的考察(表 3 – 1)。

"水手"系列探测器基于徘徊者探测器发展而来,基座是 1.04m 直径、0.36m 厚的六边形。基座背面是 48cm 直径的碟状定位天线,正面为金字塔型的金属框架。两侧为长 5.05m、宽 0.76m 的太阳能电池板。除此以外还有备用的水银电池

表 3-1　"水手"号系列探测器概况

名称	目标	发射日期	质量/kg	主要情况
"水手"1 号	金星	1962 年 7 月 22 日	203	没能进入轨道,失败
"水手"2 号	金星	1962 年 8 月 27 日	202.3	次年 2 月 14 日在距金星 34800km 处飞过,对金星气温作了测定
"水手"3 号	火星	1964 年 11 月 5 日	约 200	未成功
"水手"4 号	火星	1964 年 11 月 28 日	260	次年 7 月 14 日在距火星 9200km 处通过。对火星电视摄影,作大气观测
"水手"5 号	金星	1967 年 6 月 14 日	250	10 月 19 日在距金星 3900km 处通过。作气温测定等
"水手"6 号	火星	1969 年 2 月 24 日	413	7 月 31 日在距火星 3400km 处通过,得到 75 幅电视照片,作大气观测
"水手"7 号	火星	1969 年 3 月 27 日	413	8 月 4 日在距火星 3500km 处通过,得到 126 幅电视照片,作为大气观测
"水手"8 号	火星	1971 年 5 月 8 日	1000	发射失败
"水手"9 号	火星	1971 年 5 月 30 日	1000	11 月 13 日成为火星的人造卫星
"水手"10 号	金星、水星	1973 年 11 月 3 日	503	次年 2 月 5 日在距金星表面约 5760km 处通过,对金星云作电视摄影,然后向水星前进

为系统供电。动力系统则是一个 225N 推力的联氨和 4 台控制姿态的氮气喷气机。

3.1.1 "水手"1 号

美国于 1962 年 7 月 22 日发射"水手"1 号金星探测器,它是在"徘徊者"探测器基础上发展而来的金星飞越任务探测器,其任务是探测金星的红外辐射、太阳等离子体、微流星、磁力扰动和带电粒子等,重 203.6kg,带两块太阳能电池板(图 3-1)。

图 3-1　"水手"1 号探测器

"水手"1号由宇宙神火箭发射,但升空后飞行不到5min,在与阿金纳上面级分离前几秒,"宇宙神"火箭偏离预定航向,在几百千米的高空被发射场安全官员下令自行引爆,残骸坠入大西洋内。根据后来几个月中进行的调查,确定是火箭的制导软件原因,其用于控制平均速度的跟踪算法有一个错误。在表示平均的数学符号中要在数值上打一横杠,但在输入程序和手写方程中忽视了这一横杠。在上升阶段,火箭用于接受地面计算速度的天线4次失去了"锁定",自动驾驶仪调用了自己的算法,用雷达测得的瞬时速度替换平均速度。这个结果使火箭速度产生了小的波动,最终使火箭完全离开了预定的航向。

3.1.2 "水手"2号

"水手"2号是世界上第一个成功的星际间探测器(图3-2)。

图3-2　"水手"2号

"水手"2号探测器于1962年8月27日成功从发射场上发射。作为"水手"1号太空船备份的"水手"2号重202.80kg,其任务在于试图飞越金星并传回此行星之大气、磁场以及质量等数据。"水手"2号长距离飞行所需电源,是由两片183cm×76cm以及152cm×76cm的太阳能帆板所供应,并于发射后44min完全地伸展运作;除了辐射探测器失效外,其他探测仪器于全程之巡航任务中均正常地维持操作功能。"水手"2号在驶向金星的过程中曾一度由于太空悬浮粒之撞击而失去控制,但在11月初包含太阳能吸收板之故障均又回复正常的运作;在1962年12月14日"水手"2号以距金星34773km的距离飞越金星,探测了金星的大气温度,拍摄了金星全景照片,揭开了人类探测金星的序幕;但由于设计上的缺陷,在探测过程中,光学跟踪仪、太阳能电池板、蓄电池组和遥控系统都先后出了故障,12月30日由于电子仪器过热而丢失遥测数据;1963年1月3日失去联系。

整体而言此任务算是极为成功。

"水手"2号探测器的第一个故障为:发射"水手"2号时尚未揭示出曾发生在"水手"1号中的制导软件问题,但在"宇宙神"火箭尚未调用该软件前,跟踪数据流就中断了。发射过程中"宇宙神"火箭2个游动发动机中的一个失去了控制。在侧挂助推器系统抛弃后,探测器开始沿着滚动轴自转,开始很慢,越来越快,最后达到每秒1转,使结构承受到未预期的应力。约70s后滚动消失,探测器以几乎是完美的姿态飞行。但在燃烧结束后,火箭又产生了俯仰,在阿金纳上面级努力使它从姿态误差中恢复后,到达了地球停泊轨道。故障原因为:姿控系统故障。

"水手"2号探测器的第二个故障为:探测器在起飞后26min后进入$1.01 \times 0.68AU$的太阳轨道,探测器在109天的巡航阶段出现过很多故障。首先,探测器姿态不稳定,可能是由于微流星冲撞造成的;接着,地面站跟踪不到抛物面天线上的敏感器;65天后探测器的一块太阳电池阵不能供电,后来虽然修复了,但15天后又坏了,且再也不能用了,但由于这时探测器已非常靠近太阳,剩下的一块帆板也能产生足够的电能供所有系统和仪器的运行;一个阀门故障导致了肼贮箱内压力过度增加;热控系统也出现故障;在飞越金星前5天,一些遥测通道丢失。故障原因为:微流星冲撞造成姿控系统故障,阀门故障导致推进剂储箱压力失常,其余不详。

3.1.3 "水手"5号

1967年6月14日发射的"水手"5号飞到离金星的距离只有4000km的地方。图3-3为"水手"5号探测器。

图3-3 "水手"5号探测器

1969年美国两艘宇宙飞船"水手"6号和"水手"7号飞向火星。"水手"6号主要在火星赤道地区,"水手"7号在南半球。两架飞船都飞过火星,拍摄了210张高分辨率的照片。这些照片揭示出火星表面受到侵蚀的迹象。

3.1.4 "水手"10号

"水手"10号是人类设计的首个执行双行星探测任务的飞行器,也是第一个装备图像系统的探测器,它的设计目标是飞越水星和金星两大行星。探测器搭载的有效载荷有等离子探测仪、红外辐射计、2个相机、高分辨率红外辐射计、双频接收天线、2个磁力计。

1973年11月4日,"宇宙神－半人马座D"(SLV－3C)运载火箭发射了"水手"10号金星—水星探测器,该探测器利用金星借力飞行飞越至水星。在飞往金星时,共进行了3次轨道修正。第一次轨道修正大约在发射8天之后,消除由运载火箭导航系统带来的轨道偏差;第二次轨道修正大约在到达金星前3天,用于去除第一次修正带来的执行偏差,"水手"10号于1974年2月3日(或4日)到达金星,此时距离太阳约0.70AU,与地球距离约$43×10^6$km,此时正处于掩星状态,即从地球上看探测器正处于金星的背面,估测探测器曾到达距金星最近的距离为3600km～5100km;第三次轨道修正大约发生在到达金星的8天之后,用于修正第二次机动时的导航偏差,这次的轨道修正机动带来了足够的精度,足以满足金星借力飞行至水星。

"水手"10号于1974年3月19～21日飞越水星最近处,此时距离太阳约0.47AU,距离地球132×106km,到达金星时速度相当快,为13.5～15.5km/s。此后进入周期为176天的公转轨道,环绕太阳运行,由于其周期正好是两个水星年,这使它每次回到水星时都是在以前的同一地点,因为"水手"10号每绕太阳一圈,水星正好绕两圈。1974年9月21日,"水手"10号第二次经过水星;1975年3月6日,它第三次从水星上空330km处经过。此时,"水手"10号耗尽了使它保持稳定位置的气体燃料,因此无法再对这颗行星作进一步研究了。不过这3次近距离观测已拍摄到了超过1万张图片,涵盖了水星表面积的57%。

"水手"10号探测器如图3-4～图3-8所示。

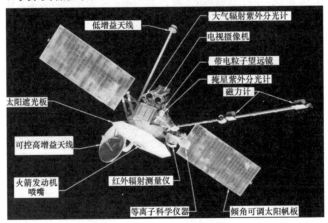

图3-4 "水手"10号探测器构型图

图 3 - 5 "水手"10号在轨展开状态

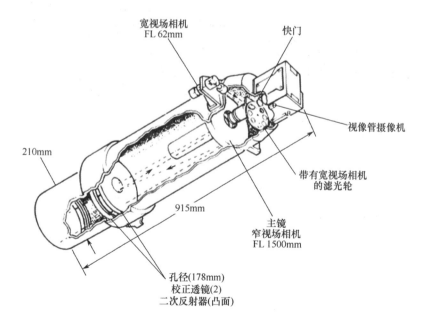

图 3 - 6 电视摄像机结构图

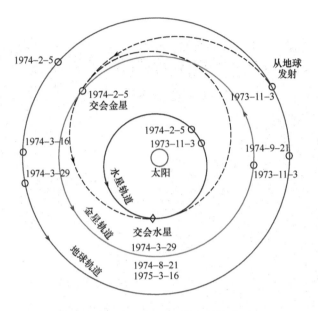

图 3 - 7 "水手"10 号发射轨道

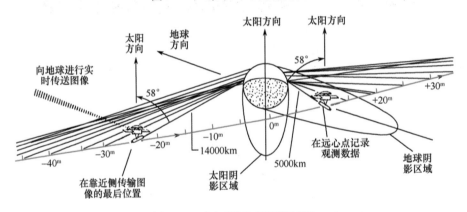

图 3 - 8 "水手"10 号下落过程

3.2 "先驱者—金星"1 号、"先驱者—金星"2 号

3.2.1 概述

    1978 年美国发射了两颗金星探测器,分别是"先驱者—金星"1 号和"先驱者—金星"2 号。"先驱者—金星"探测器涉及两次发射:1 次为轨道器;1 次为携 4 个进入探测器的多舱探测器,可在舱体毁损前释放进入金星大气层。为达到对大气层细节和在不同位置的多个测量目的,飞行中"先驱者—金星"2 号使用了 1 个大型探测器和 3 个小型探测器。大型探测器的有效载荷是每个小型探测器的 7 倍

（3 个小型探测器分别为白天、夜晚和北方测量），舱体还搭载了 1 个小型有效载荷，可返回 110km 的高度（图 3－9）。

图 3－9　"先驱者—金星" 2 号探测器概念图

　　小型探测器未携带降落伞和进入热防护层降落至金星表面。大型探测器的降落伞在 45km 处弹出。这是为了保证在极为不利的大气层低处的探测器快速下降，对探测器的一个特别挑战是压力舱（充气）和抵御不同组件热膨胀必需的进入稠密大气层飞行的外部锥入度设计。使用了钻石和蓝宝石观察窗。所有 4 个探测器都成功运行，2 个小型探测器在金星表面生存了一段时间（表 3－2）。

表 3－2　"先驱者—金星"小型探测器

项　目	金　　星		
任务	大气层结构、动力学、云层结构和光学特性		
主要合同商	休斯公司		
发射场，火箭	ETR36A"阿拉斯特 半人马座"火箭		
发射日期	1978 年 8 月 8 日		
到达日期	1978 年 12 月 9 日		
着陆位置坐标	白天探测器	北方探测器	夜晚探测器
	南纬 31.3°，东经 31.7°	北纬 59.3°，东经 4.8°	南纬 28.7°，东经 56.7°
任务结束	撞击后 67min	撞击时	撞击后 2s
进入器质量	每个 94kg		
载荷试验	SAS（大气结构）（Seiff） SN（测云计）（Ragent，Blamont） DLBI（差分长基线干涉仪）（Counselman） MPRO（大气层传播）（Croft） MWIN（多普勒跟踪）（Kliore） MTUR（大气紊流）（Woo） 总质量 5kg，功率 10W 项目科学家是 Lawrence Colin		

项　目	金　星
运送结构	在相会 19d 后，由运送大小型探测器的自旋稳定舱（速率 48r/min）在接近时释放，用运转 17r/min 的系重缓旋机构消旋
热状况	直径 0.46m 的 2 片 Ti 压力舱，内覆 MLI 和 Be 保护层，用 Xe 充压
功率状况	AgZn 二次电池 22V，11A·h
通信结构	进入黑障期和大高度时单向 DTE：10W，2.3GHz，64b/s；高度低于 30km 时 16b/s
EDL 结构	以约 11.7km/s 的速度进入，飞行通道角 -23°～-71°；直径 0.76m，45°钝半锥体；在降落过程中碳酚醛气动壳保持相连，峰值进入过载 223～458g
着陆速度	10m/s
主动运行	系重缓旋机构消旋机构释放，用于仪器应用的门机构

"先驱者—金星"1 号和"先驱者—金星"2 号对金星大气进行了为期 244 天的观测，考察了金星的云层、大气和电离层；还使用雷达测绘了金星表面地形图。"先驱者—金星"2 号带有 4 个着陆舱一起进入金星大气层。其中一个着陆舱着陆后连续工作了 67min，发回了一些图片和数据。探测器拍摄到的图片表明，金星上降雨时，落下的是硫酸而不是水；金星地形和地球相类似，也有山脉一样的地势和辽阔的平原；存在着火山和一个巨大的峡谷，其深约 6km、宽 200 多千米、长达 1000 多千米；金星表面有一个巨大的直径达 120km 的凹坑，其四周陡峭，深达 3km。

3.2.2　整体结构

1. "先驱者—金星"1 号

"先驱者—金星"1 号探测器的构型图如图 3-10 所示，实物如图 3-11 所示。

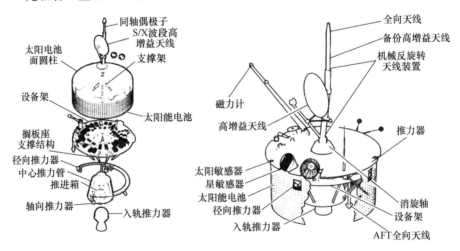

图 3-10　"先驱者—金星"1 号整体结构

图3-11 "先驱者—金星"1号实物图

2. "先驱者—金星"2号

"先驱者—金星"2号也是一个轨道环绕器,搭载有1个大型探测器(315kg)和3个小型探测器(均为90kg)。1978年11月16日大型探测器和主体分离,11月20日小型探测器分离,并于12月9日随主体进入金星大气层。

探测器本体上携带了2个试验设备、1个质谱仪和1个用于研究大气组成的离子谱仪。没有防热壳和降落伞,探测器本体仅在距离金星表面高度约110km处存活并在烧毁前实施探测。本体是一个直径为2.5m的圆柱体,重290kg,仅提供金星大气层上部的直接图像。

大型探测器直径1.5m,压力容器自身的直径为73.2cm。装备7种仪器,并以11.5km/s的速度在金星赤道附近夜间进入大气层,在47km高度处展开降落伞。探测温度和压力的垂直分布、云层中的粒子、太阳和红外通量、大气组成和风。

3个小型探测器全部相同,直径为0.8m,也包括一个被减速伞包裹的球形压力容器,与大型探测器不同的是,小型探测器用减速伞代替降落伞,并且减速伞也不与探测器分离。每个小探测器携带一个测云计和温度、压力、加速度传感器,并且还携带一个用于绘制大气层中射线能量源分布的网状射线通量辐射计。每个小探测器都针对金星的不同部分并且由此命名,"北"探测器进入金星大气层白天一侧北纬60°,"夜"探测器进入进行黑夜一侧,"昼"探测器进入金星白天一侧。

"昼"探测器是4个探测器在撞击金星后唯一继续发回电信号的探测器,且持续工作了1h。

(1) 大型探测器。"先驱者—金星"2号探测器的大型探测器如图3-12所示。

(2) 小型探测器。"先驱者—金星"2号探测器的小型探测器如图3-13所示。

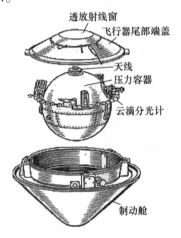

图3-12 大型探测器

图3-13 小型探测器

3.2.3 飞行过程

1. "先驱者—金星"1号

1) 发射

- 发射时间:1978.5.20
- 入轨时间:1978.12.4
- 在轨运行质量:517kg
- 轨道倾角:75°
- 轨道周期:24h
- 运行轨道:椭圆轨道(近地点150km,远地点66000km)

2) 巡航段

巡航段:围绕太阳运行超过180°,运行了7个月,大约4.8亿km(图3-14)。

3) 入轨

"先驱者—金星"1号入轨示意

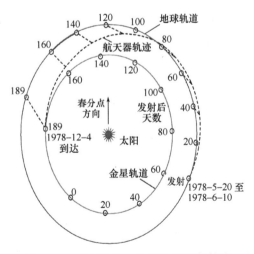

图3-14 "先驱者—金星"1号巡航轨迹

图如图 3 – 15 所示。

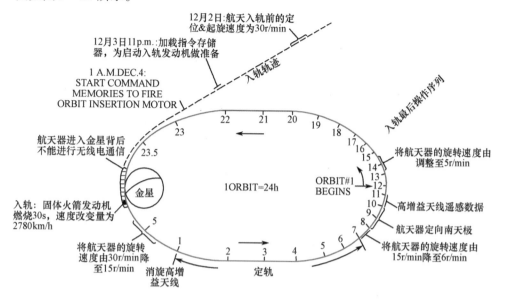

图 3 – 15 "先驱者—金星"1 号入轨图

4) 在轨

"先驱者—金星"1 号在轨运行示意图如图 3 – 16 所示。

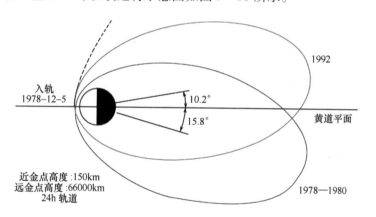

图 3 – 16 "先驱者—金星"1 号在轨示意图

2. "先驱者—金星"2 号

1) 发射

发射时间:1978. 8. 8

入轨时间:1978. 12. 9

2) 巡航

巡航段围绕太阳运行小于 180°,运行了 4 个月,大约 4. 8 亿 km,到达金星时速度为 5.4km/s(图 3 – 17)。

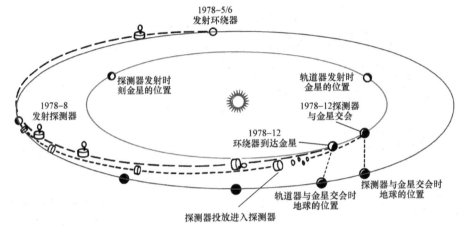

图 3 – 17 "先驱者—金星"2 号巡航段

3)捕获

捕获过程如图 3 – 18 所示,降落过程如图 3 – 19 所示。

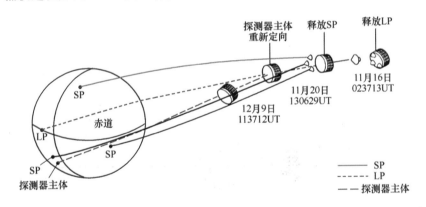

图 3 – 18 捕获过程

3.2.4 有效载荷

1. "先驱者—金星"1 号

"先驱者—金星"1 号装载有如下科学载荷:

(1)云层偏振成像仪 Cloud Photopolarimeter(OCPP)。

- 测量云层和雾颗粒在垂直方向的分布
- 5.4W
- 带有滤光轮、孔径为 3.7cm 的望远镜

(2)雷达表面成像仪 Surface Radar Mapper(ORAD)。

- 生成第一幅地球观测不到的金星大幅图片

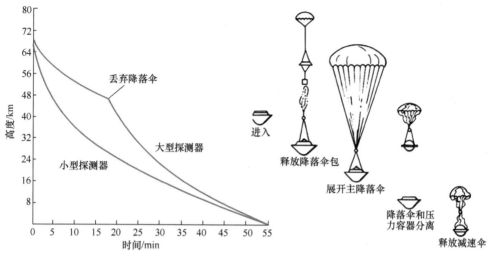

图 3 – 19　降落过程

- 质量 9.7kg，功率 18W
- 分辨率为 150m

（3）红外辐射计 Infrared Radiometer（OIR）。

- 在不同高度的大气内测量红外辐射线
- 质量 5.9kg，功率 5.2W
- 根据太阳能量确定最大沉积的位置

（4）紫外气辉光谱仪 Airglow Ultraviolet Spectrometer（OUVS）。

- 测量分散的或者由云层放射的紫外光
- 质量 3.1kg，功率 1.7W
- 气辉是上层大气吸收紫外线而形成的

（5）质谱仪 Neutral Mass Spectrometer（ONMS）。

- 测量中性原子和分子密度
- 质量 3.8kg，功率 12W
- 中性气体的垂直和水平分布

（6）太阳风等离子分析仪 Solar Wind Plasma Analyzer（OPA）。

- 测量金星上太阳风的特性（密度、速度、飞行方向以及温度等）
- 质量 3.9kg，功率 5W
- 静电能量分析仪

（7）磁力计 Magnetometer。

- 测量金星微弱的磁场
- 质量 2kg，功率 2.2W
- 微弱的磁场对太阳风的相互作用起着重要的影响

(8) 电场探测仪 Electric Field Detector(OEFD)。
- 测量等离子波和 50~50000Hz 释放的无线电波的电场
- 质量 0.8kg,功率 0.7W
- 探测金星的太阳风是如何偏转的

(9) 电子测温仪 Electron Temperature Probe(OETP)。
- 测量电离层的温度特性
- 质量 2.2kg,功率 4.8W
- 电子温度、密度

(10) 离子谱仪 Ion Mass Spectrometer(OIMS)。
- 测量大气中带电离子的分布
- 质量 3kg,功率 1.5W
- 正电荷的分布和含量

(11) 带电粒子延缓潜力分析仪 Charged – Particle Retarding Potential Analyzer(ORPA)。
- 测量电离层中离子的能量
- 质量 2.8kg,功率 2.4W
- 大量离子种类的速度、温度和含量

(12) γ 射线爆发探测仪 Gamma Ray Burst Detector(OGBD)。
- 测量外太阳系的 γ 射线
- 质量 2.8kg,功率 1.3W
- γ 射线的能量为 0.2~2MeV

(13) 2 个射电科学试验仪 Radio Science Experiments。
- 测量隐藏在大气中的 X 波段和 S 波段
- 多普勒频移(航天器加速度)

(14) 射电掩星试验。

(15) 大气阻力试验。

(16) 大气和太阳风湍流射电科学试验。

2. "先驱者—金星"2 号

1) "先驱者—金星"2 号探测器本体

(1) 质谱仪。

(2) 离子谱仪。

2) 大型探测器

(1) 质谱仪:用于测量大气成分。

(2) 气相色谱仪:用于测量大气成分。

(3) 太阳光通量辐射计:用于测量大气中的太阳光通量。

(4) 红外辐射计:用于测量红外线的分布。

（5）云层粒子大小光谱仪:用于测量粒子的尺寸和形状。

（6）测云计:用于发现云团。

（7）温度、压力和加速度传感器。

3）小型探测器

（1）测云计。

（2）温度、压力和加速度传感器。

（3）射线通量辐射计。

3.2.5 姿态控制

两个探测器均采用自旋稳定。地面指令控制自旋速度,当轨道器上的科学设备工作时最低转速为5r/min,当小探测器从平台上释放时达到最大转速71r/min。姿态控制和机械子系统(ACMS)设计的目标是将探测器平台和轨道器配置的通用性达到最大化(表3-3)。其主要功能有:①姿态敏感;②姿态/速度控制;③自旋速度控制;④章动阻尼;⑤提供自旋角度参考;⑥反旋转天线控制(只用于轨道器);⑦双椎体天线展开(只用于 Thor/Delta 探测器平台);⑧磁力计展开。

表3-3　姿控系统需求

功　能	1号任务需求	2号任务需求
自旋轴姿态敏感	误差≤0.9°,当自旋轴在黄道面法向5°以内时	误差≤0.9°,当自旋轴在黄道面法向5°以内时
姿态/速度控制	巡航段的姿态控制在黄道面法向±2.5°推力器矢量控制大小±4%,方向±4°	巡航段的姿态控制在黄道面法向±2.5°推力器矢量控制大小±4%,方向±4°
自旋速度控制	5~100r/min,±0.6pm	5~60r/min,±0.6pm

姿态确定的目的是利用双缝太阳敏感器和星敏感器来测量太阳和恒星相对于探测器的位置(表3-4~表3-6)。

表3-4　姿控系统配置

名　称	首选项	备用选项	首选项原因
姿态确定概念	利用太阳和恒星初始对准	利用地球和金星初始对准	操作灵活,可用现有的敏感器设计技术
巡航段自旋轴指向	平行于黄道面法向南	平行于黄道面法向北	南半球有更多可观测的行星
推力器配置	2个轴向推力器 4个径向推力器	多种配置方案	满足需求的最小数量
太阳敏感器类型	双缝	数字式和模拟式	最简单的设计 最低的造价
星敏感器类型	固态双缝	光电倍增管	质量最小、花费最小、可靠性最高

表 3 - 5　姿态控制系统功能

任务时间	事件	姿态控制系统(ACMS)功能
分离(S)	星箭分离	指令子系统发送指令激活 ACMS,转速从 90rpm 降到 60rpm
S + 0.3h	自旋轴指向天球南极	使用轴向推力器姿态机动章动阻尼
S + 5d,20d 和 50d,以及到达金星(E)前 30d	轨道修正	使用轴向推力器姿态机动 使用轴向或径向推力器轨道机动
E - 23d	释放大探测器	使用轴向推力器姿态机动自旋速度调整到 15r/min
E - 20d	瞄准并释放小探测器	自旋速度调整到 71r/min 使用轴向推力器姿态机动 使用径向推力器轨道调整
E - 20d 到 E - 18d	探测器平台滑行	自旋转速调整到 60r/min 轴向发动机姿态调整
E - 18d	探测器平台轨道修正	使用轴向推力器姿态机动 使用轴向或径向推力器轨道机动
E - 18d 到进入	探测器平台滑行	姿态保持

表 3 - 6　姿控系统组成

组 成	数 量	质量/kg	功率/W
太阳敏感器	3	0.1/个	—
星敏感器	1	2.5	1.0
姿态数据处理器	2	1.6/个	4.0
章动阻尼器	1	1.36	—

3.2.6　轨道控制

TCM - 1 安排在发射后第 5 天进行。99.9% 置信度的燃料消耗预算是 7.0m/s。在没有地面干预的情况下有两种执行中途修正的方法。第一种是使用沿着自旋轴安装的推力器点火。

制导策略采用固定时间到达,瞄准参数为 BT、BR 和到达时间。5 天时间足够进行跟踪和操作计划,图 3 - 20 得到的结论是 TCM - 1 的执行时间并不是关键。

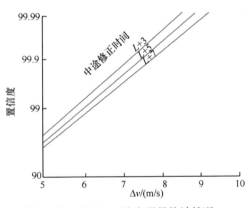

图 3 - 20　TCM - 1 速度增量统计情况

TCM – 2 和 TCM – 3 相对 TCM – 1 是非常小的,但是它们决定了到达火星的精度。这个精度由 1σ 不确定椭圆的半长轴(SMAA)、半短轴(SMIA)和到达时间来衡量。

表 3 – 7 给出了各次中途修正的统计情况,每次修正的 ΔV 基于轨道递推以及前一次中途修正的执行误差,以及未建模的加速度 $2\times 10^{-12}\mathrm{km/s^2}$。执行误差大小为指向误差大小 $2°$,比例误差 1%,分辨率 $0.03\mathrm{m/s}(3\sigma)$。

表 3 – 7   中途修正分析

机 动	时 间	$\Delta v(\mathrm{m/s})$	SMAA/km	SMIA/km	推力时长
入轨	$L+0$	—	43000	4600	2.19h
第一次中途修正	$L+5$	9.0	245	73	50s
第二次中途修正	$L+15$	0.2	180	20	34s
第三次中途修正	$E-30$	0.8	161	20	12s

探测器从进入金星前 30 天开始瞄准机动序列(表 3 – 8),一直持续到进入前 10h。总共有 21 次转动或者速度改变。

表 3 – 8   瞄准机动序列

时 间	事 件	时 间	事 件
进入金星前 30 天 1978.11.9	大探测器瞄准	进入金星 24 天 1978.11.15	大探测器分离
20:30	径向速度改变 Δv	17:00	转向大探测器分离姿态
21:30	转向 comm = 80	21:00	释放大探测器
22:30	转向可通信姿态	23:30	转向小探测器瞄准 Δv 方向
00:00	姿态微调	进入金星前 23 天 1978.11.16	小探测器瞄准
01:00	轴向速度改变 Δv	17:00	小探测器瞄准轴向机动 Δv
18:30	转向可通信姿态	20:00	旋转到进入姿态
20:00	自旋速度上升到 48.5r/min 星敏感器标定	21:30	平台自旋速度减少到 9.45rpm
		23:00	微调自旋速度
进入金星 20 天 1978.11.19	小探测器分离	进入金星当天 1978.12.9	平台微调
17:30	旋转到过渡姿态	10:30	轴向 Δv
23:00	旋转到小探测器分离姿态	18:45	大探测器进入
02:00	小探测器释放	18:50	SP300 进入
03:00	旋转到过渡平台姿态	18:53	SP180 进入
进入金星前 18 天 1978.11.21	平台瞄准	18:56	SP60 进入
17:00	旋转到轴向 Δv 姿态	20:21	平台进入
18:30	用于平台瞄准的轴向 Δv		

3.2.7 故障分析

第一个故障为:在到达金星轨道后,"先驱者—金星"2 号释放的一大三小共 4 个探测器穿越了炙热、稠密、具有腐蚀性的大气层。其中只有大探测器携带了降落伞,3 个小探测器并没有期望它们在穿过大气层后还能抵达金星表面,但是其中之一却做到了这一点——"白天探测器"(Day Probe)在着陆金星后传回了 67min37s 的信息,后来这个小探测器陷入了沉寂。故障原因为:并不是电池的电力耗尽了,而是由于其内部温度急剧上升,导致无线电放大器发生了故障。虽然对故障进行明确表述是很困难的,但它的确是"热死"的一个很好例子。所有这些小探测器都遇到了敏感器发生异常的问题,外部电缆的收缩套管出现热解,释放出的氟化氢气体腐蚀了电缆的绝缘层。造成影响:探测器陷入沉寂,通信中断。

第二个故障为:"先驱者—金星"2 号大探测器和小探测器在降落金星过程中 ASI 温度(T)敏感器发生故障。降落开始后 2200s 和 1950s 时温度不连续下降。温度的下降发生在约一个取样时间内,大探测器的取样时间为 2s,而小探测器的取样时间为 16s。从两个互相独立的敏感器 T1 和 T2 得到的数据互相影响。4 个探测器的 ADI 敏感器的故障环境惊人地相似。环境温度都是 354~367℃(大探测器最低),压强都是 3~4MPa。温度敏感器是铂电阻温度计,下降时用 4 个欧姆计电路对敏感器电阻进行了精确测量:T1 为 $100\mu m$ 的铂金线,绕在绝缘的铂 - 铑线框上,暴露在环境中;T2 为 $25\mu m$ 的线光栅,位于最外部铂金管迎风面上的玻璃膜的框架上,该光栅由极薄的绝缘玻璃膜覆盖。T1 和 T2 这两个相互独立的敏感通道同时出现异常。当达到最小读数后,部分温度恢复到期望值的 0.7~0.9。故障原因为:当标定的最大温度为 370℃ 时,敏感器正常。1977 年 9 月,曾对整个大探测器的下降结构进行仿真测试,最高温度为 452℃,温度敏感器功能正常。T1 经过了 452℃ 温度下的测试,两个敏感器通道一致的程度相差不大。对压力容器也分别进行了结构测试。根据项目和探测合同规定,并未同时进行金星深空环境下的压力和温度仿真实验。没有一种设备可以再现这时的金星表面环境。这样的实验设备昂贵,大型腔体的温度将在内压 10MPa 时达到 500℃,安全问题也很突出。敏感器在 12.5km 出现的异常情况和在 50km 以上硫酸云使 T1 短路的情况极为相似,都是 T1 的读数下降到远低于周围环境的温度;而在 12.5km 时,读数发生急骤变化,T2 的设备虽与环境隔离,也同样受到了 T1 的影响。两者的相似说明,在深空环境中,敏感器元件极可能部分短路。T1 在云层中的情况是受其周围环境——电缆和敏感器框架上的导电膜或硫酸粒子的励磁电流影响所致。出现异常时,观测数据特征可用两个敏感器通道的短路或励磁电流来解释。短路可能发生在敏感器内部或总电缆中,特别是暴露于探测器或周围环境中;或由于环境中导电体的积累。励磁电流产生的 1000Ω 电阻将使地面探测器的数据受到影响。敏感器巡航时长期暴露在空间真空环境中,或是下降时长期暴露在炎热、干燥的金星大气中也会对敏感器绝缘电阻

产生不利的影响。ASI 数据出现异常的另一原因可能是敏感器的压力变化过大。环境压力变化幅度小于 2MPa，如当高度超过 20km 时，就会因极度过压时低空敏感器腊片燃烧产生压力变化。压力变化是由于固态开关漏电引起的。

第三个故障为："先驱者—金星"2 号的 4 个探测器在着陆过程中出现测云计观测异常。小探测器上的第三个仪器为测云计，用于感知环境中的出现的特殊状态。该仪器亦与辐射计协同工作，感知波长为 365 ~ 500nm 空间辐射。大探测器也携载了测云计，该设备位于压力管内。故障原因为：测云计可通过小型探测器后部的边窗观测外部环境。12.5km 以下时测云计数据均正常有效。测云计的非预期观测数据为：两个背阳面探测器在高度约 6km 时，观测到了一个 0.25km 深的小型反向散射信号，意味着出现了粒子轴向层。该信号并未得到足够的重视，人们也无从解释。测云计观测到的第二种异常为：两个阳面探测器上的背景辐射探测器发现，在低于 15km 处存在着紫外和红外辐射，且其强度随着深度的增加而增加。该辐射被认为是由于环境热穿过探测滤波器的散发与泄漏。还未发现其他非常规的光线信号变化，这可能是在探测器周围的化学反应（如燃烧）而致。

第四个故障为："先驱者—金星"2 号下降过程中 ASI 温度敏感器失灵后（64 ~ 224s），三个小探测器在下一次开机时出现有所抑制的轰鸣声。故障原因为：过去认为这是由于开关继电器微型开关在高压和高温情况下出现短路。但还有其他说法，认为电缆绝缘电阻在 2500Ω 时失灵，此时电子仪器显示开关关闭；多路（复用）器板出现静电故障，并将状态信号发送给了指挥与数据单元（CDU）。但该种说法未得到多数人的认可，因为 CDU 也易受到静电损坏，并在故障状态下长期工作。开关出现抑制的轰鸣声说明，ASI 和 NFR 早在下降的初段（如 60km 高度以上）就出现了轰鸣。随后，休斯公司对开关程序进行了增压和降温的仿真测试。测试显示，当压力为 6MPa 而温度为 213℃ 时，开关首次失灵，当温度达到 443℃ 时，开关再次出现故障，这正好是探测器下降 6 ~ 8min 后到达金星 6.5km 高度的压力，随后就出现了抑制轰鸣的信号。第二次测试仍然没能回答故障到底是因压力还是因温度下降而产生的。若故障原因是后者，那么出现故障时压力就大于 6MPa。因此，因 4MPa（12.5km）而致的开关失灵与测试数据不符，而开关状态变化（包括总电缆短路）均有可能造成失灵。

第五个故障为："先驱者—金星"2 号的 ASI 温度敏感器异常后不久，三个小探测器的冷节电热调节器信号出现异常。故障原因为：很可能是绝缘故障或连接头被污染了。静电对电子仪器的损害也可能是原因所在。

第六个故障为："先驱者—金星"2 号下降过程中，在降落伞弹开前，大探测器的热屏蔽内的两个热电偶（一个在滞点附近，另一个靠近锥基处）在开始降落时（66km 以上）位移。故障原因为：一种解释是，信号可能受到切割电缆的影响；另一说法为：电缆的切割端进入了 28V 的电阻继电器内，该继电器也可能切割电缆；还有人认为，大探测器的电缆切割器极可能导致导体短路。高度变化也可能导致电缆位移,因为系统因环境而受热发生热膨胀。

第七个故障为:大探测器的总成电流(2.12A)在11.5km高度时大幅度下降。检查电流数据却无法发现大探测器内压出现的异常。大探测器无线通信系统的自动增益控制(AGC)和9min时再入后(高度约为9km)传送器的静相误差出现明显异常。故障原因为:电流下降可能是做实验时电路短路和开路造成的。而没有发现异常则可能是测试精度的问题。ASI与NFR的异常均可归因于总电缆绝缘性下降为103Ω。但并非经过实验证明的确切原因。

第八个故障为:"先驱者—金星"2号探测器在进入后的1800~2000s期间,三个小探测器的净通量开始出现异常,在极短的取样间隔时读数为零。同时,净通量辐射计温度变化速度与过去不同,开始上升,要么急速攀升至仪器的饱和水平,要么就是夜间探测器首先攀升至77℃,然后趋于饱和。这些故障的持续时间各不相同,但均发生在环境结构仪器温度敏感器出现故障的100s内。故障原因为:探测器1号、2号和3号的最后有效NFR温度读数分别为358℃、360℃和362℃。温度读数出现2~9℃的偏差说明环境结构仪器(ASI)失灵了。净通数据和温度数据也几乎同时出现问题。温度读数从正常到不正常约持续了96s(3个数据取样)。与ASI温度不同,NFR的温度会因异常上升,这意味着敏感元件的上升电阻或信号的阻抗继电器将外部电压当作了重要来源,如加热器的电源电压。

在敏感器的工作过程中,当温度上升时对NFR敏感器头部(不包括休斯电缆总成)进行了测试。敏感器引线和敏感器地线间的绝缘电阻通常会从室温的大于$10^8 \Omega$降至$3 \times 10^5 \Omega$(411℃)。其他的绝缘电阻值也会因温度的上升而同时下降。这些值满足精确读数的要求。某些测试是在温度为500℃的CO_2环境中进行的。其他的一些测试则是在压力升至9MPa的氮气环境中进行的。但敏感器从未在完全仿真的金星环境中和低于12.5km(如CO_2的温度为367℃或更高,压力为4MPa或更高)的环境下进行测试。

3.3 "麦哲伦"号探测器

3.3.1 总体概况

美国的"麦哲伦"号金星探测器于1989年5月4日由"亚特兰蒂斯"号(Atlantis)航天飞机发射升空,并自1990年8月10日起,环绕金星进行雷达测绘和其他科学实验,如图3-21所示。

受到环境因素影响,其热控设计要求十分苛刻,且具有创新性。近地运行时,太阳光强度是地球的2倍,反照强度是地球的5倍。此外,还有太阳粒子等极端恶劣环境,因此,需采用独特的材料。该设计须考虑到太阳强度、热光表面特性的变化,以及探测器的姿态、高度和配置等。在发射之前通过系统性试验(包括2.3个

图 3-21 "麦哲伦"号探测器

太阳的模拟)对热性能进行验证。然而,"麦哲伦"金星探测器在发射升空数月之后,其表面性能大幅下降。温度超过预期值,该项任务需满足热条件以防发生过热现象并实现科技成果的最大化。

为了节约成本,"麦哲伦"号探测器的设计利用了来自此前或现有任务备件的可用组件。该设备的主体是备用的"旅行者"号(Voyager)和"伽利略"号(Galileo)的硬件。其探测器是由科罗拉多州丹佛市的马丁玛丽埃塔(Martin Marietta)太空航行团队组装的,他们对其运转负责。不过,其雷达传感器是加州埃尔塞贡多(El Segundo)的休斯(Hughes)飞机公司的新设计,在很大程度上基于地球轨道运行的 SAR 经验。

"麦哲伦"金星探测器是采用完全冗余、三轴稳定设计的探测器,发射时直径和长度分别为 6.3m 和 9.1m。该探测器的前端(+Z)是直径 3.7m 的固定抛物线状高增益天线(HGA),其在 S 波段捕捉雷达数据并在 X 波段进行数据回放。由于需在各个测绘轨道上对该探测器进行大量操纵,上述两种用途对热设计具有特别的意义。需要在巡航阶段和紧急上行通信阶段配备中增益天线和低增益天线(MGA 和 LGA)。高度计号角天线构成天线组。

与高增益天线相连接的前部设备模块(FEM)内置雷达电子、通信设备、电池、陀螺仪、反作用飞轮轮和恒星扫描器(STU)。指令和数据电子设备、磁带录音机、电源分系统和姿控电子设备位于前部设备模块后部的十边形航行者船身结构。两块铰接式(单自由度)太阳能电池板安装在前部设备模块与船身之间 ±X 轴尾桁之上。

液体推进舱(联氨排放箱、单槽氦再增压箱、阀门、管线)和 4 个火箭发动机舱(REM)构成了完整的在轨配置。

可投弃的固体火箭发动机(SRM)、适配器和上面级适配器构成完整的发射配置(图 3-22)。

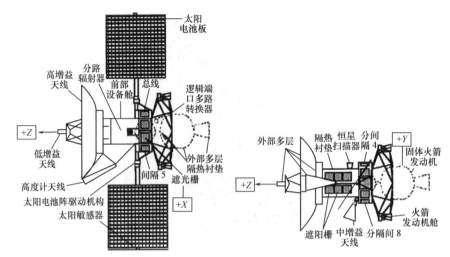

图 3 – 22   "麦哲伦"号的配置

3.3.2 热控系统

热控分系统的设计是为了将各组件的温度保持在飞行条件所允许的温度范围内,即 –10～55℃。也有情况例外(表3 –9)。

表 3 –9   热控系统温度范围

序 号	组 件	温 度 /℃
1	电池	0～20
2	雷达	0～40
3	SRM	9～33
4	指令与数据分系统(CDS)计算机	–10～65
5	天线	–169～140
6	太阳帆板	–130～125

有5个变量影响"麦哲伦"的热控分系统,分别是:

- "入射"太阳辐射(相当于两个地球的"太阳");
- 返照辐射(大约是地球值的5倍);
- 电子设备热耗散;
- 零部件之间的热传导和辐射换热;
- 航天器向空间环境的热辐射。

"麦哲伦"采用的是偏冷、被动热控措施为主的热控设计。具体措施有:加热器(恒温调节和计算机调节)、可变辐射百叶窗组件、光学太阳反射器、多层隔热板以及涂层。由于受到太阳风的影响,探测器外表面无机的,使降解最小化。由于金星表面几乎无磁场,"麦哲伦"探测器表面不要求导电。下面分别介绍"麦哲伦"探测器采取的热控措施。

1. 加热器和恒温调节

"麦哲伦"金星探测器的加热器是按照距太阳 1AU 设计的,采用的是封闭型百叶窗。使用了 219 个 Kapton 层压板修补加热器,最大的是固体火箭发动机、雷达以及电池加热器。加热器采用了冗余设计,使用各自的修补板(patch),除了推进剂管线以外(合用一块修补板,但是有一个冗余的 Kapton 缠绕外包),都分别使用了两块修补板。使用各自的修补板或者冗余的缠绕外包的目的,就是为了防止单条粘合线故障导致所有加热器失效。

大多数加热器是采用四冗余(两组并联电路各有两个恒温调节器)机械恒温调节器来控制的(具有消弧功能)。除了雷达和电池是用温度敏感器,开启和关闭继电器是用软件来控制的。使用这种方法有助于在飞行过程中通过指令修正加热器的参数设置来调节温度。所有加热器的设计都期望能够在任何时间可控,有两个例外情况:在使用火箭发动机舱或信号发射器之前特定时间内,启用火箭发动机舱(REM)催化床加热器和拔销器/分离螺母加热器。

对于大多数加热器,各修补板配备了两个加热元件,分别具有标称电阻和 67% 的标称电阻。在初始的时候,只有一个元件与电源相连接,但如果要求发生变化或热真试验不足的原因,在安装之后或多或少需要些热量,则可采用替代性元件或串联或并联的方式,对加热器尺寸进行调整。

2. 百叶窗

大多数电子部件的内部功率通过可变发射百叶窗总成发生耗散。该探测器设有 14 扇百叶窗,采用两个定位点的其中一个,这取决于下面部件的容许温度范围。

该探测器平台设有 10 个电子舱,其中 7 个采用百叶窗,在其余 3 个当中,有两个是空的,一个配备并联稳压器。前部设备舱(FEM)的 +X 侧设置雷达和六扇百叶窗。−X 侧只对异频雷达收发机设置一扇百叶窗。

百叶窗还有一个双金属弹簧,将两个叶片连接起来,其根据基板温度开关该叶片对(blade pair)。每扇百叶窗设置 8 对叶片,1 对叶片发生故障只对百叶窗的总热力性能产生极小的影响。百叶窗采用 3/16″铝蜂窝盖(出于刚度的考虑而呈铝制蜂巢状设计)以消除叶片内的太阳能截留(solar entrapment)现象。

3. 光学太阳反射器

为了实现冷偏热设计,百叶窗盖和散热器采用高发射、低吸收性光太阳发射器。探测器平台上 10 个隔舱,以及前端设备舱(Forward Equipment Module)的 ±X 侧均采用光太阳反射器。前端设备舱(FEM)的 ±Y 侧均配备大型的 Astroquartz 并联散热器(实际上是复杂的 Kapton 修补板加热器),其几乎覆盖前端设备舱的整个侧面。

采用表面似霜的光太阳反射器,最大程度地减少镜面反射,当直接的反射能量聚集在局部区域时,温度将会上升。

4. 多层隔热

"麦哲伦"金星探测器广泛采用了多层隔热衬垫,其有两个主要用途:一是控制热量在太空发生损耗和由太阳引起的增热现象;二是将该探测器的特定区域与其他区域隔离开来,比如,采用内部衬垫将高增益天线和电池与前端设备舱隔离。外部多层隔热(MLI)衬垫采用 Astroquartz 压制成 2 – mil 非穿孔、双镀铝聚酰亚胺薄片,从而形成外层,最大限度地减少所吸收的太阳能。由于 Astroquartz 的太阳能吸收率低、红外发射率高、镜面反射低以及其具有无机特性,选择它做外部衬垫底。尽管可以预见会发生颗粒脱落现象,但振动和噪声试验表明,颗粒的生成可以忽略不计,因此还是选择 Astroquartz(然而,飞行经验表明荫蔽 – 阳光照射热冲击会释放热量)。为了适应高温环境,将最外层底下的 3 层做成 0.33 – mil 双镀铝、1.5%穿孔聚酰亚胺薄片。剩余的 10 个内层采用由涤纶网隔离,0.25 – mil 双镀铝、1.5% 穿孔聚酯薄膜。衬垫内表面是 2 – mil、单镀铝 1.5% 穿孔聚酰亚胺薄片,高发射率表面可以使内部温度梯度最小化。内衬垫采用 2 – mil 单镀铝 1.5% 穿孔聚酰亚胺薄片和由涤纶网隔离的 0.25 – mil 双镀铝 1.5% 穿孔聚酯薄膜,分别替代 Astroquartz 和聚酰亚胺薄片。

火箭发动机舱衬垫采用双层非薄片 Astroquartz 替代单层,以适应由羽流撞击造成的高温环境。

所有衬垫层采用冗余接地母线与探测器结构进行连接。向探测器内部排放衬垫内积存气体,反过来,通过 – X 液体推进舱衬垫中弹簧回返冗余排放板向航天飞机货舱排放探测器的内部体积,以最大限度地减少自我污染现象。

5. 涂层

"麦哲伦"金星探测器的钛、铝和复合外表面采用白漆。所采用的水基MS – 74 涂料是非导电、分散型有机涂料,用于涂覆高、中、低增益天线、高度计天线、高度计天线支柱和太阳能电池板支撑。如遇留给光太阳反射器的空间不足或复杂形状妨碍光太阳反射器的安装,光太阳反射器附近区域亦采用白漆。

内表面(部件和结构)广泛采用黑漆,使热梯度最小化。

6. 热真空试验

"麦哲伦"的热控分系统系统经过两场单独试验的验证。由于操纵上的条件限制,不能对整个探测器进行试验,第一场试验验证了"麦哲伦"的下方部位。下方部位包括:上面级适配器、惰性固体火箭发动机、固体火箭发动机适配器以及相关热控系统部件。这场试验在位于丹佛的马丁·玛丽埃塔航天模拟实验室(SSL)进行,试验时采用 4.6m ×6.1m 热真空罐。这场试验由冷热部分组成,旨在验证发动机热控系统的性能。

此外,还对"麦哲伦"进行了在轨状态的太阳热真空试验(STV),为期 20 天。这场试验包括了探测器中除试验电池(与飞行相一致)外的所有飞行部件,也没有包括太阳帆板,主要由于真空罐装不下。这场试验在航天模拟实验室的 8.8m ×

19.8m 真空罐(太阳能模拟)中进行。该探测器可能受到一系列飞行条件的限制，其中包括相当于 0～2.3"太阳"的太阳强度、多个太阳角、替代性(冗余)硬件配置、稳态和瞬变现象以及巡航和轨道动力情况。亦进行"裕度"试验，采用附加的加热器在超出预期的温度下对探测器的性能进行验证。

太阳热真空试验满足所有热目标和要求，论证了热分系统的性能，并评估了极端温度下系统综合性能，并为数学模型验证提供必要数据。几乎所有情况下该探测器在约 5℃ 范围内实现综合热平衡。这场试验还表明了若干个次要的工艺、分析、设计错误和一个重大设计缺陷(火箭发动机舱)。

3.3.3 雷达系统

"麦哲伦"金星探测任务的原形是金星轨道运行成像雷达(VOIR)任务，该任务于 1980 年末、1981 年初就被取消。VOIR 曾经要求采用原形轨道，配备 8 种科学仪器，包括一台多分辨率的 SAR。通过剔除其他仪表，放宽要求而采用椭圆形轨道，还有通过对雷达的简化，该项任务的成本得到了极大降低。随后在 1983 年，这项经过修改的任务通过了审批，可以重新开始，其名为金星雷达测绘者(此后在 1986 年更名为"麦哲伦")。从 VOIR 到"麦哲伦"，该任务在成像雷达部分的目标并没有显著改变，也就是说，要测绘金星至少 70% 的表面，其分辨率要优于 1km 等效光线耦。经过转换，此分辨率大约与 400m 的雷达分辨率相当。使用与 SAR 所使用的相同的电子设备，还可以将该雷达配置成收集高度测量与辐射测量的信息。因为它可以穿透浓密而不透光的云层，雷达成像是金星表面全球成像的自然选择。

影响雷达设计的主要任务限制条件是：

- 一个与数传分系统共享的、固定于探测器上的高增益天线；
- 一个椭圆形而非圆形的轨道；
- 数据传输率和数据量的限制；
- 仅从已存储的序列中执行的雷达命令

金星探测器运行轨道及雷达比较如表 3-10 所列。

表 3-10 金星雷达探测器的比较

参　数	"先驱者—金星"	"金星"15/16	"麦哲伦"
近金点高度/km	200	1000	250
远金点高度/km	67000	65000	7800
轨道周期/hr	24	24	3.2
在赤道轨道上移动/km	157	157	20.9
姿态控制方法	旋转	气体	动量飞轮
合成孔径雷达天线/m	—	6×1.4 抛物面	3.7 碟形
高度计天线/m	0.38	1 抛物面	0.08×0.8 喇叭天线

参　　数	"先驱者—金星"	"金星"15/16	"麦哲伦"
极化	线性	线性	HH
发射机类型	固态	TWT	固态
峰值功率/W	20	80	350
合成孔径雷达带宽/MHz	0.25	0.65	2.26
雷达频率/GHz,cm	1,75,17	3,75,8	2,38,12
带宽/km	可变	~120	20－25
合成孔径雷达数据速度－S/C/kb/s	低	~70	750
运行高度/km	200~4000	1000~2000	250~3500
存储量/b		~108	2×10^9
距离分辨率/m	23000	1000~2000	120~300
方位分辨率/m	70000	1000~3000	120
观察次数	多次	4~10次	4~25次
覆盖率/%	92%	25%	95%
入射角/(°)	0~5	7~17	15~45

　　用在"麦哲伦"号上的高增益天线(HGA)是"旅行者"号(外行星飞行任务)的备份,直径为3.7m的抛物面天线。尽管此天线用于数传性能优异,但是作为合成孔径雷达天线(SAR),它不仅尺寸不足,而且对于简易的操作来说,波形系数也不适合。与数传子系统对此天线的分享也降低了设计一套可以为SAR量身定制的、全新的馈电系统的效率。HGA被固定在探测器的结构上,这样天线的重新定向就需要整架探测器的旋转。三轴反作用飞轮姿态控制系统正是为了这种类型的操作而设计的。

　　椭圆形、周期为196min的轨道对于此前接近圆形轨道的SAR经验而言是差异很大。之所以为此项任务选择椭圆形轨道,是因为它降低了探测器的复杂性,从而降低了该任务的成本。但是,这样做的代价是增加了雷达运转的复杂性。为了满足"麦哲伦"号雷达的分辨率要求,其回波必须在发射脉冲之间交错。对于"麦哲伦"号,数据收集开始于接近北极点的位置,此时探测器的高度大约为2200km,在通过高度为290km的近拱点时持续,并在接近南纬79°处、大约3000km高度时结束。该雷达的运行参数在48min的数据收集中必须变化大约4000次,以对数据收集几何结构的改变做出响应。这些命令来自探测器上已存储的序列,在每个轨道上重复执行,直到装载一组将轨道和行星地形的逐渐改变纳入考虑的新的命令。

　　所有在各个轨道运行期间收集到的雷达数据都被记录在探测器的磁带记录器上。其记录速度大约为806kb/s,总数据量大约为每条轨道1.8×10^9b。尽管相较于其他行星任务,此数据传输率和数据量很大,但是对于对这些值的操作频率达到

100~1000 次的 SAR 而言还是很小的。由于通信链的限制,该数据不能以记录速度回放,因此记录器被调慢至 269kb/s,在轨道周期的 196min 里,112min 被用于数据回放。通过在"脉冲串模式"中进行操作,并使用"块自适应量化"技术来降低数据传输率和数据量,对于该数据传输率和数据量的限制被纳入了雷达系统设计。这些特性将在稍后进行说明。

对于雷达控制,仅需要已存储序列的任务限制使雷达传感器得到了简化,但是雷达系统将依赖外部子系统,例如用于对轨道进行精确预测的导航子系统,以及用于天线精准指向的探测器姿态控制子系统。为了满足这些需要,导航系统必须执行跟踪数据的每日方案,而探测器必须在每条轨道上执行惯性参照系统的星际定标更新。由于高度变化的观测几何结构,探测器命令系统必须为高精度雷达生成时序命令组。基于轨道星历表预测和探测器指向,其斜距由地面计算预先确定。为了进一步改善数据收集命令,使用了一个行星地形模型。为了控制数据收集,没有使用星上雷达数据处理。

该雷达系统由地面系统和星上设备组成。图 3-23 是此系统的组件示意图,从雷达工程子系统的命令上行链过程,到 SAR 数据处理子系统的图像格式,以及图像数据处理子系统的镶嵌过程。该雷达的上行链命令通过一个名为雷达测绘定序软件(RMSS)的软件程序产生,它将优化数据收集的几何结构,并计算出为了在各条轨道中操作雷达所需的大约 4000 条命令。在所谓的上载序列期间(通常持续 3~4 天),这些命令将在各条轨道中重复使用,这样对探测器的通信量就不至于变得太大。

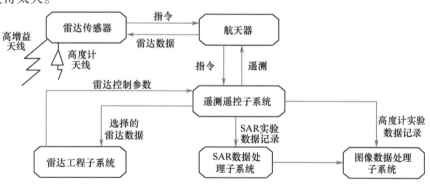

图 3-23 雷达系统示意图

在雷达和探测器收集并回放数据以后,在深空测控网(DSN)站点,该数据将被接收并记录在磁带上,以备稍后送往 JPL。这些站点位于加利福尼亚州、西班牙以及澳大利亚,以允许 24h 的覆盖范围。在回放期间,可用的管理数据将被直接发送至 JPL,在那里将对之进行实时的监测。在制作另一盘可用于 SAR 数据处理器的磁带之前,在 JPL 进行的第一阶段的处理将去除探测器框架以及 DSN 辅助操作。最初的图像是表示宽 20~25km、长 16000km 的狭长地带的长条。在下一个步骤中,通过使用探测器位置或星历表信息,这些长条将被嵌合成与行星表面重合的地图。

雷达的脉冲串模式操作在图3-24中进行了说明。SAR、高度计,以及辐射计模式共享一个名为脉冲串周期的时间槽。这三种模式在每个脉冲串周期中重复变换。选择脉冲串模式数据收集的原因主要是为了降低平均的数据传输率。脉冲串启用时间决定了合成孔径的长度,从而也决定了雷达的方位向分辨率。脉冲的数量和脉冲速率会随着几何结构的变化而发生改变。脉冲串模式的优点之一是高度计和辐射计模式与SAR的交错能力不会打断SAR的数据收集。因为在SAR模式中脉冲串启用时间较长,其回波必定与发射脉冲发生交错,如此图下方的部分所示。因为平台高度的变化,以及因而造成的斜距的持续变化,回波窗口必须不断地进行重新定位以捕获数据。此参数以及其他参数仅能通过采自一份表格中的探测器命令来进行更改,而不会受到雷达传感器内部的任何测量结果的影响。

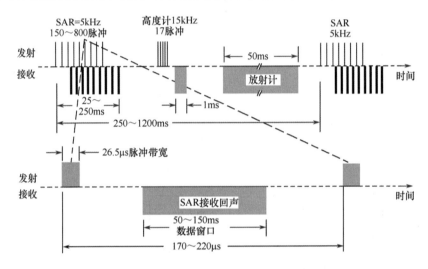

图3-24　雷达以脉冲串模式运转

在最后的SAR回波被捕获以后,雷达将以高度计模式发射一组包含了17个脉冲的快速脉冲串,其中所有的脉冲都将在第一道回波返回以前发送出去。这种数据收集方法使高度计的操作比SAR简单得多。通过将回波往返行程时间和对探测器巡航高度的认知结合在一起,高度计的数据将被用于推知地势的高度。在雷达操作的主动部分完成以后,雷达将转换成辐射计模式,利用HGA来作为微波热能的被动接收器。从HGA的角度看来,这些能量来自所有来源,包括HGA本身以及雷达的电子设备。通过测量来自行星的热能,辐射计实验提供了有关有效表面温度的有用信息。该辐射计将使用一个内部标定源和物理温度测量值来清除来自例如雷达传感器、天线以及电缆线路等热噪声源的数据成分。

"麦哲伦"号探测器使用了块自适应量化器(BAQ),这与之前探测器的雷达系统具有明显差异。此设备降低了每个回波的数据量,从而对于给定的数据传输率,

在保持了幅值分辨率的同时,允许了更大的空间分辨率。通过仅使用七个可用振幅位中的一个,在保留了符号位的同时,数据传输率被降至原来的1/4。通过利用回波中、回波间,以及脉冲串之间减速变化的振幅级来设置阈值电平,BAQ做到了这一点。数字化数值的24个长达16个样本的数据块的7位振幅值被平均到一个脉冲串的8次回波中,以达到阈值。这些阈值被应用在下一个脉冲串的数据中,"动态地"确定每个8位样本的发射振幅值为a0或者a1。这些阈值被放置在脉冲串的报头,通过使用这些0和1的不同乘数,该数据将在地面进行重组,以减少其失真并保持该过程的增益。一套单独的阈值将被用于一个脉冲串的每次回波(100～1000)。该系统的动态范围由原始的8位量化来确定。

此过程会引入何种误差,这是个明显的问题。SAR数据的实质是这样的,因为探测器在每个脉冲期间仅移动1～2m,在脉冲与脉冲之间,所观察的场景(因此回波也是)变化很小。从脉冲串到脉冲串之间的变化也很缓慢。在脉冲串之间的地面间隔通常为2.1°天线波束宽度的1/4至1/15,因此即使反向散射强度发生很大的变化,也不会造成回波强度的立即变化。对于"麦哲伦"号雷达系统2.26MHz范围带宽以及1位波幅的量化,为了达到平衡,对BAQ设计的测试涉及到使用许多实际SAR数据的不同组合的模拟。

因为该雷达必须在很广的高度范围内工作,其内部雷达参数和HGA对行星的瞄准在轨道测绘部分的始终都必须随时变化。

对于标称任务的需求是,采用与信号电平和其他约束条件相应的、尽可能高的观察角来进行操作。观察角是在天底方向和探测器的飞行方向一侧的观测角之间的夹角。入射角是在行星曲面上的预期观察角。为了保持在回波中接近恒定的信号电平,观察角的外形是这样的,在高海拔采用低角度,而在低海拔则采用大观察角,在两者之间则采用平滑的过渡。该观察角的外形受到探测器姿态控制系统的精确控制,RMSS命令生成程序将以之作为根据,该程序会产生探测器所使用的指向命令。SAR系统的预计性能如表3-11所列。由于在行星表面上,尽管入射角不同,斜距分辨率仍然保持恒定值,交叉跟踪分辨率的范围将因而发生变化。方位向或纵向分辨率由合成孔径长度确定,在斜距增加时,为了保持稳定的分辨率,合

表 3-11　SAR 系统的预计性能

高度/km	纬度/(°)	入射角/(°)	距离分辨率/m	方位分辨率/m	观察次数
209	+10	47	120	120	5
400	+23, -3	43	130	120	6
600	+46, -26	37	135	120	7
1000	+62, -42	29	175	120	10
1750	+83, -63	19	250	120	15
2100	+90, -67	17	280	120	17

成孔径的长度也必须增加。因此,脉冲串启用时间和合成孔径长度是由探测器中的一份列表中的命令来控制的,而该表格则由 RMSS 来生成。

RMSS 是对此前的雷达经验的显著背离,后者的系统仅要求不频繁的参数变化,同时其命令的定时也不具备关键性。为了对雷达系统中的所有的接口和交互建模,从椭圆形轨道进行的、使用已存储命令的"麦哲伦"号的雷达操作要求对计算机软件的创新使用。这些内容包括与雷达的异步操作,以及由于金星大气造成的对回波飞行时间的影响相关的,来自探测器的命令的定时和频率。RMSS 首先计算了优化过的数据收集曲线图,随后在软件中将此曲线图应用到探测器的姿态控制系统模型,随后计算出符合探测器指向曲线图的确切的命令组。与雷达命令一起,在指向模型中所使用的值随后被上行链接到探测器。RMSS 还会使用上载期间的平均轨道根数来计算雷达数据收集的几何结构。该软件还会为诸如导航和探测器指向等参数中的误差建模,并据此调整数据收集过程(表 3 - 12)。

表 3 - 12   雷达特性

参　数	值	参　数	值
标称高度范围/km	290 ~ 3000	天线观察角/(°)	13 ~ 45
雷达频率/MHz	2385	HGA1/2 - pwr 宽度	2.2
发射脉冲长度/μs	26.5	脉冲重复频率/kHz	4.4 ~ 5.8
距离分辨率/m	120 ~ 360	发射峰值功率/W	400
方位分辨率/m	120	幅宽/MHz	2.26
观察次数	大于 4	行迹宽度/km	20 ~ 35
数据量 SAR	2b/chan	数据量 ALT	4b/chan

3.3.4　雷达传感器

一旦将该任务的限制条件纳入系统设计,一种相当简单的雷达传感器就产生了。发射机的功率以及量化方法受迫于重量、动力和数据链的限制。为了满足任务的要求,采用一种在此前的系统设计中并不需要的方法,在空间分辨率和幅值分辨率之间取得了平衡。

该雷达传感器由图 3 - 25 所示的八个冗余单元和一个非冗余单元组成。除了配电单元以外,这些单元均为块冗余,这意味着来自任一行列的任意单元的组合均可以接受命令,并不会造成功能性的损失。每个单元均拥有其自身的供电,通过配电单元使用接收自探测器的直流电力,并受到来自遥测和命令单元的命令控制。每个单元的操作将在以下的段落中进行说明。

如图 3 - 26 所示,遥测和命令单元(TCU)拥有两项主要功能:①接收来自探测器命令序列发生器的格式化命令,并将之存储起来,直到脉冲重复频率和定时单元准备好接收该指令;②接收来自所有单元的工程遥测,为了将这些数值传输给探测

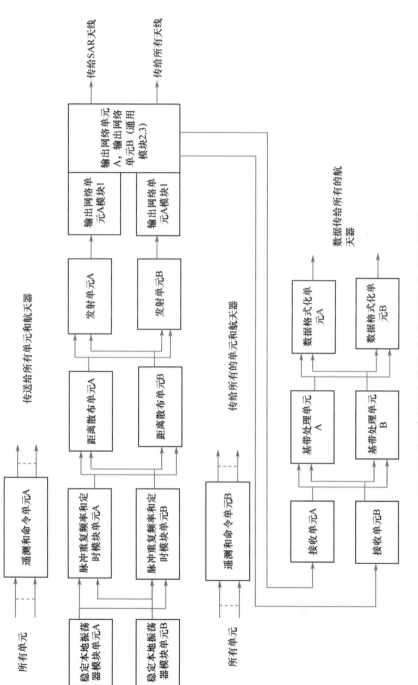

图3-25 冗余单元和其相互连接的雷达传感器配置图

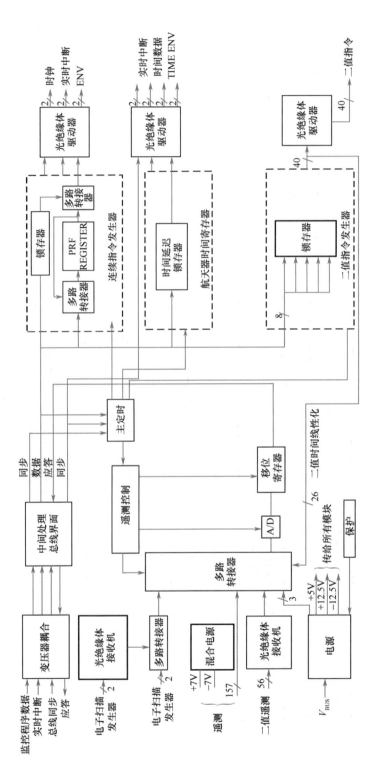

图3-26　TCU是雷达和探测器的接口单元

器,实质包含在探测器的工程遥测中,而对之进行存储和格式化,该探测器的工程遥测与高速率的或者科学数据的途径是分开的。

每个单元均拥有数个到 TCU 的遥测输入,包括例如电流、电压,以及温度的模拟测量值,以及指示单元状态的二值数值。在 TCU 中,这些值被遥测多路复用器(MUX)集中到了一起。通过使用光隔离器,各个单元之间彼此绝缘以避免接地回路。连接到探测器的工程遥测速率为 180b/s。探测器为雷达的准确运行提供时间数据和一个实时中断(RTI,15Hz)。

如图 3-27 所示的脉冲重复频率和定时单元(PRF/T)是雷达的定时核心。合成孔径雷达需要非常稳定而且精确的定时,因为对与移动通过雷达波束的目标相关的多普勒频率的测量需要掠过合成孔径的脉冲与脉冲之间的相位相关性。稳定的本地振荡器(STALO)是控制雷达所有定时功能的晶体时钟。72.27MHz 的 STALO 频率被除以 32,以获得 2.26MHz 分辨率的时钟频率,该时钟频率将控制系统的带宽。控制脉冲串的参数来自 TCU,并通过 PRF/T 被直接发送到受其影响的单元。脉冲重复频率(PRF)是脉冲发射的速率,对于 SAR 在从 4400~5800Hz 之间变化,而对于高度计则固定为 15000Hz。此单元还会将信号发送到数据格式化单元,在指定的次数激活记录操作,控制雷达是否作为 SAR、高度计,或者辐射计运转,并控制脉冲串循环的确切时序。

在雷达处于待命或不运转模式时,TCU 和 PRF/T 的 STALO 部分是雷达仅有的耗电部分。

图 3-28 中的距离散步单元(RDU)接收 STALO 的信号并产生 LO(STALO × 32)信号。使用可编程只读存储器(PROM)中的长度为 60 的双相编码,该 72.27MHz 的 STALO 信号经过了调制(距离编码)。调制了的 72.27MHz 信号被与 LO 混合在了仪器,为发射机提供经过调制的 2385MHz 信号。该脉冲的启动来自 PRF/T,并且必须兼带来自接收机的信号,该信号将对此前接收机设置为保护模式的信号进行确认。如果此"接收机保护确认"信号不存在,那么发射事件就不会发生。在这些信号之间的定时和延时大约为数百微秒。前往冗余单元的信号通道随时存在,只有 TCU 可以通过来自探测器的命令来决定为哪个单元供电,从而决定哪个单元将被利用。

如图 3-29 所示,发射机(TXU)拥有一个激励级和一个输出或高功率级。激励级采用来自 RDU 的小功率输出,通过一系列甲类和丙类放大器,使信号放大,用来作为输出级的输入。所有的丙类放大器均为微波集成电路(MIC)。在驱动级的末端,信号进入输出模块转换开关。在这里,来自 PRF/T 的信号将确定该脉冲是否是 SAR 脉冲,如果是,则该脉冲将被接到高增益天线(HGA);或者如果该脉冲是高度计脉冲,则将被接到高度计天线(ALTA)。在该脉冲为 SAR 脉冲的情况下,上级和下级放大器通道将为同相,或者对于高度计的情况,其相差应为 90°。在发射机中的终端耦合器将把信号送往 SAR 输出或 ALT 输出,此

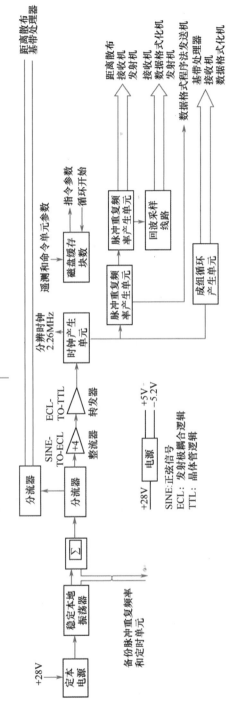

图3-27 脉冲重复频率和PRF/T使用一个晶体时钟稳定的本地振荡器（STALO）来产生传感器所使用的全部定时参数

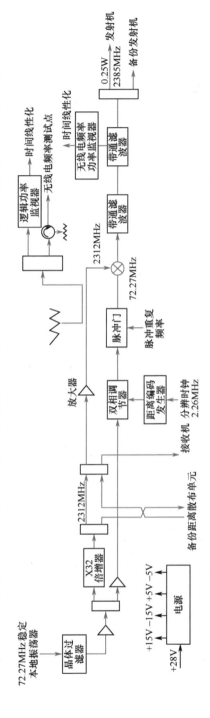

图3-28 距离散布单元通过使用STALO信号以及其他来自PRF/T的信号，产生长达26.5μs、频率为2385-MHz波段的信号，其功率仅为1W的一小部分。当脉冲离开RDU时，雷达脉冲离开RDU

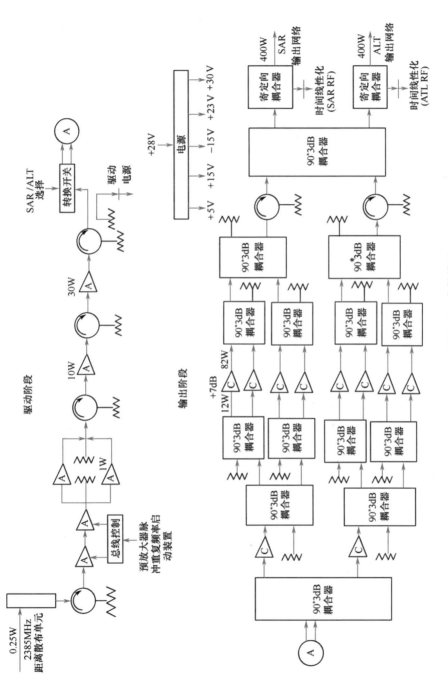

图3-29 发射单元

时其功率大约为400W。在此处使用工程遥测指令流,对其内容的 RF 率输出进行测量。

图 3-30 为输出网络(ONU),它从发射机接受功率提高了的 S 波段脉冲,并将它们送往合适的天线。因为在此处的高 RF 功率,像 B 单元一样,A-TXU 和 A-ONU将耦合在一起。SAR/高度计冗余开关的位置将决定哪个单元被与天线耦合 41 在一起。仅当一组元件在飞行中发生故障时,这些开关才会被复位。通过循环器的使用,ONU 还会将来自适用天线的回波接到接收机。该接收机与 ONU 的连接部分使用点触型二极管开关来将低功率回波连接到适当的通道。该单元还包含了 SAR 和高度计的前置及后置功率监测器,该监测器在每个循环开始时复位。

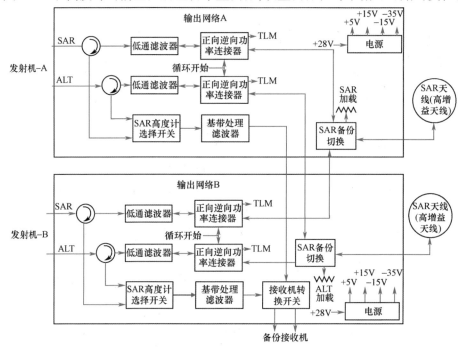

图 3-30 输出网络单元

图 3-31 所示的接收机(RXU)在前端使用两个低噪声的砷化镓前置放大器,随之以一系列的双级放大器。这些灵敏的组件受到复杂的接收机保护开关和功率限制器的保护,避免了发射机漏电。该接收机的总增益为 55dB。回波为已调制的 2385MHz 信号,将使用 LO(2312MHz)信号进行下变换,并产生已调制的72.27MHz 的 IF 信号。随后,在通过一组 3 个衰减器进行衰减之前,该信号将通过带通过滤,转换成 10MHz。该衰减器的组合可以分级进行控制,衰减量为 0~28dB,每级 4dB。该有限带宽的、已调制的 72.27MHz 信号将进入一个 4 路分解器,该分解器的两个信号将连接到冗余的基带处理器,另两个信号则被送往回波采样通道以及辐射计电路,回波采样通道将在发射脉冲之间由命令指定的位置,对回波

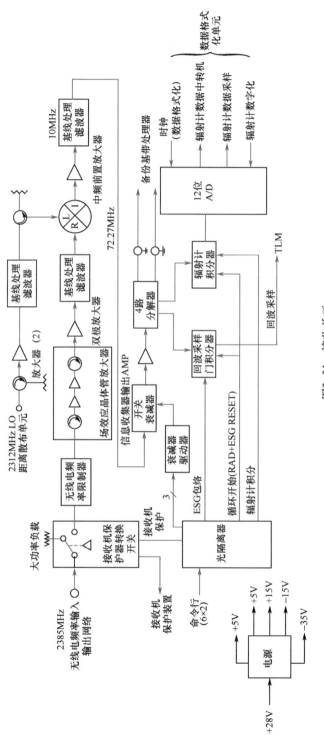

图3-31 接收单元

的功率进行测量。当不存在回波时,该 10 ~ MHz 带宽的辐射计信号将被放大并积分 50ms。

已调制的 72.27MHz 回波被送往如图 3 - 30 左侧所示的基带处理器(BPU),在那里信号被分别送入两个通道;一个通道被称为同相通道(I),另一个则被称为正交通道(Q)。这些信号被与两组未调制的 72.27MHz STALO 信号混合在一起,其中的一个相对于另一个偏移了 90°,产生了两个彼此偏移 90°的 10MHz 带宽的视频信号。为了去除 1.13MHz 以上的信号,在进一步地放大并且进行低通过滤之后,通过两个在 2.26MHz 下工作的 8 位模数(A/D)转换器这些信号被转换为数字形式。另一个电路将把一个信号反馈给 A/D 的输入,以保持正确的零电平(直流复位)。

如图 3 - 32 右侧所示的数据格式化单元(DFU)接收来自 BPU 的 8 位 I 通道和 Q 通道的数据。为了降低数据传输率,使用一个其值由此前的数据脉冲串决定的门限电路,8 位的 SAR 数据被立即转换为 2 位数据。对于每个脉冲串,可以有多达 24 个不同的阈值,各有 16 个样本长度。DPU 的这个部分被称为块自适应量化器(BAQ),其工作类似于数据增益控制器。该 2 位数据被送往缓冲存储器以进行储存。高度计数据不会通过门限电路,但是来自 8 位 I/Q 数据的四个最为重要的位将被保留并存储到缓冲存储器中。除了一个用于数据保护的译码器版本,DFU 还会采用脉冲串的报头,并将之放置在雷达回波数据的头部。

每次雷达突发信号从 200000b ~ 700000b 不等。突发信号缓冲内存必须保留最长的突发信号中的所有数据。数据以平均 790kb/s 的速度从指令数据系统(CDS)接口传送到宇航器,并保存至磁带。

雷达传感器的单个外壳尺寸为 50 英寸 × 36 英寸 × 12 英寸,重 335 磅。上列从右到左依次为 PRT/T、RDU、TXU、和 ONU。RF 输出端口位于机箱右侧。下列从右到左依次为配电单元、TCU、DFU、BPU、和 RXU。大多数单元都是由多个模块组成的。这些模块被固定在基板上,同时基板也是散热板和航天器前部设备模块的一部分。基板温度由航天器控制。在本土中可以观察到中央通道只承载线束。28V 直流下雷达能耗约 210W。

传感器通过了从单元水平到航天器集成的一系列严格测试。这些测试包括电磁兼容性、热力学/真空测试和振动测试。一套复杂的计算机和测试设备被用于监控传感器部署和集成过程,它也被称作传感器支持设备(SSE)。目标模拟器是 SSE 的一个部分,它捕捉雷达 RF 输出、下行转换信号并数字化处理,将信号延后往返行星表面一次的时间,再将信号上行转换为供传感器接收链路捕捉的"回波"。在每个阶段对信号进行详细分析来隔离问题。目标模拟器可以捕捉多个脉冲,因此可以在所有条件下测试合成孔径构成所需的性能要求。在地面测试过程中,可以在 BPU 的一个测试点上使用 8b 数据进行更精确的传感器性能分析。SSE 和雷达一切被运抵科罗拉多州丹佛市的 Martin Marietta 公司进

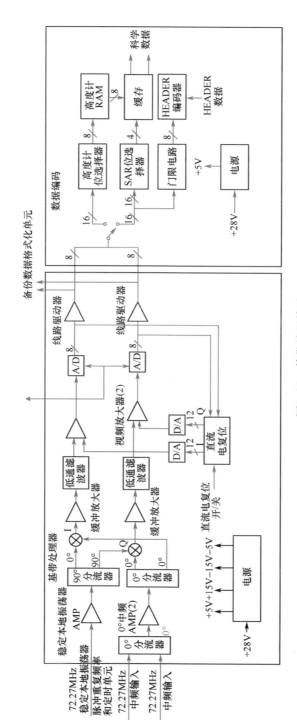

图3-32 基带处理单元

行航天器集成,稍后运至肯尼迪航天中心进行下一步测试、最终组装与航天飞机集成。

3.3.5　测绘

在"麦哲伦"到达金星之后,在轨期间的前18天主要用于轨道确定、轨道机动以及仪器检测等常规工作。然后开始科学数据的获取。每轨都由两部分组成,即时间相对较短的测绘阶段,接近金星时探测器的雷达指向金星;以及时间相对较长的数据收集阶段,在探测器远离金星期间进行数据回放,并且进行姿控系统的定标。测绘始于1990年8月28日,结束于1991年4月28日,持续了243天(完整的金星自转周期)。

探测器的高度随着测绘的进行有相当大的变化。SAR的光照通过视角范围可以调整(图3-33),以优化雷达性能,满足探测器到金星表面的高度变化和相对速度(视角即高增益天线的视轴与探测器天底方向之间的角度)。

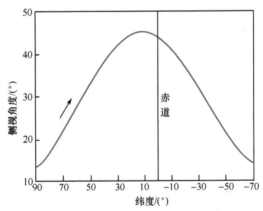

图3-33　侧视角 VS SAR 左视的纬度

SAR的视角在北极上空13°(高度为2100km)到近拱点附近45°(高度250km,北纬10°)之间变化。相关参数如表3-13所列。

表3-13　标称测绘轨道参数

"麦哲伦"号测绘轨道	数　值
轨道周期	189.0min 3.15h
近心点高度/km	250.0
远心点高度/km	8029
金星恒星周期(自转周期)/d	243.01
自转速率	-1.4814°/d -0.1944°/轨道

（续）

"麦哲伦"号测绘轨道	数 值
地面站赤道处跟踪	20.53km/轨
近心点纬度/(°)	10
抵达时近心点经度/(°)	276.5

　　在抵达远心点之前要完成恒星观测,来更新探测器姿控系统。姿控系统定标分为 2 个数据回放阶段。探测器必须转向完全不同的惯性方向,执行 90°滚动机动,然后再转向地球。在标称测绘期间,机动将在 14min 内完成,在地球掩星期间,机动将在 11min 内完成。表 3 - 14 是 SAR 测绘的特性数据。

表 3 - 14　测绘期间特性数据

测绘频率	1 样本/轨道周期
SAR 数据记录速率/(kb/s)	806.4
记录时长/min	37.2
回放速率/(kb/s)	268.8 或 115.2
标称回放周期/min	113.7
记录器容量/b	3.6×10^9
测绘期间真实异常范围	$-80° \sim +80°$
测绘期间高度范围/km	$250 \sim 2100$
测绘期间视角/(°)	$13 \sim 45$
刈幅宽度和长度	25km(可变),16000km
测绘周期/d	243
标称金星纬度范围/(°)	$-67.2 \sim +90$
预计金星覆盖率 RSS/%	79.4
每日覆盖率/%	0.4

　　探测器的测绘、定标以及数据回放有两种工作模式。第一种模式,当轨道条件允许的情况下,所有的记录数据完全回放,传回地球。第二种模式,当从远心点传回地球的数传数据被金星阻挡。此外,当 268.8kb/s 的下传速率无法保证时,还有一种备份应对策略。

　　标称的测绘策略是在可变幅宽模式中收集 SAR 数据。在偶数轨道时获取的数据偏向南半球,在奇数轨道收集的数据从北极点开始。数据收集的纬度范围从 90°(N) ~ 67.2°(S)。

　　为了简化测绘过程,探测器允许每轨有相同的姿态。雷达同样也在每轨相同的区域工作。不过,在交替的轨道上,部分传回地球的数据也会变化。偏北方向的刈幅宽度起始于记录仪在北极点开启,在雷达结束工作前 4.7min 终止。偏南方向的刈幅宽度起始于穿越北极点之后 4.7min 开启记录仪,终止于雷达停止工作。

每轨都会记录长达37.2min的雷达数据。这个数据总量受到268.8kb/s的下传速率的制约。此外,有必要给记录仪、工程数据、探测器机动次数之间的数据重叠留有余量。

交替重叠的北部和南部幅宽几乎覆盖了整个金星表面。如图3-32所示,2个北部幅宽和1个南部幅宽的重叠位置正好起始于南部幅宽。刈幅宽度最小为20km,足以在高纬度区域达到幅宽的交替重叠。图3-33显示了一对北部幅宽终止处的重叠情况。

赤道附近,相邻幅宽的重叠区域只有2km。在低纬度区域,幅宽宽度必须能够覆盖绝大多数金星表面。SAR未能扫描到的区域形成了一个梯形缺口。在标称测绘策略的首要工作模式下,是不会出现该缺口的。在次期间,第二种工作模式十分有必要。这是因为,由于掩星的原因,无法有足够的时间获取重播数据,如图3-34、图3-35所示。

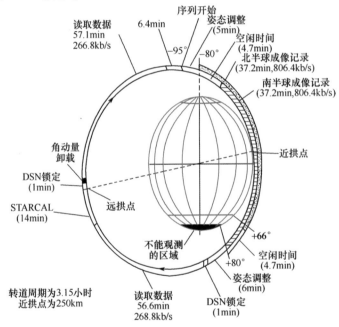

图3-34 标称测绘策略(可变幅宽)

"麦哲伦"探测器在轨的工作进程要由掩星的时间长短来决定(图3-36和图3-37)。在第二种工作模式下,幅宽不再交替,但是从北极上空开始,向南无限延伸。向南延伸的部分取决于掩星,回放,回转(turn),DSN的锁定,以及恒星定标时间(减少至11min)。对于最长为57.3min的掩星时间,大约有118min仍在收集数据并回放。这就导致了28.9min的雷达数据(覆盖范围在90°(N)~25°(S))。由此导致的测绘覆盖区域的丢失,在南极区域未能覆盖的区域形成了金星墨卡托投影,经度149°为中心(图3-38)。

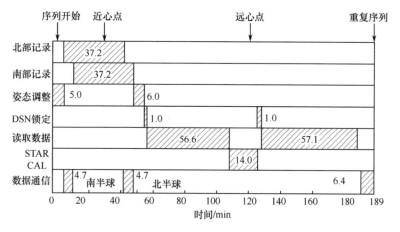

图 3 - 35　标称测绘策略的时间轴

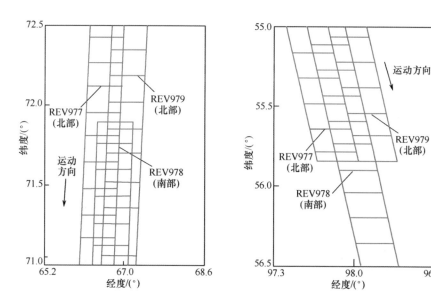

图 3 - 36　北半球交替幅宽重叠图　　　图 3 - 37　南半球交替幅宽重叠图

金星的上合(金星距离地球最远)发生在 1990 年 11 月 2 日,此时地球和金星完全位于太阳的背面。太阳－地球－金星的夹角小于 2.5°,太阳干扰预计会严重降低数据的接收。未能覆盖的区域大约可延伸至经度 28°处。当通信链路降低了一个等级,测绘工作中止,探测器进入一个安全状态。当地面再次发出指令,测绘任务继续执行。

标准任务中的测绘覆盖率(包括由于掩星和上合因素而未能测绘到的区域)如图所示(编者注:可惜原文被特意删除了)。在数据回放期间,由于金星阻挡了从探测器返回地球的数据传输,导致了在南极区域经度 149°附近测绘未能覆盖。

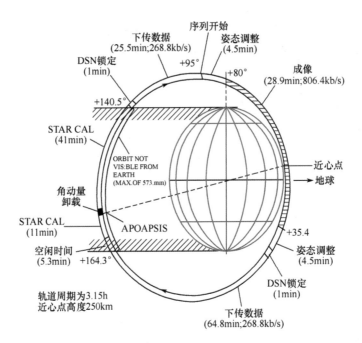

图 3 – 38　远心点掩星期间的测绘策略

在标称任务期间,如果还有衍生任务对未能测绘到的区域进行测绘,那么该区域是可以测到的。

3.3.6　飞行过程

1. 发射入轨

"麦哲伦"号探测器于 1989 年 5 月 4 日从美国佛罗里达州肯尼迪航天中心发射升空,进入 296km 的地球停泊轨道。

绕地球飞行 5 圈后,探测器/上面级组合体从航天飞机中伸出,6min 后探测器的太阳帆板展开(图 3 – 39)。

之后上面级发动机连续两次点火,将"麦哲伦"号送入地金转移轨道。完成巡航段的轨道修正后,上面级与探测器分离。

2. 巡航段

"麦哲伦"号的地金转移轨道属于 IV 类轨道,即绕太阳飞行 1.5 ~ 2 圈,约 540°。整个巡航段持续约 15 个月,共飞行 1.261 × 10⁹km。中途经过了三次轨道修正(TCM),时间分别为 1989. 5. 21、1990. 3. 13 和 1990. 7. 25。巡航轨迹如图 3 – 40 所示。

3. 捕获入轨

1990 年 8 月 10 日,"麦哲伦"号抵达金星北极附近,发动机制动点火持续 84s 后,"麦哲伦"号被金星捕获,进入绕金椭圆轨道(表 3 – 15)。自此,开展 243 天的科学探测任务。

图 3 - 39 "麦哲伦"号探测器

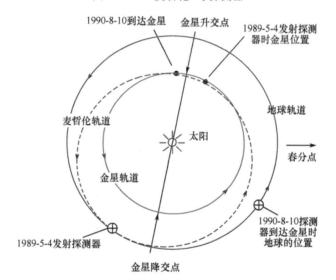

图 3 - 40 "麦哲伦"号巡航轨迹示意图

表 3 - 15 捕获轨道

序号	名 称	指 标
1	近金点高度/km	257
2	远金点高度/km	8000
3	近金点纬度/(°)	10°(N)
4	轨道周期/h	3.15
5	轨道倾角/(°)	85.3

4. 对地定向

NASA 利用了西班牙、澳大利亚、加利福尼亚等地的 DSN 对"麦哲伦"号进行测控,测控站经度分布超过了120°。

3.3.7 "麦哲伦"任务的实施

为了使探测器和雷达执行设计功能,执行操纵任务的地面人员必须控制上行过程和下行过程。上行过程产生的序列指令向上发送给探测器,从而控制探测器的活动与运行。下行过程接收并处理来自探测器的所有数据,包括工程子系统产生的数据和科学数据本身。上行过程和下行过程便构成了任务操纵的核心。"麦哲伦"运行阶段如图 3 – 41 所示。

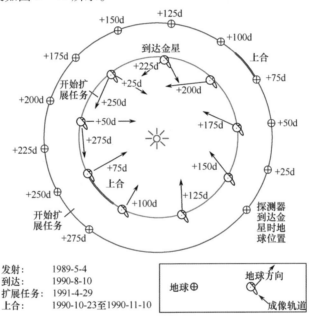

图 3 – 41 "麦哲伦"运行阶段示意图

1. 上行过程

"麦哲伦"任务的标准指令过程是为了可靠地编制一套供航天器 8 天重复绘图的指令程序,然后每周向航天器发送这种程序。这个过程从收集所有输入要求开始,通过解决各种矛盾,制导产生航天器的事件程序为止。该程序经过检测和航天器子系统的参数仪器扩展为指令程序文件,然后在系统验证实验室(SVL)飞行计算机的各种试验线路上进行试验。通过调整指令顺序文件的定时,使顺序的形成与导航跟踪数据得到的航天器最新位置结合起来。它也检验了航天器上存储器的使用和管理,以保证指令顺序适当地输入存储器。

在准备指令顺序期间,雷达系统工程组从导航组接收航天器的星历表——航

天器位置、速度与时间关系的文件,并用它产生两种文件:

(1)绘图四元多项式系数(MQPC)——描述航天器在绘图期间必须执行的缓慢转动。

(2)雷达控制参数文件(RCPF)——雷达敏感器利用此文件建立数据集。

因为航天器姿态的快速变化和雷达对航天器精确位置的敏感性,必须利用航天器的最新预测的星历表值产生雷达控制参数。因此,在预测值对于预定的数据集序显得太不精确以前,需要对跟踪数据的接收、预测值的产生和雷达参数计算作严密的安排,并必须有效地执行。为了保持这种进度,采用并行作业的方式将雷达控制参数文件直接传送给指令顺序。

在上行加载的当天,航天器组扩展这个顺序而形成最终的指令顺序文件。完成了另一项测试后,各种指令转变为 3 种二进制指令文件从喷气推进实验室的多任务指挥系统传至深空网站,以便发送给金星探测器。

在"麦哲伦"绘图操作期间,全套加载文件每周二向金星探测器发送。存储顺序虽然在 8 天内是有效的,也被新的 7 天载荷所替代。然而,RCPF 和 MQPC 文件每周五用基于导航跟踪数据得到的新数据所代替。加载时,将原有轨道的近星点时间"拨一拨",以反映更新更精确的轨道参数。用这种方法,返回数据的精度和相应的图像分辨率都能保证。

为更快地指挥金星探测器,除标准的指令顺序过程外,还研究了非标准的指令过程。它利用立即执行的指令或稍迟一点执行的短指令顺序。基于"麦哲伦"科学课题固有的重复绘图特点,不能想象经常使用非标准直零,但实际操作中一直需要它们。这些指令文件通常用语工程目的,其中许多是处理异常情况的。

2. 上加载处理

麦哲伦无线电子系统接收上加载,并通过指令译码器对其输入指令和数据分系统计算机进行处理。在每次通过轨道近星点期间,把金星探测器指令顺序和雷达控制参数储存到计算机的存储器中。在制图操作期间绘图四元多项式系数被送往姿态控制计算机,以控制高增益天线的指向。

指令和数据分系统的时钟每 67ms 计数时,时间触发的顺序指令,在适当的时候发送到应该接收的金星探测器子系统。合成孔径雷达指令产生的飞行软件从计算机的存储器中提取雷达控制信息而形成指令,使雷达敏感器发送所要求的雷达脉冲。同时,姿态仿形和雷达指令操纵金星探测器,以获得所需的数据(图 3 – 42)。

3. 下行过程

下行过程从深空网获得来自金星探测器的遥测数据并将这些数据传往喷气推进实验室开始。有 3 种不同类型的数据:①监视和记录金星探测器子系统状态的工程遥测数据;②从合成孔径雷达、测高仪、辐射测量仪返回的科学遥测数据;③跟踪数据,测量已接收到的载波信号的频率特性,以测定金星探测器的位置。

工程遥测是供实时监视金星探测器的唯一数据。每当高增益天线指向地球

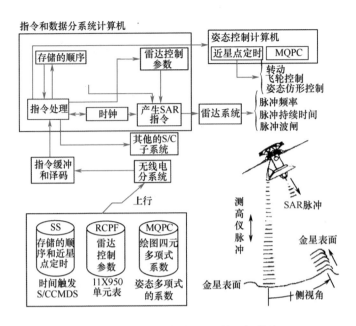

图 3 – 42　"麦哲伦"探测器的上加载处理

时,每圈轨道约有 2 个 1 h 的周期,以 1200b/s 的速率向下传送工程遥测参数。主动式深空网站必须再获得远程通信信号并每圈两次锁定遥测数据流。在获得遥测信息后,一般是实时地传动到喷气推进实验室,并显示在进行探测器控制人员的屏幕上,以监视探测器及其仪器的正常运行状态。来自实时数据的工程测量信道也储存在计算机数据库中,供归档和事后处理用,一种独立的工作能求得测量数据,形成子系统的性能趋势,跟踪探测器的参数和外推子系统将来的特性(图 3 – 43)。

高的科学数据速率使"麦哲伦"的下行过程复杂化。雷达数据以 268.6kb/s 的速率从探测器上的磁带记录器输出,这个速率超过了接收站向喷气推进实验室网络控制中心发送数据的能力,因此"麦哲伦"的科学数据储存在每个站的计算机磁带上。

接收站也获得跟踪和导航数据,用于确定"麦哲伦"的轨迹和细化金星重力场模型。下行多普勒频移和有关的校准信息由各个站收集发送。这些数据文件传送给导航组,该组利用这些文件和任何一个推力器点火的数据,以确定金星探测器的轨道星历表。

4. 姿态控制

金星探测器的指向和对其姿态的了解是雷达绘图操作的关键。"麦哲伦"采用三轴稳定姿态控制技术,能保持探测器在空间的固定指向,除非它要做机动。金星探测器的太阳敏感器和两个星敏感器,作为参考基准。当校准星体时,测量星体位置与记录的标准位置之间的偏差,就为探测器提供姿态修正的信息。在转动时,探测器定向由陀螺保持。姿态的微调可以用推力器或旋转动量飞轮来实现,某些

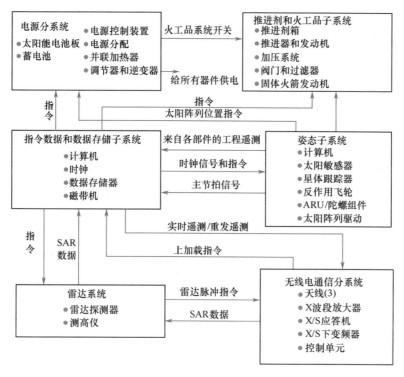

图 3-43 "麦哲伦"金星探测器的组成、主要控制和数据接口方框图

转动惯量能够转换为探测器的转动。

在用同一天线收集雷达图像数据和把这些数据发回地球时,"麦哲伦"要多次转向金星和转离金星(在主要任务期间,金星探测器约完成 1 万次受控转动)。利用电能加速或减速动量飞轮,使航天器向相反方向转动。然后,要使金星探测器转向地球,将对飞轮施加相反的力矩,使探测器恢复到原来的姿态。这种现象可以用牛顿第三定律来解释:对每一个作用力,存在大小相等方向相反的反作用力。由于外力,例如太阳辐射压力和重力梯度的影响,在金星探测器上加了一个旋转力,必须由动量飞轮来吸收这些干扰力。当干扰力积累使飞轮逐渐增速而趋向饱和时,飞轮就不能控制金星探测器。当飞轮接近其最大安全速度时,肼推力器启动,给飞轮施加相反方向的影响,这种操作称为飞轮去饱和。

5. 热控制

金星探测器在飞行中被阳光直射的那一面和背阳的那一面,温差可达几百摄氏度,必须保护金星探测器上的敏感元件不受过高温度的影响。麦哲伦采用了多层防热毯,散热器,专用反射涂料,散热窗(它能开大释放内部的热量),热控电加热器(给元器件加温,使它不致过冷)。一些元件的外表面覆盖有光学的日光反射器或镀银的扁平面镜,用于反射可见光、紫外光和红外辐射热。金星探测器相对于入射阳光的姿态是它的热环境的唯一最大来源。由装在金星探测器关键部位的热敏器件传出的元件温度数据,由地面控制人员严密监视。这种热环境的考虑对未来任务活动的计划有很大影响。

3.3.8　麦哲伦星际导航中的差分多普勒跟踪

飞往金星的"麦哲伦"任务首次提供了在 X 波段频率($7.2 \sim 8.4GHz$)上采集相干(双路)多普勒和双站差分多普勒跟踪数据的机会,其利用的是 20 世纪 80 年代安装在 NASA/JPL 的深空测控网(DSN)中选定天线的 X 波段上行链路能力(而 X 波段下行链路能力在 20 世纪 70 年代早期就已投入使用)。当在 X 波段获得这些数据时,这些数据类型比以前任务中或者单从 S 波段($2.1 \sim 2.3GHz$),或者从 S/X(S 波段上行链路、X 波段下行链路)获得的数据,在精度上可以高出一个数量级。在"麦哲伦"地球 – 金星星际导航中,无线电跟踪数据是相干多普勒,获得方法或者是 S/S(S 波段上行链路/S 波段下行链路),或者是 S/X,或者是 X/X 的无线电线路配置。在航行过程中还采集到了额外的数据类型,在导航系统中进行处理,这些数据包括干涉测量数据类型差分多普勒,ΔDOR 和 Δ 微分单路多普勒(ΔDOD)。ΔDOR 数据是在航行过程中获得的,主要是为了支持重要的机动动作,包括金星轨道捕获(VIO)机动。

差分多普勒和 ΔDOD 数据在航行过程中获得,主要用于支持该任务金星测图阶段的准备工作;这些数据并不真正用于导航。航行中 ΔDOD 历经三次处理,以便模拟在金星在轨操作中此类数据类型的获取过程。为确定差分多普勒数据是否合格,以及能否在测绘阶段替代飞行操作更频繁的 ΔDOD 数据,还获得了大量差分多普勒数据。"麦哲伦"项目管理层最终决定用差分多普勒取代 ΔDOD 用于测图操作[1]。后来,差分多普勒数据在金星在轨导航上的突出表现使得人们猜测,这些数据在星际巡航导航中或许也能派上用场。

本书描述了"麦哲伦"航行重建和金星接近导航任务,对其中多普勒加差分多普勒轨道方案的精度与从单一多普勒和多普勒加 ΔDOR 数据得出的方案精度进行了比较,两种数据策略都实际用在了航行当中。本书还给出了从 DSN 的 X 波段跟踪系统获得的整体数据质量的初步评估结果。在此次分析中,使用了一个与以往操作中使用的滤波不同的轨道测定滤波,以试图克服在为动量去饱和燃烧正确建模时遇到的困难,动量去饱和燃烧在航行中经常为探测器所使用。操作中的建模难题让相干多普勒数据从其固有精度去加权高达一个数量级,为的是降低数据对去饱和燃烧建模错误影响的敏感程度。

1. 无线电测量数据类型说明

常规的双路多普勒数据提供了对静止探测器瞄准线速度的直接测量,如图 3 – 44 所示。该数据类型是星际探测器导航的主干。跟踪站获得的上行链路载波频率被探测到,然后由探测器连续传回发射跟踪站。除了对地心测距率[2]的直接测量,多普勒数据的昼间痕迹还包含关于地心偏角和探测器赤经(分别是相对

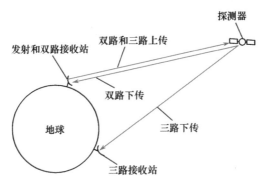

图 3 – 44　双路和三路多普勒通信

于地球赤道的倾角和方位角)的信息。获得多程多普勒数据时,地球和探测器对于太阳的相对运动是轨道的决定的重要因素[3]。多普勒的缺点之一是,当轨道偏角几乎为零时,以地球为中心的探测器偏角相对不好确定。此外,基于多普勒的无线电导航对探测器动力建模错误非常敏感,这一点为人所熟知。

使用 S/S(S 波段上行链路和下行链路频率)获得的多普勒数据的典型精度为 0.5～1.0mm/s,压缩时间为 60s;使用 X/X 获得的多普勒数据精度可达 0.1mm/s 甚至更高,持续 60s[4]。S 波段和 X 波段多普勒的精度都会随着地球和探测器绕太阳运动所引起的轨道地形学的变化而变化。在"麦哲伦"航行中获得的双路多普勒跟踪周期一般长度为 8～12h。多普勒数据可以采取三路模式采集,在这种模式中,探测到上行链路载波,然后由探测器传回到一个不同的跟踪站(取名为三路,就是因为在这种数据采集中有三个不同的参与者)。三路多普勒数据用于形成差分多普勒数据,有关这些数据的更详细的讨论如下。

ΔDOR 是相对于由超银河无线电源(类星体)确定的坐标系的地心探测器角坐标的干涉测量,如图 3 – 45 所示。ΔDOR 的观测由获取两个分隔很远的站点(差分单程距离)之间微分距离到探测器的测量数据组成,然后再用天体附近的类星体的微分距离对测量结果进行差分。两次差分几乎可以消除静止位置、传输媒介、时钟偏移的标定误差,这些误差将完全损坏观测结果。每一个 ΔDOR 观测负责测量角坐标的某一部分,通过从多个基线(站点对)获取的观测结果,包括南 – 北方向和东西方向部分,准确的探测器角坐标(既有赤纬又有赤经)可以确定下来,基本上与探测器偏角无关。ΔDOR 比双路多普勒对建模错误的探测器加速的敏感度要小,因为它对以地球为中心的探测器动作的角型部分进行直接的测量,而非推断。不过 ΔDOR 有一些操作上的缺点,因为需要两根天线同时用于数据采集,并且这些天线必须伸出探测器来观察类星体,使得进行观测时,双路通信不可能实现。此外,ΔDOR 数据需要相当多的后期加工,以便将观测结果归纳成为适用于导航的形式。单一 ΔDOR 的测量通常需要大约 2h 的天线时间,以便达到 1ns 的精度。

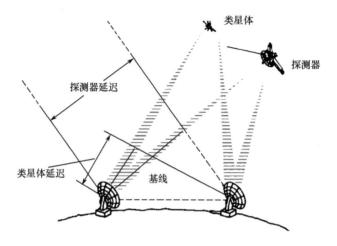

类星体

探测器

探测器延迟

类星体延迟

基线

图 3 – 45　ΔDOR 观测几何学

差分多普勒技术是一种干涉测量的数据类型,测量的是从两个基站到探测器之间的微分距离比率,这可以转化为测量天空平面上的探测器速率,这一平面垂直于静止探测器的瞄准线。数据由差分远程跟踪站获得的双路多普勒与同步三路多普勒形成。与 ΔDOR 相似,差分多普勒对建模错误的探测器加速较不敏感,这一点为人所熟知,因为它直接测量探测器运动的角型部分。虽然不如 ΔDOR 数据精确,差分多普勒数据比较容易获得,需要的采集后处理更少。不过,差分多普勒易受站时钟和频率偏移的影响,由于这个原因在过去也没有得到广泛使用,但是差分多普勒数据在 20 世纪 70 年代的"先驱者"10 号、"水手"10 号和"先驱者"11 号上有过几次成功的演示。20 世纪 80 年代 DSN 的设施升级极大地改善了各种微分无线电度量数据类型的性能;在几乎所有的 DSN 基站,氢微波激射器都用作频率标准器,站时钟和频率偏移都定期使用全球定位系统卫星进行精确校准。差分多普勒有个操作上的缺点,即两座天线必须同时获取跟踪数据。从探测器序列的角度来看,双路多普勒和差分多普勒是等价的。通过"麦哲伦"任务,由 S 波段下行链路获得的差分多普勒数据一般能精确到 0.5 ~ 1.0mm/s,持续 60 秒点。X 波段下行链路的数据精度为 60 秒点 0.1 ~ 0.2mm/s。

2. "麦哲伦"航行

任务始于从地球到金星历时 463 天的转移,这涉及对太阳 3/2 次旋转,如图 3 – 46 所示。导航的目标是将探测器送入与"麦哲伦"合成孔径雷达运行范围相容的导入后轨道。要实现这一目标,难度最大之处在于对影响轨道的探测器非引力加速度的建模错误。"麦哲伦"航行不同寻常,因为存在影响其轨迹的几乎连续扰动。最大的扰动是由于每天两次的动量飞轮去饱和,这为"麦哲伦"提供了姿态控制。"麦哲伦"是第一个使用动量飞轮,而不是更为传统的推进器或自旋稳定来进行姿态控制的星际探测器;先前还没有这种探测器的导航经验。一次典型的去

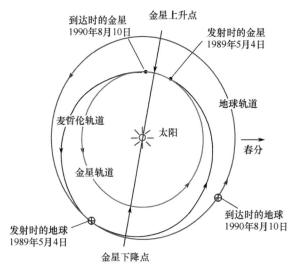

图 3 – 46 "麦哲伦"航行轨道

饱和燃烧持续约 30s,实现约 3mm/s 的速度变化。每次燃烧的持续时间和规模由探测器小组进行报告,其值的误差经常高达 10%。扰动的另一个主要来源是探测器经常进行重新定向。更新姿态资料的恒星校准每天进行一次。因为"麦哲伦"的星体跟踪器装在探测器的主体上,整个探测器必须完全垂直于包含有引导星的平面。每次姿态校准都可观测到两颗引导星。航行期间进行的轨道映射操作预演涉及将探测器推离地球,并按照虚拟的符合预期的映射定向剖面的姿态轨迹。探测器定向的误差也会影响到太阳辐射压力模型的准确性。这种复杂的模型正确定位了单个探测器部分对于太阳的位置,但是不能解释一个部分受到另一个部分遮蔽的原因。一些复杂的定向变化,比如星校准和轨道测图作业,也往往不能正确建模。

105

如前所述,使用多普勒的无线电导航受如前所述的错误建模的动力特征误差的影响。采用微分数据类型的轨道解决方案,比如 ΔDOR 和差分多普勒,对建模错误的加速度都有一定程度的钝化,因为这些数据类型直接测量探测器轨道的额外部分,特殊地是两个地心角部分。"麦哲伦"在航行中成功地利用了 ΔDOR 来减轻这一问题。

3. 轨迹描述和估算策略

此次分析中检验的数据弧接近"麦哲伦"航行的最后阶段。弧线始于 1990 年 6 月 1 日,终于 1990 年 8 月 2 日,8 天之后,完成了金星轨道导入。该轨道的初相状态最初来源于一个 20 世纪 90 年代初期获得的飞行解决方案。数据弧内的飞船偏角介于 16°到相遇点附近的稍高于 22°之间。这个弧的数据包括 4645 个 X/X 双路多普勒点(600s 压缩),9295 个 X/X 差分多普勒点(60s 压缩),以及 15 个 ΔDOR 点。这些数据针对对流层和电离层延迟效应进行了校准,均匀地分布在 DSN 位于戈德斯通、澳大利亚和西班牙的观测设施中。

在整个航行过程中，超过70000对双路/三路多普勒数据对得到采集，用作差分多普勒。这些数据都不会被用于航行方案。此次分析中，所有数据采用了先进的交互式图形数据编辑器，在一个人工周的时间内，编辑处理成差分多普勒。这些数据针对除了传输媒介效应之外的追踪站时钟和频率偏移进行了校准。约60%的差分多普勒数据来自于使用氢微波激射器作频率标准器的跟踪站。这种频率标准器具有良好的短期稳定性，导致更精确的差分多普勒测量结果。其余的差分多普勒由"深空站"（Deep Space Station）12采集，该站使用铯作频率标准器。这些数据表现出更大的分散。大部分差分多普勒数据由戈德斯通/澳大利亚和戈德斯通/西班牙基线采集。极少的数据由澳大利亚/西班牙基线获得，因为这两个站点的重叠观测时间极短。

标称轨迹整合了从初相状态到金星相遇点。作用于轨道的力模型包括牛顿重力加速度，由于太阳的相对论加速度，每天两次的动量飞轮去饱和，以及太阳压力模型，该模型反映出探测器的物理结构和定位，表现为时间函数。如前所述，由于动量飞轮去饱和，动力学错误建模在定轨过程中呈现出来，动态飞轮去饱和由探测器小组在实际航行过程中报告，这是太阳压力模型的不充分类别。

喷气推进实验室定轨程序是用来获取解决方案的，使用的则是批序列滤波算法[13]。估计参数是探测器的状态矢量、随机探测器非引力加速度、蛇形轨道修正机动，以及对漫射和太阳辐射压力模型中镜面反射系数的修正。类星体的赤经和赤纬坐标也在包含 ΔDOR 数据的解中估计出来。考虑参数的不确定性可以影响与估计参数关联的，但本身不是估计值的误差协方差，考虑参数包括静止位置误差、传输媒介校准误差，以及地球和金星星历表错误。数据弧分为 140 个批次间隔，长度从 11 到 12 小时不等。批次间隔的选择使得一次动量去饱和燃烧发生在每个批次间隔的开头；这一方法用于求出独立的每次去饱和燃烧的探测器加速度矢量，目的是测出和移除去饱和燃烧数据中出现的错误建模，去饱和燃烧数据是由"麦哲伦"探测器工程小组提供的。用于此目的的非引力加速度参数假定批次间无关联。所有这些估计和考虑参数，择要载于表 3-16 中。

表 3-16　估算模型

估计参数	先验不确定性（1σ）
探测器位置/km	10^5
探测器速度/(km/h)	10
SRP 的常系数	标称的 20%
轨道机动：Δv	标称的 10%
赤经/(°)	0.1
赤纬/(°)	0.1

（续）

估计参数	先验不确定性（1σ）
类星体的绝对位置/nrad	150
径向/（km/s²）	6×10^{-12}
横向/（km/s²）	2×10^{-12}
标准/（km/s²）	2×10^{-12}
考虑参数	
DSN 基站位置	旋转半径:60cm
（相关协方差）	黄经:90cm
电离层顶点延迟/cm	昼间:5
标定误差/cm	夜间:1
对流层顶点延迟/cm	5
位置/km	径向:0.2
金星质量（GM）	横向:15.2km
	标准:4.9km
	0.8km³/s²

上述的轨道估计策略与实际用在"麦哲伦"航行和之前的重建任务中的是不一样的。在以往的工作中,普遍采用的是单批次加权最小平方滤波。根据需要,非引力加速度加入了探测器动力学模型,为的是应对在多普勒拟合后数据残差中观察到的一般趋势。这些非引力参数常常被假定为在一周至数周内都有效,而最好的解决方案时间跨度则没有那么长。此次分析中使用的批序列滤波主要是为了对由于动量飞轮去饱和而产生的扰动进行建模。该过滤器是"麦哲伦"航行中完成的实验工作的一个副产品,试图拟合极长弧线的"麦哲伦"数据[14]。为了验证这一策略,使用与上述数据弧相似数据弧的单一多普勒方案得到执行,但使用的是直到相遇点的全程的数据。当映射到相遇点时,该方案与格拉特（Graat）等人提出的重建方案吻合,相差位置在 0.2km 内,最接近状态的时间在 0.1s 以内。

4. 解决方案和过程

使用如上所述的定轨滤波的各种解决方案之间的比较在以目的行星为中心的瞄准平面（"B 平面"）上进行,如图 3-47 所示。单一多普勒的方案首先进行测算,数据加权（假定一个西格玛的随机数据噪声水平）为 1mm/s。拟合后数据残差标示在图 3-48 上,随机探测器径向加速度标示在图 3-49 上。拟合后均方根（RMS）相对多普勒数据残差的分散度为 0.07mm/s。该解决方案及其相关的一西格玛离散椭圆放在 B 平面坐标中,如图 3-50 所示。最明显的特征是在单一多普勒方案和业已实现的 B 平面截距重现之间的 $\boldsymbol{B} \cdot \boldsymbol{T}$ 方向上 175km 处的巨大偏差。

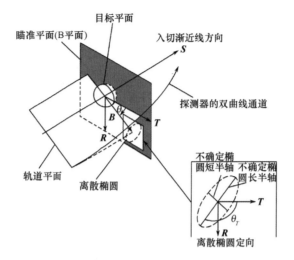

图 3 - 47　B 平面定义

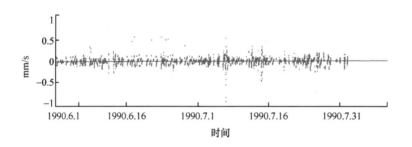

图 3 - 48　"麦哲伦"多普勒残差

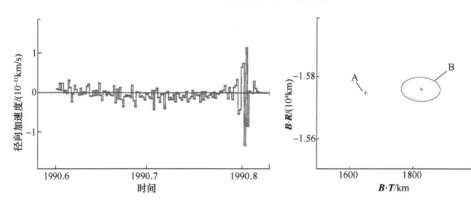

图 3 - 49　随机非引力估计

图 3 - 50　金星 B 平面上的解决方案

A—麦哲伦的实际轨道；

B—1mm/s 下加权的单一多普勒。

这个误差反映了作用于黄道平面上的力的错误建模,这与动量飞轮去饱和燃烧误差相一致,因为探测器轨道在黄道平面上,而动量飞轮去饱和发生在探测器指向地球时。这一方案的最接近状态时间误差为 5.1s。$B \cdot T$ 上就吻合良好,因为这个方向上没有重大的动力学错误建模发生。

还有一种方案是多普勒数据用 ΔDOR 进行增强。多普勒数据再次在 1mm/s 加权。ΔDOR 数据的拟合后残差标示在图 3–51 上。拟合后均方根对于多普勒数据的分散度为 0.07mm/s,对 ΔDOR 数据为 0.68ns。该方案及其离散误差椭圆如图 3–52 中椭圆所示(附有 1mm/s 的单一多普勒方案供参考)。在 $B \cdot T$ 上可看到超过 130km 的改善:最接近状态的时间误差降低至 7.6s。这一方案最符合"麦哲伦"实际航行中使用的数据策略。

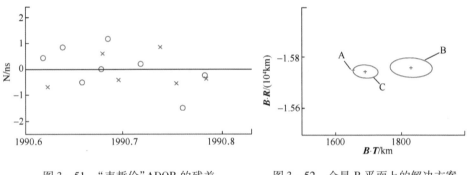

3.3 "麦哲伦"号探测器

图 3–51 "麦哲伦"ΔDOR 的残差
(O:加州–澳大利亚,X:加州–西班牙)

图 3–52 金星 B 平面上的解决方案
A—麦哲伦实际轨道,
B—1mm/s 下加权的单一多普勒,
C—1mm/s 下加权的多普勒和 ΔDOR。

第三种方案是多普勒数据用差分多普勒进行增强。多普勒数据在 1.0mm/s 加权。从使用氢微波激射器的追踪站获取的差分多普勒在 0.20mm/s 下加权,涉及深空站 12 的数据在 0.35mm/s 下加权。差分多普勒数据的拟合后残差标示在图 3–53 上。拟合后均方根对于多普勒的分散度为 0.07mm/s,对差分多普勒为 0.19mm/s。B 平面上的解决方案如图 3–54 所示(连同 1mm/s 的单一多普勒方案和基于 ΔDOR 的方案,供参考)。在 $B \cdot T$ 上有超过 120km 的明显改进。这一方案和基于 ΔDOR 的方案受动量飞轮去饱和错误建模的影响都大大降低。最接近状态时间误差也提高到 3.4s。这一拟合的典型差分多普勒残差的图形如图 3–55 所示。请注意在左边使用氢微波激射器的途径和右边涉及深空站 12 的途径之间存在分散度的差异。

B 平面上的单一解决方案提供了有限的性能。因此,已经讨论过的三种方案的方案历史已经形成。这个历史由求出从初相状态 4 天间隔(8 个批次)的 B 平面坐标而生成,每个间隔包含从初相状态到相应批次结束的所有信息。单一多普勒、ΔDOR 和差分多普勒解决方案的历史分别如图 3–56 ~ 图 3–58 所示。请注意,

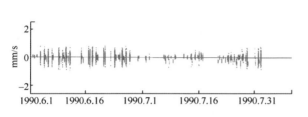

图3-53　"麦哲伦"差分多普勒残差

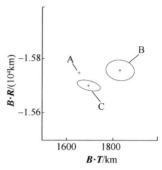

图3-54　金星B平面
上的解决方案

A—麦哲伦实际轨道；

B—1 mm/s下加权的单一多普勒；

C—1 mm/s下加权的多普勒和ΔDOR。

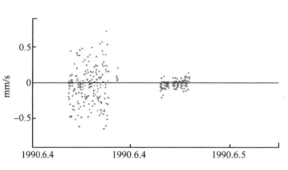

图3-55　典型的差分多普勒残差

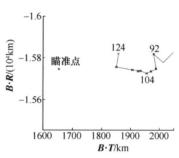

图3-56　多普勒B平面历史

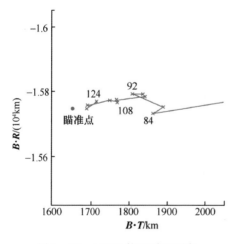

图3-57　ΔDOR的B平面历史

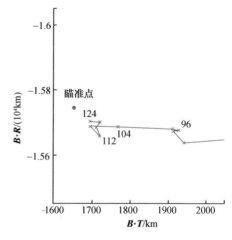

图3-58　差分多普勒B平面历史

在 **B·T** 方向所有图形中,都有倾向于重建交叉点的系统趋势。这一运动是由于起因于动量飞轮去饱和的错误建模的径向加速度。数据截止距离初相状态的距离越近,解决方案必须映射到相遇点越远,因此误差距离越大。ΔDOR 及差分多普勒数据类型都能够发觉 B 平面上的这种趋势,并将解决方案移动至更接近重建交叉点,在数据弧上比 1.0mm/s 的单一多普勒解决方案提前很多。

5. X 波段相干多普勒的表现

如前所述,"麦哲伦"任务首次提供了测试和使用 DSN 上可用的 X 波段上行链路能力的机会。从早期航行(1989 年 5 月至 10 月)获得的跟踪数据不可用,但在 1989 年 11 月之前,该系统还是被认为在运行当中。X/X 多普勒跟踪数据因为其噪声小,精度高于 0.1mm/s 而受人瞩目。动量飞轮去饱和,在 X/X 多普勒数据中显示出显著特征,而在噪声更大的 S/S 数据中则完全观测不到。有人认为,X 波段的数据在航行过程中与批次最小平方滤波一起,以完全精度得到使用,其过于敏感。为此,在航行中,X/X 多普勒数据一般在 0.25 ~ 1.0mm/s 下进行加权。

由于在该区域强大的太阳引力梯度,探测器绕地球轨道飞行的长弧多普勒解决方案(数周)应该能够利用双路多普勒数据精确感应以太阳为中心的探测器运动的能力[15]。但是,探测器动力学错误建模可能大大削弱这一能力,在去加权的同时,多普勒能够钝化其对错误建模的探测器加速度,因为轨道弯曲引起的痕迹建模错误,这种方法无法利用其数据的优势分离和准确估计信号痕迹,而它有足够的数据质量和正确构建的滤波是可行的。本研究中使用的批序列滤波更符合动量飞轮去饱和错误建模的随机性,应允许多普勒数据更重加权,使得探测和移除错误建模的加速度成为可能,否则,错误建模的加速度可能会模糊重力梯度特性。因此,一个进一步的使用 0.1mm/s 加权数据的单一多普勒解决方案得以运行,这接近 X 波段多普勒的固有精度。

拟合后均方根对于在 0.1mm/s 的解决方案中获得的多普勒残差的分散度为 0.07mm/s(非常类似于 1.0mm/s 的解决方案);0.1mm/s 的解决方案的 B 平面坐标,连同上述三个解决方案,以供参考。这个解决方案的实际误差仅 19km(主要在 **B·T** 方向),最接近状态的时间误差 7.0s。从图 3-59 可以明显看出,比起 1.0mm/s 多普勒解决方案(或者展示的其他任何方案),0.1mm/s 的解决方案产生了在 B 平面上对金星相遇点准确得多的预测。这表明,比起 1.0mm/s,多普勒数据在 0.1mm/s 下更能提高预计非引力加速度的精度,超过其先验不确定性。鉴于这种情况下取得的显著成果,两种额外的解决方案得到计算(在此没有显示),以检验 0.1mm/s 多普勒结果的正确性;这两种是 0.1mm/s 下多普勒加差分多普勒的方案,和 0.1mm/s 下多普勒加 ΔDOR 的解决方案。两种情况下获得的解决方案跟 0.1mm/s 单一多普勒方案几乎一样,拟合后差分多普勒的均方根统计和 ΔDOR 数据残差表明,两种数据类型与 0.1mm/s 多普勒解决方案吻合良好。此外,以上所述的整个情形在一个大大偏移的初始状态下又重新运行过。同样,结果与使用实

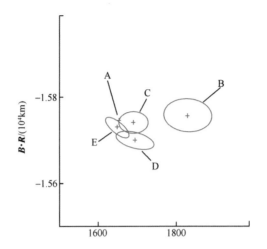

图 3 - 59　金星 B 平面上的解决方案

A—"麦哲伦"实际的轨道；B—1mm/s 下加权的单一多普勒；C—1mm/s 下加权的多普勒和 ΔDOR；
D—1mm/s 下加权的多普勒和差分多普勒；E—0.1mm/s 下加权的单一多普勒。

际操作的初始状态下获得的解决方案吻合良好。

上述分析表明,所使用的滤波策略对多普勒数据加权非引力加速度的先验西格玛的比率非常敏感。这意味着进一步的未建模加速度存在,应该进行调查。

3.3.9　"麦哲伦"号各飞行阶段导航

1990 年,深空测控网(DSN)中每个 34m 天线都增加了 X 波段上行链路的能力(7.2GHz)。之前的主要动机是支持引力波探测实验,但也随之带来另外其他优势,其中一些与导航有关。例如,在"麦哲伦"任务期间,S 波段和 X 波段多普勒数据预计测量精度分别为 1.0mm/s 和 0.1mm/s(在 60s 的平均时间内)。另外,X 波段无线电测量数据受等离子体交互作用的影响要小于 S 波段数据,这是因为这种交互作用依靠反平方频率。1997 年,在 DSN 34 - m 站第二子网,X 波段上行链路投入使用(远在"麦哲伦"计划结束之后)。

1. 星际飞行阶段

"麦哲伦"号探测器于 1989 年 5 月 4 日由"亚特兰蒂斯"号航天飞机发射,使用的是惯性上面级。在飞往金星的星际巡航期间,都曾使用了 S 波段和 X 波段频率的上行和下行通信链路(在巡航阶段的某个时刻首先使用 X 波段上行链路)。在巡航阶段和接近金星阶段,都使用了 S 波段和 X 波段双向多普勒数据,以及 X 波段 Δ 微分单路航程方位数据(ΔDOR)。在最初某些问题解决之后,X 波段上行/下行多普勒数据质量相当高。"麦哲伦"X 波段高速遥测副载波有谐波,带宽 30MHz,该带宽成为 ΔDOR 数据精确性的决定因素。ΔDOR 测量精度期望为 0.8ns(24cm),采用 DSN 洲际基线的测角精度为 40nrad。探测器转发器并不包括距离通道,无法获得距离数据。

"麦哲伦"巡航阶段的动力学建模包括太阳辐射压力的处理,以及反作用飞轮动量转储效应。太阳辐射压力效应在建模时需要将探测器作为一个自屏蔽抛物形天线呈现并呈现几个平盘(不包括阴影效应)。与这些组成部分相关的漫反射和镜面反射系数作为轨道计算过程的一部分来估计。"麦哲伦"号探测器是 NASA 第一个采用反作用飞轮进行姿态控制的行星探测器。每天通过推进器两次点火消除反作用飞轮积累的角动量。每周将由探测器小组向项目导航小组提供一份描述每次点火规模和持续时间的文件。要取得最准确的确定轨道的方法,需要处理一切可用的多普勒及 ΔDOR 数据,其中 X 波段多普勒数据因其内在准确性的因素需降低权重,以便将建模错误的影响降到最低,并提供有限数量的 ΔDOR 数据,对轨道解决方案发挥更大的影响。在到金星的航行中,执行了三次轨道修正机动(TCM)。

2. 椭圆轨道测绘阶段——金星表面测绘

"麦哲伦"号探测器于 1990 年 8 月 10 日到达金星,并进入其椭圆轨道。"麦哲伦"的主要科学有效载荷是合成孔径雷达(SAR),对金星表面进行测绘。行星表面的 SAR 成像对轨道倾角有要求,在 84°到 86°之间(相对于金星赤道),轨道周期 3.1~3.3h,近地点高度 275~325km,近地点纬度北纬 0~10°。进入金星轨道后,没有执行修正机动,首次测绘周期大约为 243 天(约一个金星自转周期),开始于 9 月 15 日,轨道倾角 85.5°,轨道周期 3.26h,近地点高度 295km,近地点纬度北纬 9.7°。入轨后这些轨道特征的获取都得益于金星巡航期间和轨道进入期间的准确导航。

与 NASA 早先的行星飞行任务相比,"麦哲伦"的轨道周期要短很多。所以,不能期望像以前那样在近地点数据删除的情况下通过处理单轨数据进行轨道确定。对于每个轨道绕近地点一小时的大部分时间,没有多普勒数据可用,因为该时间段内高增益天线正在收集雷达数据。另外,远地点过后 15min 期间无法收集多普勒数据,与此同时,扫描参照恒星,以便校准姿态控制陀螺仪。

双路和三路多普勒数据都是潜在可用数据。虽然发射站和接收站的双路数据相同,但"三路"数据的发送站和接收站是不同的(一般在不同的大陆上)。双路和三路多普勒数据差分(称为差分多普勒数据)提供了有关探测器速度分量的信息,其中,探测器速度分量与到探测器的视距垂直,并处于两个跟踪站和探测器确定的平面中。

计划在轨期间使用 ΔDOD。ΔDOD 数据与 ΔDOR 数据很相似,都是从设在不同大陆的测控站对探测器相对于遥远行星的位置进行跟踪,但是不需要解决探测器延迟的模糊性问题。ΔDOR 提供了有关探测器速度分量的信息,其中探测器速度分量与到探测器的视距垂直,并处于两个测控站和探测器确定的平面中。从理论上说,不存在更多的同性错误源,它应该比差分多普勒数据更准确。然而,可利用 GPS 信号校准站间时钟和频率偏移,为"麦哲伦"任务提供充分的精确度。所以,可通过 ΔDOD 数据固有的类星体观察结果转而依赖差分多普勒数据来简化任务的操作。最近在站台时间频率标准方面的改进以及从 S 波段到 X 波段的迁移,已使差分多普勒数据类型在飞行操作中得到了实际的应用,其中差分多普勒数据类型的概念已经被理解。差分多普勒和 ΔDOD 的测试都在到金星的途中进行。

对于径向下航道以及交叉航道位置分量,无论从绝对角度还是从轨道到轨道的相对角度,都有轨道计算精确度要求,后者的轨道计算精确度要求(0.15 ~ 1.0km)比前者的要求(0.3 ~ 14.0km)更加严格。另外,下航道和交叉航道轨道预测也有准确性方面的要求。所有这些要求都受到 SAR 测绘过程的各种详细情况驱动。

金星重力场的不确定性是金星轨道确定的重要错误源。此外还有其他建模时动力学因素,包括靠近近心点的大气阻力、太阳辐射压力以及由于反作用飞轮不完全推力造成的速率变化。太阳辐射压力建模在巡航期间有了很大改善。在靠近远地点每一秒都会发生角动量的不饱和。探测器初始(或新纪元)时间及基础密度的位置和速度是映像阶段早期估计的标准数量,其后增加本地五级五位(5×5)重力场。

确定轨道的解决方案每天执行,采用了 12 轨数据(39h)。所以,连续日的轨道解决方案包含 15h 的公用数据,减少了日常轨道计算值之间的相对误差。双路多普勒数据对于其内在精度进行了降低权重处理,从而使差分多普勒数据在轨道解决方案中发挥更重要的作用。正向或侧向几何每几个月发生一次,对轨道精度的确定产生不利影响大约要持续三周。在正向、侧向和正常的中间几何中,加入差分多普勒数据比单纯处理双路多普勒数据能够使轨道更精准。

轨道计算软件过去安装在大型计算机和微型计算机上,后来在 1990 年迁移到高性能工作站上。针对"麦哲伦"计划进行的轨道计算在专用本地网上进行,该网由两个 28.5 MIPS SUN 微系统 SPARC 站、一个 SUN 3/260 以及三个运行 UNIX 的 SUN 3/60s 组成,具有 4GB 联机硬盘存储。

在首个测绘周期后,通过推进机动,探测器相对于金星的轨道平面旋转 0.106°,使第二周期测高数据与第一周期测高交叉。在前三个测绘周期,SAR 测绘范围至少覆盖 99% 金星的表面一次,局部区域甚至有三次。第二根天线收集了金星表面 98% 的高度数据,与 SAR 成像平行。根据试验验证,事后通过 SAR 标界测量(landmark mesurement)可以大大提高轨道精确度。

为了改善重力场模型,在第四个数据收集周期之前,近地点降低到 181km。近地点高度在整个周期都保持在(175 ±6)km 的范围内。由于椭圆轨道,高分辨率重力数据的收集受到近地点附近 ±30° 的纬度限制。

3. 大气制动阶段

在第四次数据收集之后,开始执行轨道机动,从 1993 年 5 月 25 日到 8 月 3 日,探测器反复穿过金星大气的最上层来减少轨道能量并使探测器进入更圆的轨道。大气制动将远地点高度从 8467km 降到 541km。为了实现变轨,以及使速度变量 Δv 达到 1219m/s,需要耗费更多量级的燃料。

大气制动过程由三个阶段组成:起始阶段、主阶段和收尾阶段。在第一个阶段,连续 3 天执行 4 次机动,逐渐将近心点高度从 172km 降到 141km。在大气制动的主阶段,执行 9 次小型的机动,将轨道近心点保持在 134~141km 范围内。在执行的机动中,有 6 次用于抬高近心点,4 次用来降低近心点。每次大气制动导致的速度变化大约为 1.8m/s。在收尾阶段,当经达理想的远心点高度到后,执行了 5 次机动,将近心点高度抬高到 197km。

各种天线指向和几何约束条件将每轨数据理论最大量限制在主阶段 133min,收尾阶段 20min。轨道方案每天进行两次计算,估计数量包括新纪元时间的探测器位置和速度,局部 8×8 重力场的谐波系数,每次阻力通行的基础大气密度(参考高度 131km)以及每轨 600s 的持续期间的恒加速度,用来计算高度维持在大气中时推进器点火活动。特别重要的是,应该能够准确预测即将到来的阻力通行的动态压力和近心点时间。当预计即将到来的阻力通行将导致动态压力超过某一限度(一般是 0.35N/m²)时,将会计划进行通道轨道修整运动。需要准确预测近心点时间,使探测器在阻力通行期间处于正确的姿态,减少姿态控制推进器点火。大气制动结束时,轨道周期是 1.58h。

4. 近圆轨道阶段——获取重力信息

下一个数据收集周期是从 197km×541km 的轨道高度取得重力信息,持续时间从 1993 年 8 月 3 日到 1994 年 8 月 29 日,获取金星约 95% 的高分辨率重力数据。多普勒数据不能持续收集,因为需要进行恒星扫描来更新掌握的姿态,高增益天线有时会指向太阳(在进入阴影区),需要降低反作用飞轮的饱和度,需要时间确定双路连接,需要利用金星作为探测器的掩星,因为偶尔会出现上述情况以及其他项目也需要使用 DSN 跟踪站。在该阶段,一个数据收集周期的近心点高度变化远大于早期椭圆轨道,这是由于重力场不规则,有时需要采取行动避免动压力峰值过大。

1994 年 9 月,进行了一次"风车"实验,在该实验中,太阳帆板倾斜放置,倾斜角度确保大气阻力对探测器施加扭矩,对该扭矩进行测量,得出位于不同高度大气密度的有关信息。"麦哲伦"号探测器于 1994 年 10 月 11 日开始最后下降到金星的大气层。10 月 12 日,无线电信号消失了,据推测,探测器在那以后不久就在大气层中烧毁了。

3.3.10 故障分析

"麦哲伦"号探测器第一个故障为:在硬件联试期间,双列直插式集成电路的管脚出现断裂,造成断路。故障原因是:由于散热装置的热膨胀系数高,双列直插式组件与印制线路板之间的空隙大(1.4mm),敷形涂覆材料(焊料)残留在其间,在受热膨胀时,焊点处承受了较大的应力,应力达到一定量时就造成了焊点开裂。

研究分析试验表明,喷气推进实验室制造的硬件中存在的问题没有在休斯飞机公司制造的硬件上出现,经研究发现两家公司的处理工艺及所用材料有所不同。

　　"麦哲伦"号探测器的第二个故障为:"麦哲伦"号在发射后的 5 个月巡航段期间,一台陀螺仪出现了发电机电流异常变化。故障原因是:开始人们认为故障是由于陀螺仪的卡环受到了振动引起的,但后来发现是加工操作中的失误造成的,轴承润滑剂被一种溶剂污染,导致了陀螺发生离线。故障影响是:当"麦哲伦"号探测器利用它的合成孔径雷达穿过金星的云层为金星绘制地图时,出现了一次 X 轴姿态误差和绕体轴速率有零星增长的单独姿态异常。当金星穿越太阳联结之处时,检查出了探测器的绘图工作出现暂停。角度低的时候,太阳电池阵无法全面接收太阳能,计算机系统发出指令,要求它们前后分别摆动,用以寻找最佳的角度。而此摆动会导致太阳电池阵产生 7 Hz 振动。

　　"麦哲伦"号探测器的第三个故障为:"麦哲伦"探测器在前往金星的旅途中,飞行一个月后一些寄生脉冲引起了控制人员的关注。阈值检测器的参考电压可以通过地面指令来进行设定,于是地面人员修改了参考电压,用以消除更小的脉冲,但问题仍存在。故障原因是:地面人员意识到扫描仪发生的故障与太阳活动尤其是高能质子流有关。α 星,也就是老人星(Canopus),因为有足够的亮度而且几乎与黄道面正交,所以被深空航行的航天器广泛地用作参考星。在环绕金星的轨道运行了几个月后,星扫描仪受到了质子流的损害。故障影响是:星扫描仪对老人星的反应能力下降大约 6%。太阳电池阵的电力输出也是如此,因为太阳电池阵使用的也是硅二极管。

　　"麦哲伦"号探测器的第四个故障为:在"麦哲伦"探测器飞往金星途中显现出来的另一个问题是,由于太阳质子撞击探测器,使星跟踪仪受到了干扰,产生了许多虚假信号,这个问题在发现后曾得到了解决,但后来又出现了。故障原因是:来自星跟踪仪的高速遥测数据显示的画面表明,镜头前有无法聚焦的物体经过,这显然是隔热层脱落下的尘埃在反射太阳光。这些隔热层是用直径为 35 μm 的宇航石英玻璃纤维编制而成。试验表明金星上的强烈太阳光可能会使这种材料变黑,降低其热防护能力,此时用来防止纤维剥落的化学粘合剂一定被烤干了。脱落的微粒被紫外线光电发射的电荷从材料的表面逐出(后来在真空对隔热层进行的试验表明,隔热材料的铝涂层缺少接地保护是一个重要原因)。解决办法是,让探测器背光的一面对恒星进行瞄准定向。当这个问题在探测器进入环金星轨道后又再次发生,人们意识到探测器背光处的尘埃微粒也被反射回来的太阳光照亮了。人们注意到,这一问题集中发生在探测器轨道的一个特殊部分,即靠近电离层顶的地方,在这一区域,金星大气层等离子体与太阳风会交互作用。1969 年"水手"6 号飞往火星途中也碰到跟踪仪无法锁定目标的问题,最后决定在关键的阶段,使用陀螺仪来取代星跟踪仪进行姿态控制。故障处理方式为:通过补充一种软件来删除大部分虚假信号,恢复了跟踪器的工作能力,确保了探测器姿态可以随着金星相对轨道的变化而不断更新。

　　"麦哲伦"号探测器的第五个故障为：在飞往金星的巡航途中的另一个问题是探测器主舱温度过高，推力器情况也相同，导致肼输送管线中形成气泡。故障处理方式为：通过转动探测器使高增益天线挡住太阳辐射，用它的阴影遮盖住探测器母舱，解决了过热问题。

　　"麦哲伦"号探测器的第六个故障为："麦哲伦"在飞往金星的过程中探测器薄弱的热控能力而更加恶化了。故障原因是：探测器的大部分都用宇航石英罩加以保护。但大型部件，如推进舱和高增益天线等就没有安装防护罩，而是用戈达德航天中心研制的一种特殊的水基白色无机涂料来反射热量并防止退色。除此之外，还需要采取其他的措施来防止探测器的部件过热。技术人员把探测器在每个近拱点进行 37min 的测绘过程缩短了 10min，以便探测器能回到回放姿态，其结果是丢失了一小部分测绘数据。另外，在每次测绘过程开始和结束时，太阳电池阵都转动 90°，以便减少太阳电池反射到探测器上的阳光。由此看来，使用白色涂料的探测器会比使用其他颜色涂料的探测器遇到更多的热控困难。

　　"麦哲伦"号探测器的第七个故障为："麦哲伦"探测器发生过磁带机故障，使传回地球的 700GB 的数据中有 50GB 的数据发生了乱码。故障原因是：问题最初出现在一台磁带机（共有 2 台）的 2 号磁道上，而且在几个月的时间内，扩散到了其他 3 个磁道。然而，数据的乱码是一个确定性过程，因为磁带上的结构同步化代码总是从"1001"比特序列变为"111"，当一比特发生翻转时，另一比特则完全丢失。这也导致了遥测数据的同步丢失。故障处理方式是：最后精心设计了一个软件程序，可以识别和纠正大多数的比特翻转，结果 415 条乱码的轨道数据中有 378 条轨道的数据得到了恢复。

　　"麦哲伦"号探测器的第八个故障为：1990 年 8 月 10 日，在固体发动机点火使"麦哲伦"探测器作轨道插入后 1min 时，它的姿控系统中的 4 个陀螺仪之一不能正常工作并自动关闭，在陀螺栓打开、抛去已燃烧完毕的发动机管路后，备份存储器也出现数秒工作异常。

　　"麦哲伦"号探测器的第九个故障为：1990 年 8 月 10 日"麦哲伦"探测器进入环金星轨道，两天后和火箭分离。在火工品装置激活后 7s，探测器的计算机接到了错误信号，B 存储器的部分寻址电路出现了错误。故障原因是：调查人员在地面建立了一个能重现上述症状的故障模型。发现似乎其中的一个分离点火器点火时，通过探测器的框架会产生电压瞬变，产生了闩锁故障，使一个 4 位的 2kb 随机存储器芯片（TCC244）停留在"高电平"上。故障处理方式是：通过分析预测，在 6 个月的时间里，"麦哲伦"号探测器的这个问题会不治而愈。果然在 1991 年 2 月，存储器又重新恢复了功能。

　　"麦哲伦"号探测器的第十个故障为：1990 年 8 月 15 日，在"麦哲伦"探测器进行测星以便更新远拱点姿态后，深空网报告它未能接受到"麦哲伦"的遥测信号。

14.5h 后它可以检测到微弱的信号,但以 2h 的间隔反复消失——重现,这一现象说明探测器在慢慢地自旋。10h 后姿态恢复稳定,中增益天线可以指向地球。但在恢复遥测时,其姿控计算机的健康检测信号消失,表明探测器已进入安全模式,停止了所有操作,关闭了低增益和中增益天线的通信。在这种情况下,应当转动探测器使其天线对准地球,太阳电池阵对准太阳,然而此时用来制导飞行机动的两颗参照星或已丢失或发生了错误,探测器进入错误的姿态,无法对地球通信。姿控系统的一系列故障使之切换到一个比较简单的"原始"定向控制程序。这个程序放在一个 1kb 的只读内存中,它使用推理器进行轨道机动,而不是反作用飞轮。这时探测器开始集中精力使天线扫描地球,从而重新恢复控制。但是这种恢复只是暂时性的,几天后又出现了姿态漂移,并失去了联系。4h 后重新建立了联系。由于担心再次出现太阳电池阵对不准,电池无法充电,或者进入非计划的地球扫描模式而浪费宝贵的燃料,决定由深空站发放指令。4h 后发出指令使检测探测器心跳的软件失效,重新控制了这个有病的探测器,但事情的原因仍然不明。几个月后,在 1991 年 5 月 10 日,探测器又发生了一次信号丢失,通信中断 32h,这是第五次也是最后一次类似故障。后来在 1991 年 7 月找到了这个故障的最终原因。在某些情况下,软件短路进入了逻辑回路中的姿控计算机中,在轨道插入期间存储系统的问题使该问题进一步加剧了。

"麦哲伦"号探测器的第十一个故障为:"麦哲伦"号对恒星瞄准定向方面产生了另一个问题。在到达金星后一个星期,"麦哲伦"号探测器曾陷入沉寂达 14h。几天后它又沉寂了 18h。如果这样的黑视经常发生,会对绘图工作产生危害。故障原因是:技术人员在执行恒星体瞄准定向的软件中发现了一个错误,从本质上讲一连串不会被中断的指令有时候却恰恰中断了,导致探测器进行自我保护。这种不同时间出现的间歇性故障延误了人们对其的诊断,然而错误一旦被发现,技术人员可以立刻修改软件,加速探测器恢复。

"麦哲伦"号探测器的第十二个故障为:1991 年,探测器在进行轨道拍摄绘图期间,特别是在 12 月份,即开始绘图后 3 个月,这时 2 台磁带记录器中一台误差率快速增大,最后不得不关闭。故障原因是:部件过热和姿控系统震荡引起的太阳电池阵过度振动。

"麦哲伦"号探测器的第十三个故障为:1992 年 1 月 4 日,"麦哲伦"探测器的高增益天线发送器出现故障,数据传送停止。其备份发送器由于过热、用电过度,产生噪声损坏数据等,在打开备份发送器试验时,它成功地传送了 25min 的数据,但由于过热不得不关机。如果两台发送器均不能复原,意味着绘图任务将终止,但后来还是想办法解决了这一问题。1992 年 7 月,备份发送器再次出现过热,决定关闭该发送器以保护其安全,用于下一次更重要的任务。1992 年 9 月 13 日已绘制金星表面 98% 的图形,绘图任务结束。故障原因是:备份发送器过热。采用的故障处理方案为:采用低数据率传输 115kb 来克服备份发送器的过热难题。第二次是暂时关闭发送器以待下次使用。

"麦哲伦"号探测器的第十四个故障为:在"麦哲伦"号探测器作金星探测过程出现的问题中,有一个故障使它失去了一条下行链路,这个问题发生在第三次延长飞行中。故障原因是:人们判断,这个故障很有可能发生在(用于遥测的)信号调节器中的一个 Harris2520 运算放大器芯片上。发射前就已经有一个放大器出现故障,技术人员确定的故障原因是,合同商在进行零部件装配时,使用的不是干燥的气体而是空气,这样就把湿气带进了探测器。人们怀疑水与掺杂在玻璃钝化层中的磷结合在一起,通过化学反应,形成了能侵蚀芯片上的镍铬电阻的磷酸。尽管人们感到额外的筛选已经排除了潜在的有缺陷的芯片,但鉴于此次故障发生在发射前夜,所以技术人员又对这些装置进行了细致的维护。"麦哲伦"号探测器飞行中的故障是经过 20600h 的飞行后发生的,尤其特别的是,故障是在 2600 次循环启动后发生的(每一次温度的变化在 $10 \sim 15$℃ 之间)。人们认为故障的部分原因是热应力引起的。造成的影响是:虽然 A 链路的 X 波段载波仍然存在,但探测器完成了一次例行的恒星校正后,在返回地球时,发现数据副载波消失了。

"麦哲伦"号探测器的第十五故障为:"麦哲伦"号探测器在地面遇到了一系列问题。首先,在肯尼迪航天中心加工制造过程中,一名机械师被工作服绊倒,碰上了惯性上面级(IUS)火箭的喷管,不得不重新更换。紧接着,在安装进入金星轨道的规控固体发动机时,一名机械师又把线路接错了。幸运的是及时发现了这个错误。在对电池进行测试的时候,又发生了另一个事故。由于接线器被安装在防护罩的后面,正面看不见它的位置,机械师只得"盲接"。这样做的结果是接线盒使电池发生了短路。由于经过电缆放电,接线盒和热防护罩都着火了。尽管连接器进行了"极化"处理,但如果连接线被挤在一起,肯定会引起短路。于是,必须更换接线盒和接线器。复杂的是没有取出灭火剂泡沫的流程和措施,不得不为此设立规范。事故的发生使本来就紧张的计划安排显得更为紧张。故障原因是:人为失误。

4

欧空局金星探测的过去和现在

北京时间 2005 年 11 月 9 日 11 时 33 分,欧空局的"金星快车"探测器发射升空,这是欧洲发射的首个金星探测器。"金星快车"探测器大约在发射 150 天后进入金星极地轨道,对其进行为期 500 天的探测。其主要任务是探测金星大气。这是近十年来人类探测器首次造访金星(图 4 –1、图 4 –2)。

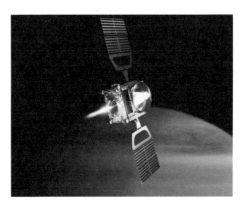

图 4 –1 "金星快车"

"金星快车"任务实现了数个对金星观测的第一次:

第一次在近红外透明窗口对低层大气的合成物进行全球监测;

第一次对从表面到 200km 的高度大气温度和动力学进行连续研究;

第一次在轨测量全球温度分布情况;

第一次通过 O_2、O 和 NO 的辐射研究中高层大气动力学;

第一次测量非热大气逃逸;

第一次实现在紫外到红外的光谱范围对金星进行连续观测;

图 4 - 2　"金星快车"被装在发射塔架上

第一次应用太阳/恒星掩星技术对金星进行研究;

第一次使用三维离子分析仪、高能分辨率电子分光计和高能中性原子成像仪。

4.1　总体设计

"金星快车"探测器星体的设计目标是满足探测器的任务要求,同时广泛利用"火星快车"的设计以降低成本和研制风险。因此,"金星快车"与"火星快车"的总体设计有如下相似之处:

- 系统方案:机载仪器、固定通信天线、单自由度定向机构的两个太阳阵。
- 结构设计:只进行了小的局部改动,以适应改动后的仪器有效载荷。
- 推进分系统:主发动机使用的仍是"欧洲星"平台中的发动机,提高了燃料的加注量,以满足更苛刻的速度增量要求。
- 电子设备:全部是"罗塞塔"计划中研发的,基本没有变化。
- 运行方案:在特定轨道段进行金星观测,而在其他时间则进行对地通信和蓄电池充电观测和对地通信与充电交替进行。

不过,由于金星探测任务仍有其自身的特点,所以其"金星快车"探测器的星体设计需有所改动,主要体现在温控、通信和电力这几个方面。具体包括:

- 有效载荷:必须装纳新增或有改动的仪器"磁强计"(MAG)、"金星射电科学实验仪"(VeRa)、"可见光与红外热成像光谱仪"(VIRTIS)和"金星监测相机"(VMC),而"火星快车"上的两台重要仪器"猎兔犬"着陆器和"火星亚表面与电离层探测先进雷达"则被取消。

- 与太阳的距离:金星距太阳 0.72 个天文单位,而火星为 1.5 个天文单位。由于更靠近太阳,"金星快车"探测器所受的辐射热要 4 倍于"火星快车",所处的电离辐射环境更恶劣,阳光对太阳能帆板的照射也更强烈。因此,空间等离子和高能原子分仪器 -4 从顶层移到侧壁,减少日照强度。磁强计安装在顶部可展开的活动支架上,减少探测器的磁扰动。
- 行星布局:火星是外行星,地球矢量与太阳矢量的夹角在 $-40° \sim 40°$ 之间,因此,火星快车只有 1 副高增益天线。金星是内行星,夹角为 $0 \sim 360°$,因此增加了一幅高增益天线。
- 与地球的距离:金星与地球的最大距离为 1.7 个天文单位,小于火星 2.7 个天文单位。
- 引力:金星的引力大于火星,分别是地球引力的 90% 和 38%,因此入轨所需的速度变量更大,要求探测器装载更多的推进剂。这还间接地导致"金星快车"的轨道周期更长,约 24h,而"火星快车"为 7h,近心点速度更高约 9km/s,而"火星快车"为 4km/s。

"金星快车"星体共有 7 个分系统,即结构、温控、电源、推进、姿态与轨道控制、通信和数据管理分系统。

4.1.1 结构系统

"金星快车"的星体大致呈方形,尺寸为 $1.65m \times 1.7m \times 1.4m$,总体为核心结构加外围结构,星体被核心结构的隔板分割成 6 个隔舱。各有效载荷装置依其主要需求来安置:对温控和(或)指向性能有苛刻要求的有效载荷"行星傅里叶光谱仪 PFS"、"金星大气特征研究分光计 SPICAV"和"可见光与红外热成像光谱仪 VIRTIS"集中放置于 $-X$ 轴向隔舱内,靠近探测器 $-X$ 轴冷面和姿态与轨道控制系统基准单元(惯性测量装置和星跟踪器);MAG 磁强计的传感器和可伸缩支杆装在星体外部顶板上;"空间等离子体与高能原子分析仪 ASPERA"的传感器装在底板和 $-Y$ 轴侧壁上。

推进系统的安装与"火星快车"相同。两个推进剂贮箱安装在核心结构的中心部位,主发动机位于底板之下并指向 $-Z$ 轴方向,而 8 台推力器则设在星体的 4 个底角处。两个太阳翼安装在 $\pm Y$ 轴的侧壁上,可绕轴旋转,其接口同"火星快车"(图 4 - 3、图 4 - 4)。

4.1.2 温控系统

在任务的各个阶段,探测器的温控系统用于使所有设备都处在容许的温度范围内。这些设备分为两类,即集中控制装置(由温控系统统一进行隔热和加热)和单独控制装置(自备温控措施如涂层、加热器和隔热件)。"金星快车"的温控设计

顶层

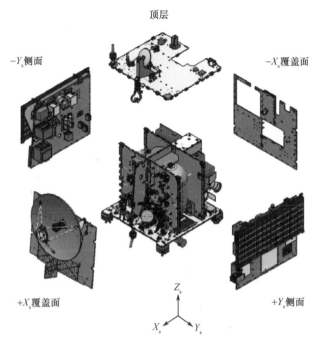

−Y_s侧面

−X_s覆盖面

+X_s覆盖面

+Y_s侧面

Z_s

X_s　Y_s

图 4 - 3　"金星快车"联合推进系统（Ⅰ／Ⅲ）

顶层

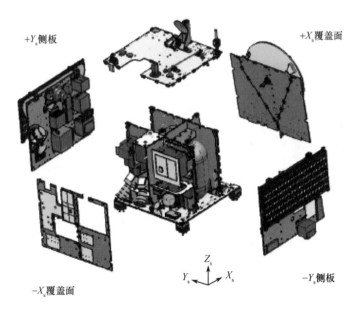

+Y_s侧板

+X_s覆盖面

−X_s覆盖面

−Y_s侧板

Z_s

Y_s　X_s

图 4 - 4　"金星快车"联合推进系统（Ⅱ／Ⅲ）

采用了被动控制方案,尽量做到与"火星快车"相一致。不过,考虑到金星是一颗内行星,且温度更高,还是进行了一些系统和设计上的改动。

4.1.3　电源系统

"金星快车"的电源系统设计要能满足该行星际探测器的任务要求。由于无法由地面进行实时控制,电源系统要做到高度自主。该系统还要能应对多变的环境,特别是太阳能帆板上阳光照射强度的大幅度变化。

探测器上对称安装有两个太阳能电池阵,每个由两块帆板组成,总面积5.7m²,采用三结砷化镓电池。太阳阵在发射过程中被叠放起来,由4个压紧与释放机构压放在探测器侧壁上,展开时两翼通过爆炸螺栓切割器分别释放。太阳阵通过单自由度太阳阵驱动机构指向太阳,方向通过太阳捕获传感器经姿态与轨道控制系统提供给太阳阵驱动电子装置的数据来控制。太阳阵在地球附近可产生至少800W的功率,在金星轨道上的发电功率为1100W。在日蚀期或当探测器用电需求超出太阳阵供电能力时,可由3组24A·h的锂离子电池供电。

4.1.4　推进系统

"金星快车"的推进系统与"火星快车"所用的双元推进剂系统相同,但加注了更多的推进剂(约530kg,而"火星快车"约为430kg)。推进剂为四氧化二氮和单甲基肼,供分4组安装的8台推力器和主发动机使用。其主发动机推力为425N,推力器单台推力为10N(图4-5)。

4.1.5　姿态与轨道控制系统

"金星快车"采用了固定安装的高增益通信天线和只有一台主发动机的推进系统配置,从而要求它有高度的姿态机动能力。当从天底指向观测轨道段转向对地通信阶段,或要取得进行其他科学观测所需的特定姿态,或要通过选择最适宜的姿态来优化反作用轮卸载操作时,都需要进行姿态机动。

姿态测量采用星跟踪器和陀螺仪来进行,能保证在几乎任何姿态下都有数据可用。姿态测量受到的主要限制是星跟踪器在太阳或金星处于或靠近其视场时无法提供数据。

姿态与轨道控制系统的传感器包括两台星跟踪器、两台惯性测量装置和两台太阳捕获敏感器。每台星跟踪器都有一个16.4°的圆视场,能利用星等为5.5或更高的恒星进行测量;每台惯性测量装置使用3个环形激光陀螺和台加速度计;太阳捕获敏感器用于在太阳捕获模式下或在姿态捕获或重新捕获过程中为探测器定向。

姿态与轨道控制系统的执行机构采用由4个斜置反作用轮组成的反作用轮组合,能利用其中任意三个轮来完成大部分基本飞行动作。反作用飞轮用于几乎所

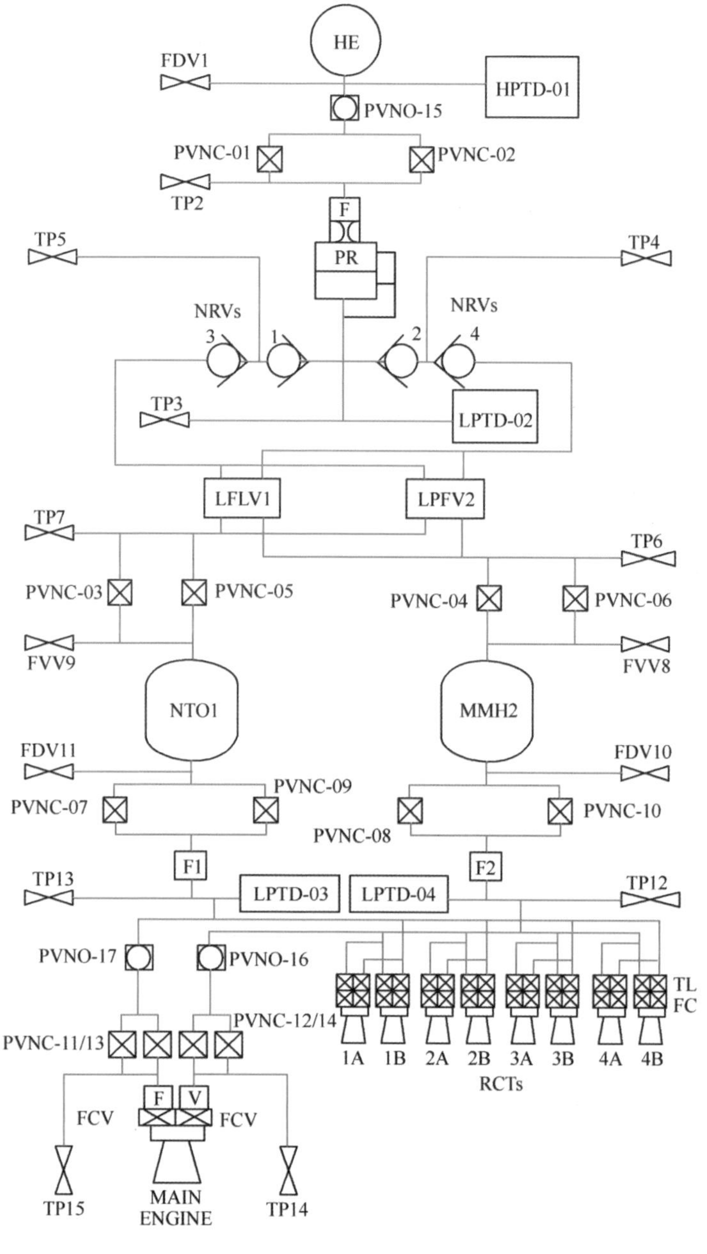

图 4-5　推进子系统框图

有的姿态机动,具有灵活性和精确性,并可降低燃料消耗。飞轮的角动量由地面根据需要通过去饱和机动来管理。同时,姿轨控系统也控制着推进系统,可利用10N 推力器完成采用反作用轮无法实现的变姿操作或进行小的轨迹修正;利用主发动机用完成大的变轨动作。姿态与轨道控制系统还能向太阳阵驱动机构提供控制输入信号,以改变太阳阵的指向(图4-6)。

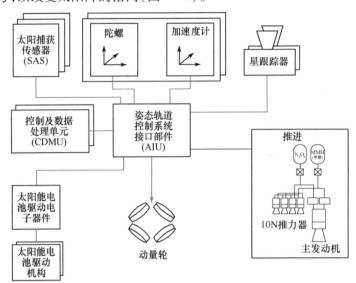

图4-6 姿态与轨道控制系统原理框图

姿态与轨道控制系统针对不同的任务阶段(姿态捕获与重新捕获、日常科学任务操作和轨道控制)具有几套工作模式。

姿态捕获与重新捕获使用两种模式。一是太阳捕获模式,即利用来自太阳捕获敏感器的数据使探测器的 X 轴和太阳阵指向太阳。二是安全保持模式,即通过建立三轴定向并使高增益天线指向地球来实现捕获。

日常科学任务操作都在正常模式下进行。该模式也用于在飞往金星途中以及在变轨机动前后进行探测器定向所需的变姿操作过程中的巡航定向。

轨迹修正或轨道控制机动有 4 种模式:轨道控制模式(OCM)用于采用 10N 推力器完成的小的轨迹修正;主发动机推进模式(MEBM)用于采用主发动机完成的轨迹修正;制动模式(BM)是专门为大气制动阶段设计的,只在需通过大气制动才能进入最终轨道的情况下使用;推力器过渡模式(TTM)用于实现由推力器控制的模式(即 OCM 和 BM 模式)与由反作用轮控制的正常模式之间的平稳过渡。

4.1.6 通信系统

"金星快车"的通信系统由一台双波段转发器(DBT)、一台射频分配单元(RFDU)、两台行波管放大器(TWTA)、一台波导接口单元(WIU)和 4 部天线组成。双波段转发器含两个双重收发链路,每路均设有 X 波段发射机、带 5W 末级放大器的 S 波段发射机、X 波段接收机和 S 波段接收机。

"金星快车"与地面通信时使用能在 S 波段进行全向收发的两部低增益天线(LGA)、用于在 S 和 X 波段进行高速遥测发送和指令接收的一部双波段高增益天线

（HGA1）以及用于波段高速遥测发送和指令接收的一部单波段偏置天线（HGA2）。

LGA 天线与"火星快车"所用的一样。HGA1 天线与"火星快车"的高增益天线类似，但其直径为 1.3m，"火星快车"HGA 直径为 1.6m，原因在于该探测器与地球间的最大距离较小。HGA2 天线是"金星快车"上新增的，用以在受热环境限制的条件下满足探测器的通信需求。探测器能在 S 波段提供短距离上的上行和下行链路全向覆盖，同时能在金星轨道上 X 波段提供高速数据下行链路和指令上行链路。

LGA 在发射和初期运行阶段使用，可覆盖最初 5 天的飞行任务；该阶段过后，在飞往金星的途中，将借助 HGA2 天线进行 X 波段通信；在进入金星轨道过程中，通信将转到 S 波段。在各工作模式下，当不用射电科学试验装置（VeRa）时，通信将在 X 波段进行；当金星位于其轨道上合一侧且距地球最远时，将使用 HGA1 天线；为使探测器冷面指向总是远离太阳，在金星位于其轨道下合附近（探测器距地球最远为 0.78 个天文单位时），将使用 HGA2 天线；当使用 VeRa 时，上行通信可通过 HGA1 天线在 X 或 S 波段进行，VeRa 下行通信在 S 和 X 波段同时进行，信号由 VeRa 的超稳振荡器产生，并通过探测器上的转发器馈送给 HGA1 天线（图 4 - 7）。

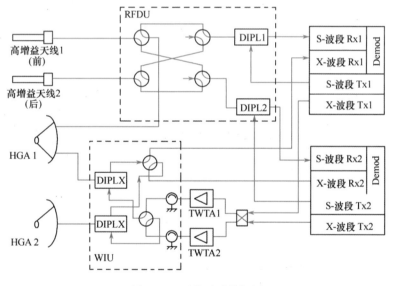

图 4 - 7　通信子系统框图

接收的射频上行信号（已通过打包指令调制为 NRZ/PSK/PM 数据）被发向一双工器，完成鉴频，之后再前往双波段转发器的输入端。该转发器将进行载波获取和解调，并把萃取的信号送往数据处理系统做进一步处理。S 和 X 波段上传频率分别大致为 2100MHz 和 7166MHz。"金星快车"可接收 7.8125b/s、15.625b/s、250b/s、1000b/s 和 2000b/s 的数据率。原则上，工作于 S 波段的低增益天线将采用低数据率，而高数据率则供一部高增益天线 X 波段上使用。

由于探测器上的仪器会产生大量的数据，探测器要有高速数据下传能力。但由于探测器远离地球,使下传能力受到了限制。向地面站下传遥测数据可在 S 或 X 波段进行。S 和 X 波段下传频率分别约为 2296MHz 和 8419MHz。下传采用可由指令控制和可变的数据率。与上行链路一样,原则上,低增益天线将使用低数据率,而高数据率则供一部高增益天线 X 波段上使用。

4.1.7　数据管理系统

数据管理系统(DMS)负责向整个探测器分发指令、从探测器各系统及有效载荷处收集遥测数据并对收集的数据进行格式编排以及对星体和有效载荷进行全面监控。该系统基于标准的星载数据处理(OBDH)总线结构,并由把控制与数据管理单元(CDMU)处理器与固态大容量存储器(SSMM)和姿轨控系统接口单元联系起来的高速串行数据链路来增强。借助远程终端单元(RTU),OBDH 总线成为平台和有效载荷数据获取及指令分发的数据通道。

数据管理系统有 4 个相同的处理器模块,分置于两个控制与数据管理单元内。两个处理器模块专供数据管理系统使用,另两个供姿轨控系统使用。数据管理系统选用的处理器模块充当总线主控器,负责管理平台的通信、电源和温控系统。选作姿轨控系统计算机的处理器模块负责所有的传感器、作动器、高增益天线和太阳阵驱动电子装置(图 4 - 8)。

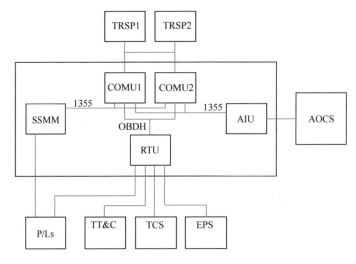

图 4 - 8　数据管理系统

固态大容量存储器用于数据存储,最大容量为 12GB。它与两台数据管理系统处理器、传输帧发生器(TFG)以及 VIRTIS 和 VMC 仪器相连。

控制与数据管理单元控制地面指令的接收和执行、星务管理及科学和遥测数据的存储以及存储数据发送前的格式编排。它还用于进行星上数据管理、控制律处理和星上控制程序的执行(图 4 - 9)。

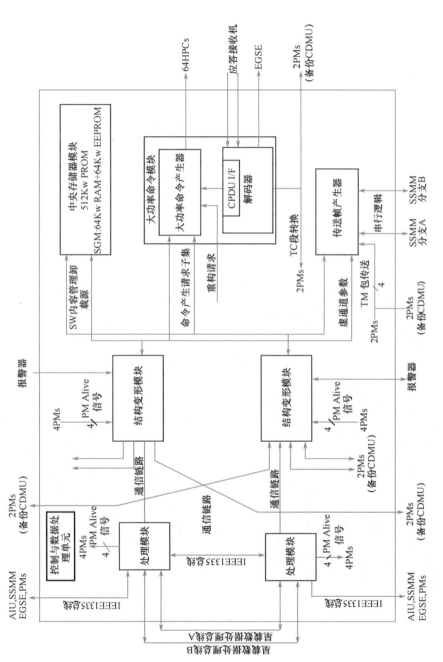

图4-9 控制与数据管理单元

与其他数据处理单元的数据交换使用一冗余 OBDH 数据总线和 IEEE – 1355 串行链路进行。两个接口单元把这些链路同探测器的其他单元联系起来。姿轨控系统接口单元负责姿轨控系统传感器、反作用轮、太阳阵驱动装置及推进传感器和作动器。远程终端单元与探测器其他系统和仪器连接。

4.1.8　有效载荷

"金星快车"的有效载荷由各种光谱仪、光谱成像装置及覆盖紫外到热红外波长范围的成像装置、等离子体分析仪和磁强计组成。这些仪器将能对金星的大气、等离子环境和表面进行非常详细的研究。研究的目的在于加深对金星大气成分、循环和演化史的认识。该探测器将探讨金星的表面特性及大气与表面的相互作用,并将寻找火山活动的迹象。这些仪器大都利用了"火星快车"或"罗塞塔"探测器所带仪器的设计或备件。它们装载在从"火星快车"衍生而来的星体上,但针对金星轨道上的热和辐射环境做了适应性改进,将用 500 个地球日（约相当于两个金星年）的时间来采集数据。仪器由欧空局成员国和俄罗斯的科研机构合作提供（图 4 –10、表 4 –1）。

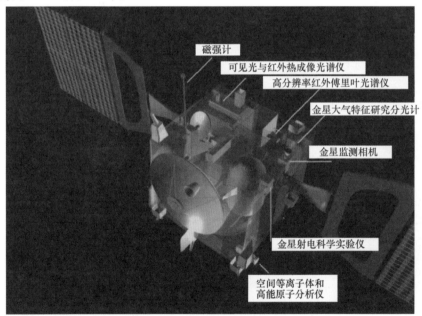

图 4 –10　"金星快车"有效载荷布局

1.　空间等离子体与高能原子分析仪（ASPERA –4）

用途:研究高能中性原子、离子和电子。

任务:

● 研究太阳风和金星大气之间的相互作用;

表 4 - 1　"金星快车"有效载荷

仪　器	用　途		继承情况
空间等离子体与高能原子分析仪（ASPERA）4	中性及离子化等离子体分析		"火星快车"的高能中性原子分析仪"（ASPERA）3
磁强计（MAG）	磁场测量		"罗塞塔"着陆器磁强计与等离子体监测仪（ROMAP）
行星傅里叶光谱仪（PFS）	利用红外傅里叶分光计进行大气垂直探测		"火星快车"的行星傅里叶光谱仪（PFS）
金星大气特征研究分光计（SPICAV）	通过恒星或太阳掩星测量进行大气光谱测定		"火星快车"的紫外与红外大气光谱仪（SPICAM）
金星射电科学实验仪（VeRa）	大气射电探测		"罗塞塔"的射电科学研究仪（RSI）
可见光与红外热成像光谱仪（VIRTIS）	大气和表面光谱测绘		"罗塞塔"的可见光与红外热成像光谱仪（VIRTIS）
金星监测相机（VMC）	紫外和可见光成像		"火星快车"的高分辨率立体相机/超分辨率通道（HRSC/SRC）和"罗塞塔"的光学、分光与红外远距离成像系统（OSI-RIS）

- 定量描述等离子体过程对大气的影响；
- 确定等离子体和中性气体的全球分布；
- 确定外流大气物质的质量组成情况，并定量描述其流量；
- 研究近金星环境的等离子体区域；
- 提供未受扰动的太阳风参数。

ASPERA－4 继承了"火星快车"所携的 ASPERA－3，它由 5 个敏感期组成：2 台中性粒子侦测器（Neutral Particle Detectors，NPD1 和 NPD2）能对高能中性原子的速度和质量进行测量；1 台中性粒子成像仪（Neutral Particles Imager）是一种简单的高能中性原子方向分析仪，能以很高的角分辨率测定高能中性原子的流量；1 台电子光谱仪（Electron Spectrometer）是一种质量分辨分光计，能对主要离子成分（氢原子、氢分子、氦原子和氧原子）进行测量；1 台"离子质量分析仪"（Ion Mass Analyser）可进行电子能量的测定。其中 NPI、NPD 和 ELS 三件仪器同机械扫描仪和数据处理单元（DPU）一起构成主装置，IMA 则单独安装（表 4－2）。

表 4－2   ASPERA－4 性能参数

项目	NPI	NPD	IMA	ELS
要测量的粒子	高能中性原子	高能中性原子	离子	电子
能量范围/keV	0.1～60	0.1～10	0.01～40	1～20
能量分辨率	—	0.8	0.1	0.07
质量分辨率	—	HO		
本征视场	9°×344°	9°×180°	90°×360°	10°×360°
角分辨率（半峰全宽）	4.6°×11.5°	5°×30°	5°×22.5°	5°×22.5°

"中性粒子成像仪"（NPI）是一种简单的高能中性原子方向分析仪，能以很高的角分辨率测定高能中性原子的流量。"中性粒子探测器"（NPD）能对高能中性原子的速度和质量进行测量。"离子质量分析仪"（IMA）是一种质量分辨分光计，能对主要离子成分（氢原子、氢分子、氦原子和氧原子）进行测量。电子分光仪（ELS）可进行电子能量的测定。其中 NPI、NPD 和 ELS 三件仪器同机械扫描仪和数据处理单元（DPU）一起构成主装置，IMA 则单独安装。

2. 磁强计（MAG）

用途：测量磁场强度和方向。

任务：

- 提供任何组合场、粒子和波研究（如闪电和行星离子拾取过程）所需的磁场数据；
- 以高时间分辨率测绘磁鞘、磁障、电离层和磁尾内的磁性；

- 确定各等离子区域的边界；
- 研究太阳风与金星大气的相互作用。

MAG 将在从直流到 32Hz 的频率范围内对金星周围的磁场进行三维测量。它包括两台三轴磁通门传感器。外侧传感器(MAGOS)安装在一根 1m 长的可伸缩支杆末端，而内侧传感器(MAGIS)则直接装在星体上。这种双传感器布局能更好地监测探测器产生的杂散磁场。该仪器的性能参数见表 4-3。

表 4-3   MAG 性能参数

项 目	最小范围	默认范围/T	最大范围
磁场测量范围/T	±32.8	±262	±8338.6
磁场分辨率/T	1	8	128
静态磁场补偿/T	±10	±10	±10

3. 行星傅里叶光谱仪：高分红外傅里叶光谱仪(PFS)

用途：一种红外光谱仪，对火星大气进行垂直光学探测。

任务：

- 对低层大气(从云层到 100km)三维温度场进行全球性的长期监测；
- 测量已知的微量大气成分的浓度和分布；
- 搜寻未知的大气成分；
- 根据光学特性确定大气气溶胶的尺度、分布和化学组成；
- 研究大气的辐射平衡及气溶胶对大气能量特性的影响；
- 研究大气的全球循环、中尺度动力学和波现象；
- 分析表面与大气的交换过程。

该仪器的性能参数见表 4-4。

表 4-4   PFS 性能参数

项 目	短波通道	长波通道
光谱范围/μm	0.9~5.5	5.0~45
光谱分辨率/cm^{-1}	2	2
光谱分辨力	5500~1500	1000~100
视场/mrad	35	70

4. 金星大气特征研究分光计(SPICAV)

SPICAV 是一种紫外和红外辐射成像光谱仪。它是由"火星快车"上的 SPICAM 仪器衍生而来的。SPICAM 上有紫外和红外两个通道，而 SPICAV 新增了一个通道，即"红外太阳掩星（SORE）通道"，用于通过金星大气对太阳进行红外波长上的观测。该仪器的主要性能参数见表 4-5。

133

表 4 - 5　SPICAV 的性能参数

项目	紫外通道	红外通道	SOIR 通道
光谱范围/μm	0.11 ~ 0.31	0.7 ~ 1.7	2.3 ~ 4.2
光谱分辨率	0.8nm	0.5 ~ 1nm	0.2 ~ 0.5cm
光谱分辨力	约 300	约 1300	约 15000
视场/rad	55 × 8.7	0.2 像素	0.3 ~ 3

5. 金星射电科学实验仪(VeRa)

金星射电科学实验仪是一种射电探测实验仪器,将利用由探测器发射、直接通过大气或被金星表面反射并由地球上的地面站接收到的无线电波来研究金星的电离层、大气和表面。

任务:

● 在 80km 至电离层顶(300 ~ 600km,取决于太阳风的情况)之间对金星电离层进行射电探测;

● 对云层(35 ~ 40km)和约 100km 高度之间的中性大气进行射电探测;

● 确定该行星表面的介电特征、不平度和化学成分;

● 在金星处于轨道下合和上合之间时,研究日冕、延伸的日冕结构和太阳风紊流,VeRa 利用探测器上的转发器进行无线电发射和接收,但所发射的信号由其自身的超稳振荡器产生。

6. 可见光与红外热成像光谱仪

可见光与红外热成像光谱仪(VIRTIS)是一种工作于近紫外、可见光和红外波段的成像光谱仪。它有不同的工作模式,可进行从单纯的高分辨率光谱测定到光谱成像等各种观测,旨在对金星大气各层及其中的云层进行分析,开展表面温度测量和研究表面与大气的相互作用现象。它的性能参数见表 4 - 6。

表 4 - 6　VIRTIS 的性能参数

项目	测绘光谱仪		高分辨率光谱仪
	可见光通道	红外通道	红外通道
光谱范围/μm	0.25 ~ 1.0	1 ~ 5	2 ~ 5
最大光谱分辨率/nm	2	10	3
光谱分辨力	100 ~ 200	100 ~ 200	1000 ~ 2000
视场/mrad	0.25	0.25	0.5 ~ 1.5

7. 金星监测相机(VMC)

VMC 是一种广角、多通道 CCD 相机,工作于紫外、可见光和近红外光谱范围。

任务：

- 完成保障性成像(为来自其他仪器的数据提供全球成像背景资料)；
- 为通过全球多通道成像来研究金星大气的动力学过程提供便利；
- 为研究云顶未知紫外吸收物质的分布创造条件；
- 测绘表面亮度分布并搜寻火山活动。

VMC 的性能参数见表 4−7。

表 4−7 VMC 的性能参数

项目	参　数
光谱范围/mm	4 台滤波器:0.365(紫外),0.513(可见光),0.935(红外),1.010(近红外)
光谱分辨率/nm	5
视场/mrad	300(总),0.74(mrad/像素)

4.2 飞行过程

"金星快车"由四级 Soyuz − Fregat 运载火箭从拜科努尔发射场发射,发射服务通过欧俄合资的斯达西姆公司采购。经历 5 个月的巡航后,于 2006 年 4 月 11 日飞抵金星(表 4−8、表 4−9)。

表 4−8 发射程序

序号	时　间	任务活动
1	8,Nov,19:05UTC,MET:−08h28min00s	完成发射前的一系列检查工作
2	8,Nov,23:44UTC,MET:−03h49min00s	开始给火箭加注燃料(持续 2h20min)
3	9,Nov,02:03UTC,MET:−01h30min00s	燃料加注完毕
4	9,Nov,02:49UTC,TME:−00h44min00s	移开服务平台
5	9,Nov,03:23UTC,MET:−00h10min00s	探测器内部加电
6	9,Nov,03:30:59UTC,MET:−00h02min35s	燃料贮箱加压
7	9,Nov,03:31:34UTC,MET:−00h02min00s	脐带断开
8	9,Nov,03:32:49UTC,MET:−00h00min45s	改为 Onboard 供电
9	9,Nov,03:33:14UTC,MET:−00h00min20s	点燃助推器和芯级发动机
10	9,Nov,03:33:34UTC	发射
11	9,Nov,03:33:42UTC,MET:+00h00min08s	垂直上升结束
12	9,Nov,03:35:32UTC,MET:+00h01min58s	第一级助推器分离
13	9,Nov,03:37:48UTC,MET:+00h04min14s	整流罩抛掉

序号	时　间	任务活动
14	9,Nov,03:38:52UTC,MET:+00h05min18s	"联盟"号二级分离
15	9,Nov,03:42:22UTC,MET:+00h08min48s	"联盟"号三级分离
16	9,Nov,03:44UTC,MET:+00h11min	全部分离
17	9,Nov,03:47UTC,MET:+00h14min	Fregat 上面级第一次点火，进入停泊轨道
18	9,Nov,05:13UTC,MET:+01h40min	Fregat 上面级第二级点火，将金星快车送入逃逸轨道
19	9,Nov,06:10UTC,MET:+02h40min	太阳捕获，太阳帆板成功展开

表 4-9　"金星快车"任务时间表

事件/任务阶段	日期/持续时间
发射	2005 年 11 月 9 日
发射和前期轨道段（LEOP）	约 3 天
近地试运行阶段	约 21 天
行星际巡航阶段	约 3.5 个月
入轨阶段	从 2006 年 3 月 8 日持续了 5 周
金星捕获制动	2006 年 4 月 11 日
降低远心点高度	约 15 天
有效载荷测试阶段	约 45 天
正常运转阶段	2 个金星日（486 个地球日）
规定任务结束	2007 年 9 月 24 日
扩展任务阶段	2007 年 9 月 25 日至 2009 年 1 月 22 日
总共执行任务	1185 天

4.2.1　发射和巡航阶段

　　2005 年 7 月底，"金星快车"运到拜科努尔发射场。发射前一个月对"金星快车"注入燃料，如期启动发射前准备工作。转移到发射台前的最后一个任务是使"金星快车"与上面级火箭紧密配合（图 4-11）。

　　10 月 22 日，"金星快车"运输到发射台上，原计划在 4 天后的发射窗口发射，但是由于技术原因推迟到 11 月 9 日发射，该日期恰好为发射窗口的中间时刻（发射窗口结束日期为 11 月 24 日）。11 月 9 日大约为最佳发射日期，因为它在被金星捕获的时候所需的脉冲是最小的（图 4-12）。

　　发射 9min 后，第三级火箭把由上面级火箭和航天器组成的舱段送入约 200km 高度的轨道。随后一个持续 20s 的短时间燃耗对轨道进行圆化。在低轨运行约 70min 的滑行轨道后，火箭重新点火，持续 14min，使航天器进入到达金

图 4 – 11 "金星快车"与上面级配合

137

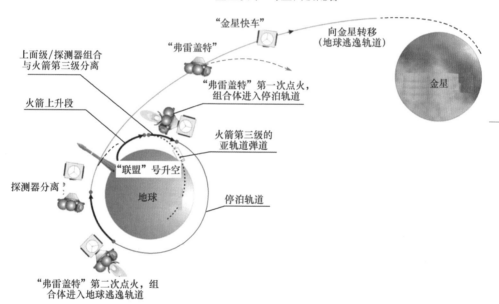

图 4 – 12 发射和巡航阶段

星的逃逸轨道。与预期结果一样,发射 1 小时 36 分 30 秒之后,"金星快车"开始与运载火箭分离。

星箭分离约 20min 之后,欧空局地面站接收到第一个遥测信号,得知"金星快车"运行状态正常,此时正在执行分离序列。不久,太阳电池阵成功展开,建立了平稳的太阳捕获。在开启反作用轮和星敏感器之后,"金星快车"于 11h(CET)进入正常模式。

"金星快车"的发射操作非常完美,所以只在 11 月 10 日执行一次非常小的轨迹修正(小于 0.5m/s)即可。发射和前期运行阶段(Launch & Early Operation Phase,LEOP)最后的重要过程是将通过低增益天线(LGA)的 S 波段通信切换到通过高增益天线(HGA)的 X 波段正常模式下的通信。这个过程在 11 月 10 日成功执行,航天器的第一次通信是与欧空局在西班牙境内的堪培拉地面站进行通信。最后,LEOP 于 11 月 11 日 9 时 48 分成功执行结束,从发射到此时约 53h。此时,"金星快车"距离地球约 634000km。

11 月 18 日至 12 月 14 日期间对科学仪器进行了测试,在此期间,MAG 天线成功展开,距离地球 350 万 km 的地方,VIRTIS 和 VMC 拍摄了地球和月球的第一幅图片,这是第一次对航天器端到端采集图像能力的测试,把图像存储在星载计算机后再传回地球。

"金星快车"以完美的巡航轨迹在 2006 年 4 月 11 日到达金星,期间只执行了几次较小的轨迹修正。

在巡航阶段期间,也对"金星快车"的特征进行更好的校准,对太阳电池阵进行测试,测得其性能完全满足要求。对星敏感器针对杂散光的冗余性进行了测试。对链路余量进行测试,存在约 2dB 的链路余量,从而大大增加了科学数据的容量。

在巡航阶段的一个主要的任务是在 2 月 16 日对主发动机进行的测试,它主要是进行了时间一次非常短的燃耗(3s),其目的不仅是对发动机的性能进行测试,更主要的是推力和质心的连线进行校准。其测试结果完全满足要求,尤其是,质心的位置精度优于 2mm,该精度非常高。

一个特殊的测试是对热控进行测试,在金星任务中热控测试是一个非常关键的内容。在 1 月份内的整整一个星期内,"金星快车"处于几种姿态下,使航天器以不同的辐射面(与热力模式相关)处于太阳光照下。85% 的热敏电阻显示模型和遥测数据的温度差小于 2℃,少数显示两者的差值较大,但是并不是关键性的。3 月 21 日航天器与太阳的距离最近(略大于 $1.05 \times 10^8 km$),此时的太阳流式是在处于地球时所承受的太阳流的 2.03 倍,及约 2800W/m^2,此时"金星快车"的热性能依然完全正常。

巡航阶段的剩余过程旨在准备进入金星轨道(Venus Orbit Insertion,VOI)。

4.2.2　金星轨道入轨

"金星快车"的最关键操作为金星轨道入轨(Venus Orbit Insertion,VOI)。主发动机的一次点火使"金星快车"减小的速度量为 1.251km/s,从而使其被金星的引力场所捕获。

VOI 的准备工作始于 2 月中旬的主发动机测试阶段。此时,高温阀将已点火的贮箱与主发动机隔离。入轨一星期前执行下一步操作,即开启低流量阀门,从而对推进剂贮箱进行压力调节。VOI 前的最后一个星期,仔细地对贮箱的温度和压

力进行控制,从而维持最优的点火状态。

8:03(中部欧洲时间,CET)时开始进行 VOI 操作,主发动机朝向运动方向实施大推力机动,从而进行制动。9:17(CET)开始点火,比预计的点火时间提前了约一个小时。点火持续了 50min13s,比预期的点火时长只增多了 4s。

在整个过程中,由于航天器的指向,两个高增益天线都不能使用。然而,马德里的深空网测控站能接收到低增益天线的弱信号,通过多普勒效应的变化可以观测到点火状态。此时,"金星快车"距离地球的距离为 1.21×10^8 km,信号传回地球的时间约 7min。图 4 - 13 所示金星轨道入轨时的多普勒变化中轨迹的中断是由于"金星快车"被金星遮挡,中断时间持续了 12min。

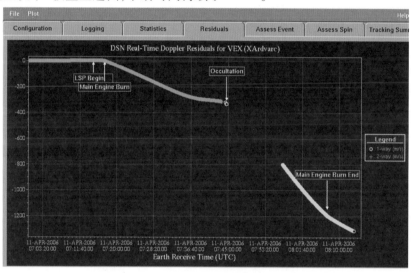

图 4 - 13   金星轨道入轨时的多普勒变化

随后,"金星快车"进入正常模式,11:12(CET)接收到 X 波段遥测信号,数据显示所有的子系统运转正常。

入轨机动将"金星快车"进入近金点 400km、远金点 350000km 的大椭圆轨道,其轨道周期为 9 天。主发动机在 4 月 20 日和 4 月 23 日执行了两次额外机动,其大小分别为 200m/s 和 104m/s,从而使"金星快车"的轨道非常接近目标轨道。10N 推力器执行一系列机动之后,在 5 月 7 日 VOI 阶段结束,"金星快车"的最后轨道为 250km × 66000km 的极轨道,其轨道周期为 24h。

4.2.3   在轨操作

"金星快车"的工作轨道参数如表 4 - 10 所示。

4 月 12 日,"金星快车"处于大椭圆捕获轨道时,获得第一幅图片。虽然这幅图片是在距离金星 206452km 处拍摄的,VIRTIS 和 VMC 图像显示了引起科学家注意的清晰结构和细节。

表4-10　金星快车的工作轨道参数

轨道参数	额定值
近心点高度/km	250～400
远心点高度/km	66600
周期/h	24
倾角/(°)	90

尤其是,伪色彩VIRTIS合成图像的左侧显示了金星的白天侧,右侧显示了进行的黑夜侧,其分辨率为50km像素。白天侧显示了从距离金星表面65km处的顶端云层反射的太阳光,1.7μm的红外滤波器拍摄了黑夜侧显示了距离金星表面55km处的动态螺旋云层的结构(图4-14)。

随后的几周对科学设备进行试验运行。首先,科学设备单独地工作,对几种科学设备的典型工作状态进行测试。测试结果显示"金星快车"和科学设备的性能都非常良好。6月3日,"金星快车"在轨试验阶段按照预期顺利结束,进入正常科学任务阶段。正常科学任务阶段包括金星观测阶段和对地指向阶段。大部分的观测阶段在近金点执行,处于天底定向模式,观测设备包括VIRTIS、VMC和SPICAV。其他的观测类型包括:邻边观测模式(观测设备包括VIRTIS、SPICAV和VMC)、掩星模式(SPICAV)、掩星模式(SPICAV/SOIR)、无线电科学观测模式(VERA)。MAG和ASPERA始终处于工作状态。

观测阶段的持续时间受到热力约束和电源消耗情况的限制。尤其是,"金星快车"散热器处于光照时,增加了内部温度,所以每次观测需要恢复事件(图4-15)。

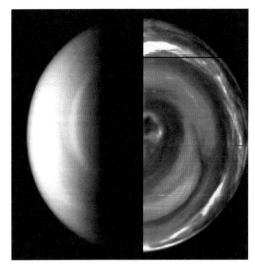

图4-14　VIRTIS的第一幅图片

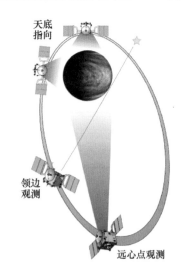

图4-15　金星观测阶段

随后,"金星快车"进入对地指向阶段,此时金星对地通信和电池阵充电。在这个阶段中,根据季节选择两部高增益天线中的一部高增益天线指向地球,指向地球的高增益天线是根据季节来选定,以使得航天器"冷面"始终不受到阳光照射,其中有 3/4 的时间(探测器远离地球时)使用主高增益天线,其余时间(探测器距离地球较近时)使用次高增益天线。其中主高增益天线是从"火星快车"发展而来,次高增益天线是从罗塞塔发展而来。

为了使散热器一侧不受阳光照射,对航天器围绕地球方向的旋转角进行优化。

为了把固态大容量存储器所存的所有科学数据发回地球,每天要在 X 波段进行 8h 的高速通信(传输速率为 19 ~ 228kb/s)。探测器平均每天可把 2GB 的科学数据下传到欧空局在西班牙塞夫雷罗斯新建的地面站(图 4 - 16)。

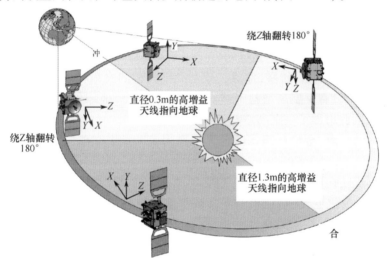

图 4 - 16　指向地球阶段

4.3　与"火星快车"的比较

4.3.1　设计共同点

系统方案:机载仪器,固定通信天线,具有单自由度定向机构的两个太阳阵。

结构设计:只进行了小的局部改动,以适应改动后的仪器有效载荷。

推进分系统:1 台 400N 主发动机用于入轨。在主发动机推进过程中,4 台冗余发动机辅助。主发动机使用的是"欧洲星"平台中的发动机。

电子设备:全部是"罗塞塔"计划中研发的,基本没有变化。

运行方案:在特定轨道段进行金星探测,而在其他时间则进行对地通信和蓄电池充电观测及对地通信与充电交替进行。

4.3.2 设计不同点

由于火星的环境和金星环境有很大的不同,同时科学探测任务也不同,所以"金星快车"的部分设计有较大改变,主要体现在如下方面:

科学任务:必须装纳新增或有改动的仪器磁强计(MAG)、金星射电科学实验仪(Vega)、可见光与红外热成像光谱仪(VIRTIS)和金星监测相机(VMC),而"火星快车"上的两台重要仪器"猎兔犬"着陆器和火星亚表面与电离层探测先进雷达则被取消。

与太阳的距离:金星距离太阳0.72个天文单位,而火星为1.5个天文单位。由于更靠近太阳,"金星快车"探测器所受到的辐射热要4倍于"火星快车",所处的电离辐射环境更加恶劣,阳光对太阳能帆板的照射也更加强烈。因此,空间等离子和高能原子分析仪从顶层移到侧壁,减少日照强度。磁强计安装在顶部可展开的活动支架上,减少探测器的磁扰动。

行星布局:火星是外行星,地球矢量与太阳矢量的夹角在 $-40° \sim 40°$ 之间,因此,"火星快车"只有1副高增益天线。金星是内行星,地球矢量与太阳矢量夹角为 $0 \sim 360°$,因此增加了一副高增益天线。

与地球的距离:金星与地球的最大距离为1.7个天文单位,小于2.7个天文单位。

引力:金星的引力大于火星,分别是地球引力的90%和38%,因此,入轨所需要的速度增量变化更大,要求探测器装载更多的推进剂。这还间接地导致"金星快车"的轨道周期更长,约24h,而"火星快车"为7h,近心点速度更高约9km/s,而"火星快车"为4km/s。

5

日本金星探测的过去和现在

　　日本首个金星探测器"行星 C"（即 Planet – C）亦被命名为"拂晓"号,在 2010 年 5 月 21 日由 H – 2A – 202 型火箭于种子岛航天中心成功发射,同时发射的还有称为"太阳辐射加速星际风筝"（IKAROS,"伊卡洛斯"）的太阳帆航天器以及由私立大学和团体建造的另 4 颗小型卫星。这次发射曾因天气不佳而推迟了 3 天。按计划"拂晓"号将在 2010 年 12 月飞抵绕金星运行轨道执行探测任务,这是日本金星探测器的首次航行。

　　"拂晓"号从 2001 财年进入可行性论证到发射历时 9 年,由日本宇宙航空研究开发机构（JAXA）所属宇宙科学本部（ISAS）负责其系统设计,NHC 东芝空间系统公司 NTSl 和三菱重工业公司作为其主要合作伙伴,参加了系统设计,并分别负责控制系统部件（关键测量部件）和推进系统部件的研制。"拂晓"号采用了许多新技术,按新标准开发了许多新部件,如先进的观测仪器和控制部件等。

　　"拂晓"号的长、宽、高分别为 1456mm、1040mm 和 1400mm,发射质量为 500kg,采用零动量三轴姿态控制,由公用舱和有效载荷两大部分组成。其中:公用舱由结构、热控、电源（包括 2 副耐高温的太阳电池翼和锂离子蓄电池）、通信、数据处理、姿态与轨道控制（包括姿态控制用推力器和轨道控制发动机）6 个分系统组成;有效载荷则由 5 种不同工作波长的相机和超高稳定振荡器组成,相机安装在探测器的侧面（散热面）,以免阳光照射。探测器上还配有高增益天线,即便在探测器的姿态发生变化时仍可指向地球以保证探测器与地面的通信链路畅通（图 5 – 1、表 5 – 1、表 5 – 2）。

　　"拂晓"号计划于发射后 6 个月抵达金星,启动主发动机进入远金点 80000km,近金点 300km 的金星赤道轨道,沿金星自转轴向西运动。受限于星载电池退化,"拂晓"号任务周期约为两个地球年或更长。

图 5-1 "拂晓"号探测器

表 5-1 "拂晓"号探测器任务

发射日期	2010 年 5 月 21 日	发射日期	2010 年 5 月 21 日
发射运载	H-2A 火箭 No. 17	近金点高度/km	300
发射地点	鹿儿岛县种子岛宇宙中心	远金点高度/km	约 80000
航天器外形	双翼太阳阵 箱式结构	轨道倾角/(°)	172
航天器发射质量/kg	500	轨道周期/h	30
轨道类型	金星椭圆轨道		

表 5-2 "拂晓"号携带载荷

载荷名称	视场	像素	属性	波长	观测目标
1μm 短波红外相机（IR1）	12°	1024×1024	硅 CSD/CCD	夜晚 0.90μm	金星表面和云
				夜晚 0.97μm	水蒸气
				夜晚 1.01μm	金星表面和云
				白天 0.90μm	云
2μm 短波红外相机（IR2）	12°	1040×1040	铂硅 CSD/CCD	巡航 1.65μm	黄道光
				夜晚 1.735μm	云及云滴尺寸
				夜晚 2.26μm	云及云滴尺寸
				夜晚 2.32μm	一氧化碳
				白天 2.02μm	云顶高度

（续）

载荷名称	视 场	像 素	属 性	波 长	观测目标
中波红外相机（LIR）	12°	240×320	非冷却辐射热仪	10μm	云顶高度
紫外成像仪（UVI）	12°	1024×1024	硅 CCD	白天 283nm	二氧化碳
				白天 365nm	未知的吸收物
发光及气辉相机（LAC）	16°	8×8	多极雪崩二极管	夜晚 542.5nm	气辉
				夜晚 557.7nm	虹、彩云气辉
				夜晚 777.4nm	雷光

2010 年 12 月 7 日，"拂晓"号到达金星轨道，并且执行了捕获制动动作，但是未能成功进入进行环绕轨道。日本宇宙航空开发机构计划在 2016 年至 2017 年再次尝试将"拂晓"号送入金星环绕轨道（图 5 – 2）。

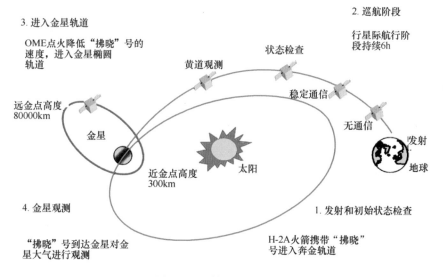

图 5 – 2　"拂晓"号任务规划

5.1　任务概况

5.1.1　探测器设计

"拂晓"号的设计基本继承于"隼鸟"号，主体结构如图 5 – 3 所示，为 1040mm × 1450mm × 1400mm 的铝制箱体，包含燃料情况下质量为 517.6kg，科学仪器载荷为 34kg。

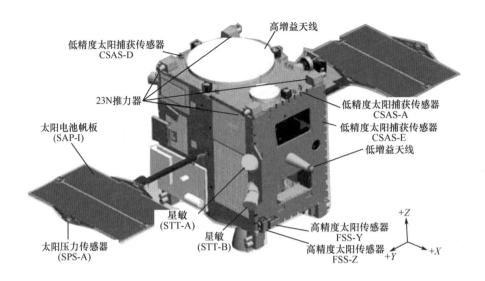

图 5 - 3 "拂晓"号结构

"拂晓"号最大功率700W,包含所有任务和总线设备。太阳能电池板面积为 $1.4m^2 \times 2$,在 Y 轴方向拥有一个自由度,其取向决定于太阳方向,独立于星体姿态。

通信系统包含一台 X 波段高增益天线,该天线与星体固连,通过姿态控制系统调整指向,与地面站进行通信。系统遥测通信速率在不同距离分别为 8kb/s(1.5AU)、16kb/s(1.1AU)和 32kb/s(0.7AU)(表 5 - 3)。

表 5 - 3 "拂晓"号系统设计参数

参 数	值
金星环绕轨道	80000km×300km,倾角 172°
姿态控制	3 轴稳定控制
大小	1040mm×1450mm×1400mm
质量/kg	500
功率/W	700
通信	8kb/s@1.5AU、32kb/s@0.7AU

反作用推进系统包括用于姿态控制的单组元推力器和用于金星捕获入轨的主轨道发动机。这些陶瓷推力器推力 500N,在高温和氧化环境下具有非常好的燃烧效果。因此,具有较高比冲的推力器可以减少用冷却的燃料消耗。姿态推力器包含 12 个单组元推力器,其中 8 个推力 23N,4 个推力 3N。推进剂总质量 196.3kg。图 5 - 4 为"拂晓"号系统框图。

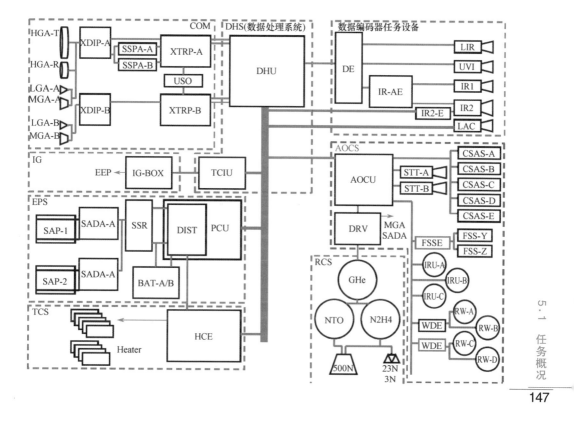

图5-4 "拂晓"号系统框图

"拂晓"号搭载的科学设备主要包括近红外摄像机(IR)两台、长波红外相机(LIR)、紫外成像仪(UVI)、雷电与大气辉光照相机(LAC)和无线电科学设备(RS)。5台光学相机将探测金星从紫外到中红外的所有光学特性(图5-5)。

5.1.2 姿态和轨道控制系统

"拂晓"号姿态和轨道控制系统如图5-6所示,该系统性能指标为:姿态稳定度为±0.05°/100s,星上姿态确定精度为±0.15°。除了一般的姿态控制要求,在金星赤道大椭圆轨道上进行观测还对探测器提出了一些其他新的要求。姿态和轨道控制系统包含三类功能的元器件:敏感器、执行机构和数据处理器。敏感器包括星敏(STT),两种类型的太阳探测敏感器(SAS),惯性参考单元(IRU),加速度计(ACM),太阳存在敏感器(Sun Presence Sensor,SPS)。执行机构包括:反作用飞轮(RW)和驱动机构(DRV)。所有的敏感器和控制器都连接到姿态与轨道控制单元。

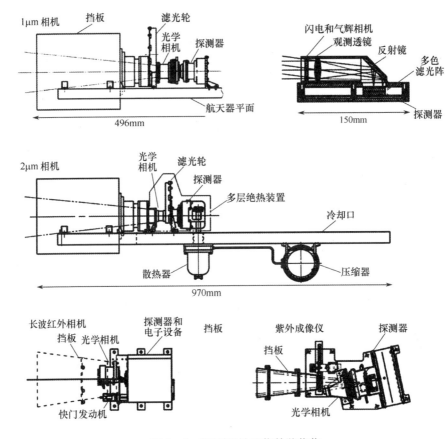

图5-5 "拂晓"号星载科学载荷

5.1.3 "拂晓"号在进行的轨道和姿态约束

1. 正常观测

金星自转轴与金星赤道面夹角为178°,与金星大气环流方向一致。"拂晓"号大椭圆轨道面与金星自转轴夹角为172°,与金星大气环流方向基本一致,以便于能对金星大气开展连续观测。"拂晓"号远地点速度与远地点大气速度相当。

由于科学仪器主要安装在"拂晓"号 $-X$ 轴面板上,所以"拂晓"号在轨道运动中,通常将 $-X$ 轴面板指向金星。因此,"拂晓"号能够连续不断的监测金星大气。

由于轨道倾角原因,太阳照射方向基本不变。"拂晓"号太阳能帆板安装在星体 Y 轴两侧,垂直于轨道面,以保证轨道运动过程中帆板在驱动机构作用下始终朝向太阳(图5-7)。

2. 异常条件下的观察

由于金星是内行星,因此在大椭圆轨道上会发生内日合和外日合两种异常状

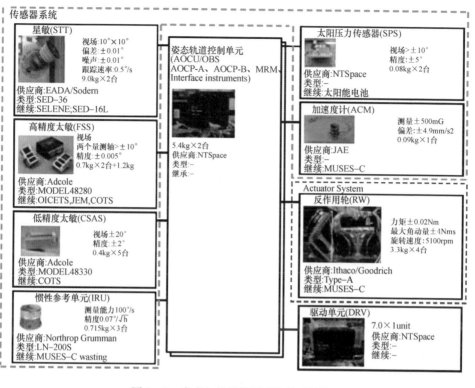

图5-6　姿态与轨道控制系统体系结构

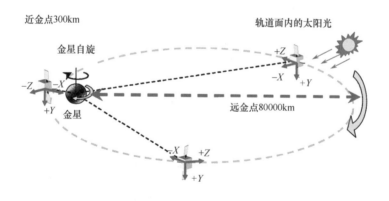

图5-7　正常观察模式

况。日合周期为580个地球日。外日合时,"拂晓"号无法建立与地面的通信,这时"拂晓"号将保持自旋状态,以避免诸如太阳耀斑等难题。

"拂晓"号轨道面并不与赤道面完全重合,"拂晓"号每半个金星年就需要倒置一次±Y轴方向,这称为偏航环绕操作(yaw around operation),原因是"拂晓"号−Y轴面板设计为散热面(图5-8)。

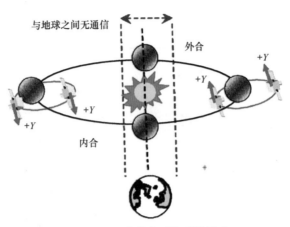

图 5 - 8   异常状态下的观测模式

5.2   科学目标

- 观察金星云层下方大气及其表面的气候研究；
- 观察金星大气粒子辐射现象研究；
- 对金星进行近距离拍照；
- 金星表面的大气的超旋现象研究（60 倍于金星自转线速度,达 100km/s），以期解释传统气象学说无法解释的该现象。

5.3   "拂晓"号探测轨道设计

5.3.1   发射轨道和地球分离轨道

最优任务轨道设计包含如下约束：①H - 2A 火箭的总冲限制；②"拂晓"号金星轨道进入能量；③"拂晓"号与地面站的通信周期要求。发射轨道与逃逸轨道如图 5 - 9 所示。

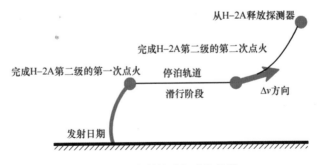

图 5 - 9   发射轨道与逃逸轨道

5.3.2 巡航段轨道设计

图 5-10 为"拂晓"号在日心惯性坐标系下的转移轨道,在太阳地球固连坐标系下的转移轨道如图 5-11 所示。其中 X 表示发射日期,Y 表示到达日期。巡航段包含几次预定的轨道修正:①星箭分离之后,当 USUDA 地面站捕获到"拂晓"号时,修正运载火箭的转移轨道进入误差。修正值由轨道参数计算得出,这些参数由

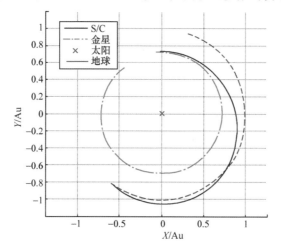

图 5-10 "拂晓"号在日心惯性系下的转移轨道

1Au 为太阳与地球的距离

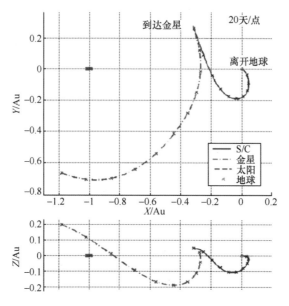

图 5-11 "拂晓"号在太阳地球固连坐标系下的转移轨道

运载火箭以及 NASA/JPL 深空网的金石地面站（Goldstone）、堪培拉（Canberra）地面站协助提供。②大约在发射之后的 40 天，修正金星到达轨道的参数，在这一时期启动精确轨道控制。③在到达进行之前，完成最后一次目标轨道倾角调整。

5.4 操作方案

"拂晓"号任务不同阶段的主要操作包括：①发射与初始状态检查；②巡航；③金星轨道捕获；④正常金星观测。

5.4.1 发射与初始状态检查

运载火箭发射和一级火箭分离之后，二级火箭将把"拂晓"号送入金星转移轨道。星箭分离之后，"拂晓"号将进行自旋速率阻尼、太阳帆展开、太阳捕获姿态稳定、起旋以及等候第一次地面站通信。建立通信之后，"拂晓"号将对有效载荷进行状态检查。具体如表 5-4 所列。

表 5-4　初始时序操作

编号	UTC	发射后时刻	持续时间	事　件
1	17th22:12	00:27	—	星箭分离
2	17th22:13	00:28	—	设置仪器设备，关闭遮光板
3	17th22:14	00:30	00:01	消除航天器分离开关
4	17th22:15	00:35	00:01	太阳能帆板展开
5	17th22:20	00:50	00:15	太阳捕获
6	17th22:34	00:57	—	反应控制系统执行机动让航天器绕 +X 轴旋转
7	17th22:42	03:16	—	接收到轨道参数
8	18th01:00	05:45	—	金石地面站捕获探测器
9	18th03:30	06:45	—	第一次从金石站收到轨道参数
10	18th04:30	07:04	—	第二次从金石站收到轨道参数
11	18th04:48	09:57	—	堪培拉地面站捕获
12	18th07:41	10:52	—	Usuda 地面站遥测捕获
13	18th08:36	11:12	—	Usuda 地面站指令上注
14	18th08:36	11:12	—	星敏开机
15	18th08:56	11:52	00:06	消旋，反应控制系统执行机动完成太阳捕获
16	18th09:36	12:17	00:05	反作用飞轮启动，固定速率模式
17	18th10:01	12:37	00:20	上注补偿速度增量参数
18	18th10:21	14:15	00:20	反作用飞轮将探测器调整到机动姿态
19	18th12:00	14:45	00:20	运载火箭入轨偏差修正

（续）

编号	UTC	发射后时刻	持续时间	事 件
20	18th12:30	16:35	00:20	反作用飞轮调姿,调整 +X 轴指向太阳,调整 +Y 轴至轨道平面外
21	18th14:20	17:20	00:45	任务仪器开机
22	18th15:05	17:35	00:15	反作用飞轮将姿态调整至地球观测姿态
23	18th15:20	18:05	00:30	对地观测
24	18th15:50	18:20	00:15	反作用飞轮调姿,调整 +X 轴指向太阳,调整 Y 轴至轨道平面外
25	18th16:05	18:35	00:15	任务仪器关机
26	18th16:20	18:50	00:10	检查 LOS
27	18th16:41	19:11	—	Usuda 站第一次 LOS(指令上注及修正)
28	18th16:41	19:11	—	堪培拉站第一次 LOS(指令上注及修正)
29	18th17:36	19:51	—	Usuda 站第一次 LOS(遥测)
30	18th17:44	19:59	—	马德里站第一次 AOS(遥测)
31	18th17:55	21:10	—	堪培拉站第一次 LOS(遥测)
32	18th18:11	20:26	—	马德里站第一次 AOS(指令上注及修正)

5.4.2 巡航

"拂晓"号巡航阶段情况如图 5 – 12 所示。经历 6 个月行星际巡航之后,"拂晓"号将与地面站联系,开始每日例行状态检查以及导航。在进行过中途导航以及最终航向调整之后,"拂晓"号将进入金星到达轨道。规划的行星际转移轨道将考虑作用在航天器上的各种引力作用,包括太阳以及太阳系内的主要行星。在该阶段,有额外的科学目标,如黄道光观察(zodiacal light observation)。

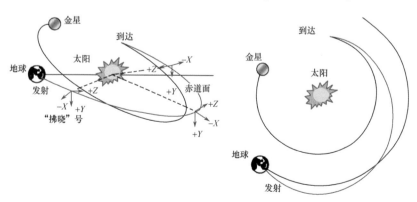

图 5 – 12　巡航阶段"拂晓"号姿态

5.4.3　金星轨道捕获

主轨道发动机开机执行金星捕获制动,以及探测器进入金星圆轨道如图 5 - 13 所示。捕获制动是规划在 2010 年 12 月执行的受控的轨道机动,该阶段将启动 500N 的主发动机进行减速制动。捕获制动过程中及完成之后,同样的轨道和姿态机动将使用 23N 的推力器。主发动机可以以最大推力连续工作 30min。航天器将进入 80000km×300km 的大椭圆轨道。

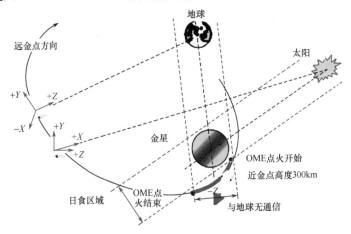

图 5 - 13　"拂晓"号金星捕获制动阶段的姿态

"拂晓"号应在 UTC 2010 年 12 月 6 日 23:49:00 启动主发动机进行捕获制动操作。发动机需要连续开机 12min,使探测器进入远心点 180000~200000km,近心点 550km,周期 4 天的金星环绕轨道。但是,由于日合之后的通信没能按计划恢复,探测器进入安全模式,主发动机开机时间不足 3min,因此"拂晓"号未能减速制动被金星捕获。

5.4.4　重新捕获尝试

JAXA 计划在 2015 年"拂晓"号再次抵达金星时进行捕获制动,这需要将探测器置于睡眠状态,以延长原设计 4.5 年的寿命期。但是 2011 年 9 月 7 日和 14 日进行的变轨发动机在轨道试验显示,主发动机推力为 40N,不足额定值的 1/9,因此,主发动机极有可能已经出现损伤,不能正常工作。

JAXA 决定"拂晓"号 2015 年的捕获制动将采用反作用控制系统的推力器代替主发动机。2011 年 11 月 1 日,使用反作用推力器进行近金星轨道机动调整。

5.4.5　正常金星观测

"拂晓"号运行在金星轨道阶段的情况如图 5 - 14 所示。正常轨道观测阶段,依据科学设备不同配置和"拂晓"号的轨道位置,探测器有多种工作模式。为了防止太阳照射 X 轴面板,相机需要遮光保护。在使用无线电科学设备探测金星大气的垂直结构时,高增益天线需要适应地球通过金星表面大气的情况。"拂晓"号科学任务及所用单机如图 5-15 所示。

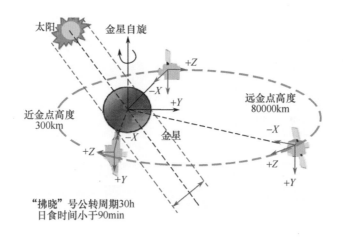

图 5-14 正常轨道观测阶段"拂晓"号姿态

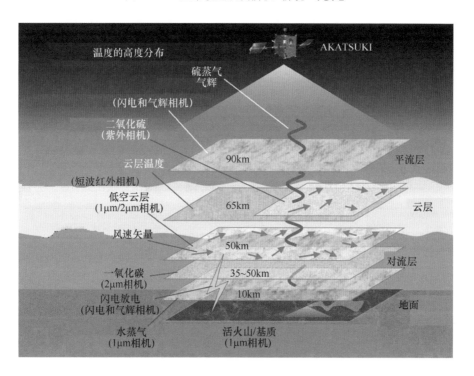

图 5-15 "拂晓"号科学任务及对应单机

5.5 载荷配置

"拂晓"号的载荷配置如表5－5所列。

表5－5 "拂晓"号载荷配置

载荷名称	功能及参数
1μm 相机（IR1）	通过捕获由金星地表发射至外空间的红外辐射,分析金星低层云、水汽及地表活火山; 波长:0.90μm/0.97μm/1.01μm 视场:12° 像素:1024×1024 探测器:硅 CSD/CCD 器件
2μm 相机（IR2）	通过捕获金星大气(低于低层云)的红外辐射,观察云层、碳的分布及运动变化,在由地球至金星的巡航过程中,观察黄道光(太阳系内行星间的尘埃云层) 波长:1.65μm/1.735μm/2.02μm/2.26μm/2.32μm 视场:12° 像素:1040×1040 探测器:铂硅 CSD/CCD 器件
长波红外相机(LIR)	通过捕获金星云层的红外辐射,观察云层的温度、分布及其变化 波长:10μm 视场:12° 像素:240×320 探测器:非冷却测辐射热仪
紫外成像仪（UVI）	通过捕获云层散射的紫外辐射,观察二氧化硫和大气顶端大气容量的轨迹 波长:283nm/365nm 视场:12° 像素:1024×1024 探测器:硅 CCD 器件
闪电和气辉相机（LAC）	观察闪电发光及化学气辉发射现象 波长:542.5nm;557.7nm;777.4nm 视场:16° 像素:8×8 探测器:多级雪崩二极管

"拂晓"号在轨配置如图 5 – 16 所示;机械性能测试装置如图 5 – 17 所示。

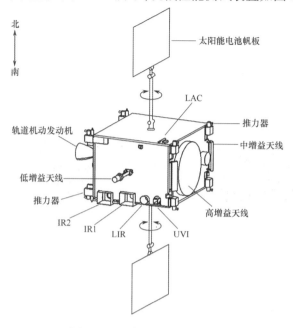

图 5 – 16   "拂晓"号在轨配置

图 5 – 17   "拂晓"号机械性能测试装置

6

金星环绕探测

6.1　金星进入探测器

　　"金星进入探测器"是 ESA 技术参考研究（TRS）的一项研究内容。旨在提供关键技术的研发，为未来的科学发展作参考。金星进入探测器（VEP）的目的是研究金星底层大气的特性，包括金星的大气，包括金星大气的起源和历史演变、低层大气的物理和化学成分、云层形成的成分和化学颗粒以及大气动力特性，具体通过以下任务来实现：

- 在 40～57km 高度使用空中机器人进行全经度现场科学探测。
- 利用大气微探测器在低大气层不同位置进行物理性质垂直剖面分析。
- 进行大气遥感，提供局部和全球现场大气环境测量数据（在空中机器人运行阶段同时进行）。
- 利用大视野以低于 5h 的重复频率进行极地涡漩遥感。
- 全经度和纬度金星大气遥感。
- 利用地面穿透雷达和雷达测高仪进行金星表面遥感。

　　更精准地了解复杂的金星大气不仅仅是对行星科学的探索，也是对地球温室效应、大气化学成分和大气环流模型的验证。该任务包括一个金星极地轨道器、金星椭圆轨道器、空中机器人和微型大气探测针。

　　金星进入探测器任务的主要概念是空中机器人，它将通过遥感的方式分析金星的云层。气球将在飞行期间部署微型大气探测针，它们在下降过程中测量底层大气的基本物理属性。

　　为了提供区域范围和全球范围的即时测量，大气遥感研究需要预先部署空中机器人。这将通过两颗卫星的配置来完成：一颗金星极地轨道器（Venus Polar Orbiter，VPO），内含大气有效载荷平台；一颗金星椭圆轨道器（Venus Elliptical Orbiter，VEO），用来从高轨处部署进入式探测器。表 6 − 1 为金星极地轨道和椭圆转道器的相关参数。图 6 − 1 为金星进入探测器示意图。

表 6 − 1　金星极地轨道器和椭圆轨道器的参数

序号	属性	金星极地轨道器	金星椭圆轨道器
1	近金点高度/km	2000	250
2	远金点高度/km	6000	215000
3	轨道倾角/(°)	90	90
4	运行周期/h	3.1	117 (4.9 d)
5	逃逸速度/(km/s)	3.5	1.7

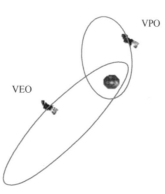

图 6 − 1　金星进入探测器示意图

"金星进入探测器"任务将使用 Soyuz − Fregat 型 2 − 1b 火箭发射，巡航过程通常需要 120 ~ 160 天。若以 2013 年 11 月 2 日附近 20 天为发射窗口，该火箭直接逃逸金星的运载能力为 1509kg。

6.1.1　金星极地轨道器

金星极地轨道器着重于研究金星大气动力学，为了探究极地漩涡层的动力特性，轨道器应在极地轨道以较短的运行周期飞行（小于 5h）。

三轴稳定金星极地轨道器飞行器基于推进管结构原理，因为它的质量小而且设计简单。推进系统是一个传统的双模双组元系统，使用联氨和四氧化氮作为高推力机动推进剂，使用联氨作为低推力推进剂（表 6 − 2）。

表 6-2　金星极地轨道器参数

项　目	质　量/kg
科学仪器	25
通信	20
姿控系统	10
ODBH	4
结构	78
电源	26
热控	21
推进	64
小计	248
系统容差（20%）	50
S/C 干重	298
推进剂	607
S/C 湿重	905

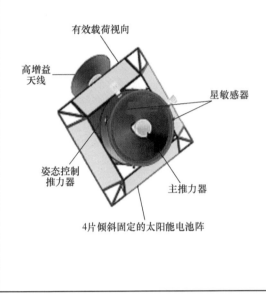

有效载荷仪器将被整合成为一个高度集成的有效载荷仪器套件。通过将多个仪器整合到一个平台和进行系统架构级的资源共享,可以显著降低质量和功耗,而且不牺牲科学探测性能。金星极地轨道器获得的科学数据,将通过 X 波段链路转发到金星椭圆轨道器。

6.1.2　金星椭圆轨道器

为了降低成本,将充分利用金星极地轨道器、金星椭圆轨道器之间的平台和子系统通用性。因此,金星椭圆轨道器也采用了类似的推力管概念和双模式推进系统。金星椭圆轨道器将保持位于高椭圆轨道,直到进入式探测器部署完毕,进入式探测器部署将在金星极地轨道器到达其最终轨道而且仪器校正阶段完成后启动。在第一阶段,金星椭圆形轨道器主要作为中继站将金星极地轨道器和空中机器人获得的数据发送至地球。对地通信使用 Ka 波段,卫星间通信使用 X 波段。

在空中机器人的运行阶段结束之后,金星椭圆轨道器将进入其最终低椭圆轨道($250 \times 7500 \sim 20000km$),以开始详细的表面雷达探测。目前的初步质量预算允许 20000km 远质心距(使用化学推进剂)。其他工作还在进行之中,以评估是否可以通过大气制和降低质量来实现低质心距,从而扩大表面覆盖范围。地面穿透雷达和雷达测高仪的质量预算保留为 20kg,可能包括宽视野相机在内(表 6-3)。

表 6 - 3　金星椭圆轨道器参数

项　目	质量/kg
进入式探测器	91
通信	20
姿控系统	10
数据管理系统	4
结构	83
电源	7
热控	17
推进	42
小计	274
系统容差（20%）	55
S/C 干重	329
推进剂	229
S/C 湿重	558

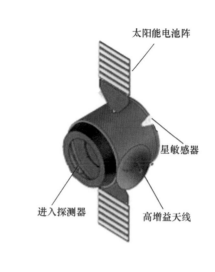

6.1.3　进入探测器总体

进入探测器将从金星椭圆轨道器释放，释放时轨道器处于高椭圆轨道。由于探测器进入稠密的金星大气时会因为空气动力拖曳而减速，降落伞会在探测器降落速度达到亚声速前部署，使其稳定接近声速，前挡热板在降落伞打开后释放。为了防止减速伞后方升温，其后盖和探测器通过绳系分离。降落伞打开和空中机器人的配置将在海拔约 55km 处进行。气球充气释放气囊后，空中机器人反冲至巡航高度。进入探测器质量分布如表 6 - 4 所列。

为了简化进入式探测器的设计，金星椭圆轨道器将为探测器进入提供必要的速度和朝向。由于从行星际轨道直接进入将需要复杂的行星飞行轨迹或轨道进入机动以满足在空中机器人部署之前使用金星极地轨道器开始进行大气遥感科学探测的要求，因此选择了从轨道部署的方案（表 6 - 4）。

表 6 - 4　进入探测器质量分布

项　目	质量/kg	备　注
平台	25	包括充气
气球	7	—
气囊系统	17	—
降落伞	4	3.6m 盘 - 缝 - 带降落伞
进入系统	38	中/高密度烧灼挡板
总质量	91	包括系统容差

1. 进入、降落和部署

探测器将以 9.8km/s 的速度和 30°~40°飞行路径角度进入稠密的金星大气层,这种方案可以提供最佳的整体系统质量。较小的进入角会导致探测器快速穿透大气层,造成高加速和高热通量。但是,由于很快减速到亚声速速度,因此吸收的总热量是较低的。此外,由于进入时间很短,因此可以快速释放减速伞(约 20s),从而减少热屏蔽的热通量吸收。

热屏蔽材料采用碳酚醛制成,能够承受非常高的热通量($-300MW/m^2$),远高于 40°进入角时的峰值热通量 $-20MW/m^2$。最大进入飞行路径角由 $200g$ 有效载荷加速度能力决定。

45°球锥进入式探测器能够在高超声速和超声速下保持稳定,因此无需主动控制。在略高于 $1.5Ma$ 时,将通过喷射器展开盘缝带伞或带式伞降落伞。降落伞展开之后,在达到亚声速时将释放前端减速伞。为了防止过热,将使用绳球使减速伞远离空中机器人。在速度约为 20m/s、高度约为 55km 时,气球将被展开。降落伞和后减速伞被释放,气球开始充气。设计降落伞带有少量的滑翼,以确保降落伞与气球横向分离。气球的充气时间考虑了最低高度和气球上的气动载荷,以权衡决定。目前,充气时间设定为 20s,预计最低高度为 54km。储气系统将在气球充气之后被释放,空中机器人将逐渐上升到巡航高度

金星进入探测器的质量预算如表 6-5 所列。

表 6-5 金星进入探测器的质量预算

项 目	质量/kg	项 目	质量/kg
现场科学探测仪器	40	小计(载荷)	23.0
微型大气探测器系统	4.0	气球(包括气体、外皮和展开系统)	5.4
空中机器人—金星椭圆轨道器通信	1.6	储气系统	14.9
载荷结构和分离系统	6.9	进入和降落系统	24.8
载荷 OBDH	0.6	进入式探测器总质量	68.1
载荷电源	5.6	设计成熟度容差(25%)	17.0
载荷环境	0.3	进入式探测器质量(包括容差)	85.1

2. 空中机器人

气球将在 55km 的高度稳定下来。空中机器人的可持续工作时间目标是至少绕金星飞行两次,在这个高度,可以完成相应的科学目标,而且在此高度,大气环境相对比较有利。

借鉴"金星—哈雷彗星"金星探测任务中 Vega 气球在相似高度的平均飞行速度 67.5m/s,预计最短飞行持续时间为 14 天。

轻微超压轻气球被认为是金星空中机器人的最合适选择,因为这样的气球最适合长时间工作要求。随着超压气球的气体泄漏,漂浮高度将会增加,直到剩余气

体不足以保持正浮力(气球降落到表面)。精心设计的探测器下降方案可以部分弥补气球气体的泄漏损失,从而最大限度地延长运行寿命。另外也考虑了气体释放机制和气体补给系统,以弥补在昼/夜和夜/昼交界时太阳辐射变化造成的气球气体温度变化(图6-2)。

图6-2　探测气球

氢气被作为基准的气球充气气体,氦气作为备选气体。用于存储氢气和氦气的储气系统的质量差别不大,氢气的主要优点是它的气体泄漏率比氦气更低(氦气是一种单原子气体)。其主要缺点是存在危险性。

气球外皮材料应该具有极低的泄漏率,可能需要焊接接缝。此外,需要以可控的方式进行展开,以尽量避免损坏外皮。

3. 微型大气探测器

气球将在飞行期间释放15个微型大气探测器进行科学探测(图6-3)。执行两项任务:①进行有意义的科学探测;②丢弃稳流器,延长空中机器的运行寿命。

微型大气探测器从空中机器人漂浮高度到不低于10km高度之间对选定的低大气层特性进行现场垂直剖面探测。由于对空中机器人有严格的质量限制,因此应尽可能减小这些微型大气探器的质量。这就限制了探测器使用的传感器的选择范围。目前,预计将会进行以下探测:压力、温度、太阳辐射通量水平。将根据微型探测器的轨迹推算出水平风速。这套仪器在不同的经度进行探测,提供金星大气动力学和热平衡方面的最新数据。

为了研究星的局部气象模式和全球大气动力学,这15个微型探测器将分为5次单独投放,每次间隙时间相等。每隔15min投放3个探测器。

微型探测器的定位和通信是一个挑战,需要进行单独的技术开发。目前进行的初步研究表明,可以将通信和定位系统的质量控制在1.4kg,全功能微型探测器的质量控制在104g。

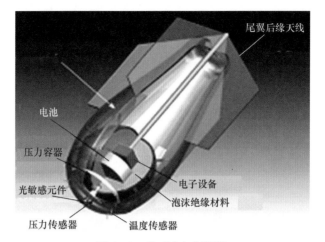

图 6 - 3　微型大气探测器

6.2　中国金星探测构想

6.2.1　科学目标与工程目标

针对中国目前深空探测现状,建议以火星探测为主线和重点,在火星探测的基础上开展金星或者其他内行星的探测。在地球处于远火点时开展金星探测,完成金星科学探测的同时,验证中国火星探测系统。

结合国外分析情况,开展金星探测的初期步骤,将仍旧是环绕探测与简单的大气环境探测以及表面着陆探测。中国金星探测的科学目标可初步选取:

- 金星大气层物理特性和化学成分进行探测;
- 金星表面风流、闪电、二氧化碳研究探测;
- 金星表面机械性能和地质结构探测和金星表面地层土壤成分探测;
- 金星内部地层运动情况探测;
- 下降过程中,对金星表面进行精确高分辨率拍照,获取金星表面的精确地形地貌。

结合科学目标,中国金星探测的科学载荷可以初步考虑选取:

- 环绕器将携带各种波段的成像分光计;
- 用于金星磁场测量的磁强计;
- 用于拍摄的全景光学相机等。

金星着陆器主要用于在金星表面土壤元素分析,地质构造研究,地质运动研究,需要携带相关的科学载荷包括:

- 机械臂用于挖掘;
- 元素分析仪等。

由于处于金星探测初期,结合自主火星探测中拟需要解决的工程问题,中国金星探测的工程目标:

- 覆盖火星、金星探测的测控通信系统;
- 金星轨道设计,奔金过程的自主导航,金星环绕轨道控制和姿态控制;
- 探测器星上仪器自主管理;
- 完成对金星的硬着陆探测,包括降落时打开探测气球进入金星大气探测;
- 完成对金星的多探测器联合探测;
- 通过金星探测,验证中国火星探测大系统的完备性。

6.2.2 金星探测方案设想

在进行探测的方案设计上,采用多探测器联合探测,包括环绕器、硬着陆器(包括着陆时的探测气球)。这里给出三个进行探测轨道方案设想:

方案设想一:CZ-4B+变轨舱+环绕器+着陆器

由 CZ-4B 火箭将探测器发射进入停泊轨道,星箭分离,然后变轨舱发动机点火产生速度增量,将探测器送入金星转移轨道(图6-4)。

方案设想二:CZ-4C+变轨舱+环绕器+着陆器

由 CZ-4C 火箭将上面级和探测器发射进入 GTO 轨道,星箭分离,然后变轨舱发动机点火产生速度增量,将探测器送入金星转移轨道,同时变轨舱与探测器分离(图6-5)。

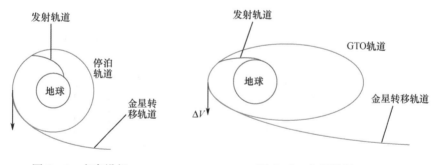

图6-4 方案设想一　　　　图6-5 方案设想二

设计思路与 CZ-4B 基本一致,变轨舱比方案一的小。

方案设想三:CZ-3B+变轨舱+环绕器+着陆器

"长征"三号火箭的标准地球同步转移轨道(GTO)运载能力为5.1t,包络截面$\phi4000 \sim 4200\text{mm}$,在西昌卫星发射中心(XSLC)进行发射。

方案设想中采用一颗小型金星轨道探测器,如图6-6所示(约200kg),并释放小型着陆器(硬着陆器含气球),在硬着陆时打开一个金星探测气球,开展在轨探测和着陆探测相结合的联合探测任务。运载工具采用 CZ-4 系列/CZ-3B 系列运载火箭,发射地点为西昌卫星发射中心。金星探测器的基本配置采用在轨探测和着陆探测相结合的联合探测方案。

图6-6　方案设想三

6.2.3　金星探测器的基本构型

相对地球卫星,深空探测器需要携带更多的燃料、更大口径的天线、大尺寸太阳帆板,在构型设计上提出了更高的要求。提高平台承载能力,增加所能装载的仪器质量,成为深空探测构型优化的主要任务。

贮箱之间可以采用法兰平铺方式,也可以采用上下叠放承力筒方式来装载燃料。燃料贮箱平铺构型如图6-7所示。燃料贮箱上下叠加承力筒式构型如图6-8所示。

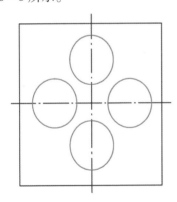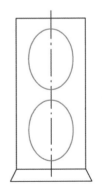

图6-7　燃料贮箱平铺方式构型　　　　图6-8　燃料贮箱上下叠放承力筒方式构型

两种贮箱装载构型各有优缺点,从扩展性角度出发,采用表面张力贮箱平铺方式成为深空探测器构型设计的国际趋势。

天线包括固定式构型和二维转动式构型,分别如图6-9和图6-10所示。

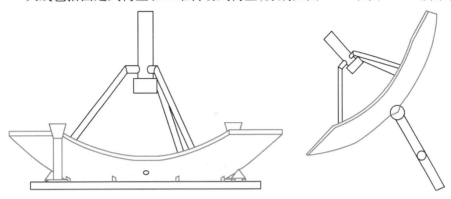

图6-9　固定式天线构型　　　　图6-10　转动式天线构型

为了增加飞行过程中器地通信角度并延长通信时间,采用可二维驱动的大口径轻型柔性可折叠天线。相对于固定式天线构型,二维可转式构型可在载荷对金星工作的情况下对地数传,增加器地通信的时间。

为了适应太阳光强的大范围变化,满足探测器用电需要,安装配备了大尺寸的太阳能电池板,考虑到飞行过程中日器地夹角的变化,可采用一维驱动装置实现太阳帆板对日定向,确保光电转换系统的效率。

综合各种因素,金星探测器采用一体化、集约化设计。探测器主要采用桁架式的传力方式,4只贮箱安装于探测器底端,通过法兰与桁架撑杆固定,主要仪器载荷安装在探测器的顶端,高增益天线和进入器对称安装于探测器两侧,太阳翼对称安装在另外两侧。

桁架式构型具有发射质心低、飞行质量小、结构扩展性强、易于组装的技术特点,在欧、美等深空探测任务及后续规划中得到了广泛的应用,是未来深空探测技术发展的方向之一。飞行状态构型示意图如图6-11所示。

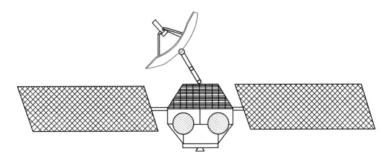

图6-11　探测器飞行构型

7 金星大气漂浮探测

人类在探索金星的历程中,还从来没有使用过金星飞机。那么金星是否适合飞机飞行? 采用飞机进行探测的意义何在? 最近几年,国外许多学者对这些问题进行了深入的讨论,其结论是金星大气适合飞机飞行,飞机探测将在未来的金星探测中发挥重要作用。

7.1　金星飞机的概念设计

将飞机减速伞的直径设计成与先驱者金星任务的小型大气探测尺寸相同。为了确保可靠性,希望将移动部件的数量最小化。展开的飞行构造是金星飞机设计的一个候选方案,如图 7-1 所示。这种设计只需要两个折叠机构使其与减速伞相协调,而不需要折叠机构展开机尾。

金星飞机采用上述设计具有以下优点:

(1) 进入航天器采用继承性设计,该设计已经在金星大气中得到了验证;

(2) 航天器的大小与小型的"Discovery"规划的运载火箭相匹配;

(3) 采用小型飞机可以进行飞机群设计方案,从而利用多个金星飞机同时对大气进行单独测量(并且可以提高探测器的冗余度)。

利用小型减速伞的缺点是只能将航天器的尺寸限制在 1.3m 以内,这样的航天器是非常小的。小型飞机基线设计为 10kg 的航天器,机翼的面积约 2m²。这个尺寸与无人机(Unpiloted Aerial Vehicles, UAVs)的尺寸相当。

图 7-2 表示了小型大气探测器"先驱者—金星"号任务的尺寸以及内部的可利用容量。可以采用多种潜在方法将飞机与进入舱的标准形状相符合。最简单的方法是将飞机折叠到一个或者多个机翼接缝处,或者沿着机身或者尾桁。另一种

图 7-1 太阳能飞机在金星大气层中飞行

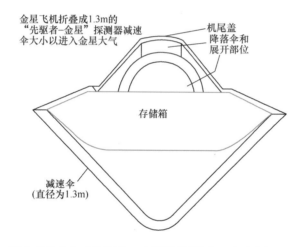

图 7-2 适应直径 1.3m "先驱者—金星" 探测器小型减速伞的飞机的存储箱

方法是提供一个较大的填充物质,包括利用一个可充气的、自身固定结构进行机翼和机身的设计。

实际上,希望将可移动部分的数量最小化。如图 7-3 所示,一种金星飞机设计理念需要两个折叠机构将两个机翼折叠成一个减速伞,不需折叠机构对机尾进行展开。

由于存在设计约束,即两个折叠铰链必须符合 1.2m 的内部直径的小型减速伞,达到了以非常小的纵横比,得到了最大化的机翼面积,只要减小机翼面积就可以增加纵横比。表 7-1 列出了机翼面积与纵横比之间的关系。根据飞行状态,飞机必须设计为带有小型控制面的飞行机翼结构。

更加传统的飞机设计可以通过折叠或者叠缩机身和机翼进行设计制造。

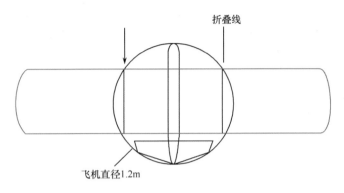

折叠线

飞机直径1.2m

图7-3 两铰链折叠构型

表7-1 机翼面积和纵横比的关系

机 翼		机 尾	
面积/m²	AR	水平面积/m²	垂直面积/m²
1.05	11.62	0.05	0.03
1.36	8.49	0.09	0.04
1.64	6.55	0.14	0.04
1.87	5.20	0.19	0.05
2.05	4.18	0.24	0.05
2.15	3.35	0.29	0.05

进入金星大气层之后,随着降落伞展开,降低了飞机的飞行速度,当速度减小到一定状态时,折叠的飞机展开。减速与降落伞展开等一系列操作遵循了"先驱者—金星"探测器任务的操作状态。一旦航天舱的速度降低到合适的速度,就会抛弃减速伞,展开的飞机开始飞行。储藏室、大气捕获、展开机构将对飞机能力的设计产生非常大的影响。飞机的这一方面对于飞机的整体稳定性至关重要。飞机结构需要越简单越好,从而可以增加飞机的操作性能,并且降低发射和轨道转移的成本。

设计两种金星飞机进行分析比较。小型金星飞机的基线参数如表7-2所列。小型金星飞机的全长为3m,机翼面积为1.2m²,质量为10kg。翼弦设计为0.4m,从而为小型的机尾腾出空间。这种构型设计的纵横比为7.5。水平尾翼表面面积为0.12m²,水平尾翼跨度为0.6m.,尾翼的体积系数为0.12。垂直尾翼的表面面积为水平尾翼表面面积的一半,垂直尾翼的跨度为0.3m,就可以产生同样的机尾力臂,其体积系数为0.008。依照传统的标准来评判,这两个体积系数是比较低的,所以需要进行一些稳定性和控制计算,以此确定控制面积是否满足控制金星飞机机动的能力。

相比之下,大型金星飞机采用了更传统的设计方式,选择简单的设计计算方法。表 7 - 3 列出了大型金星飞机的设计参数,图 7 - 4 为大型飞机的示意图。大型金星飞机符合 1.5m 的减速伞,飞机的质量为 15kg,机翼面积为 1.6m²,全长 4.38m。大型飞机的机尾力臂设计为 3.5m 或者 1.3m,这样的尺寸设计不仅可以将机尾部分尽可能地达到最长,而且可以只有一个铰链就可以与减速伞融合到一起。水平机尾面积为 0.32m²,竖直机尾面积为 0.22m²。水平和垂直的控制面积占了 25% 的力矩。设计的螺旋桨(图 7 - 4 未画出)为固定在前方的折叠螺旋桨桨叶牵引推进器。

表 7 - 2 小型金星飞机设计参数

参 数	大 小
机翼面积/m²	1.2
纵横比	7.5
全长/m	3
翼弦/m	0.4
总质量/kg	10

表 7 - 3 大型金星飞机的设计参数

参 数	大 小
机翼面积/m²	1.6
纵横比	12
全长/m	4.38
翼弦/m	0.37
总质量/kg	15

图 7 - 4 大型金星飞机示意图

一般分析在金星表面之上 65 ~ 75km 的高度进行飞行的情况。金星飞机在这个高度上飞行时雷诺数近似为 2×10^5。在大型金星飞机上采用了高性能的滑翔机机翼 SG8000。由于在小型金星飞机上采用了小型机尾(螺旋桨 MH45),所以选择了俯仰力矩较小的螺旋桨。滑翔机的升力和阻力是基于伊利诺斯大学的数据进行计算分析的。

金星飞机其他部件的表面摩擦力是利用麦考密克方法进行估算的。机尾表面和机身的尺寸用于计算雷诺系数。5×10^5 的雷诺数可以将层流向湍流转变。螺旋桨效率是由计算机程序来确定的,利用动量原理分析计算螺旋桨。程序的输入参数为密度、螺旋桨直径、叶片数目,输出的结果为效率和不同叶片角度产生的推力大小。程序对一系列的进速比和叶片角度进行调试仿真。所以可以通过输入不同的高度和不同的密度,调节螺旋桨的推力大小和旋转速度。也可以设计满足在金星上空期望高度飞行要求推力的螺旋桨。在不同高度和不同速度下螺旋桨的效率作为输入条件代入可用功率公式中进行计算。为了计算简便,假设在一定的高度上发动机的效率为常值,在期望的金星飞机的飞行高度范围内,发动机的效率变化低于2%。采取的设计方案为3个叶片的螺旋桨,直径尺寸为1.1m(如果金星飞机的飞行状态限制在更小的范围和速度范围内飞行,则对于金星探测任务可以设计效率更高的特定发动机)。

如果利用一个齿轮箱,选择的电动马达可以产生螺旋桨转动所需要的转速及力矩。

电能是由太阳电池提供的,在25℃的情况下,假设太阳电池的效率为20%(该效率为非常保守的效率),商业电池中就有很多种选择可以满足该要求。Scheiman等人提出的电池温度系数用于在一定高度的实际温度调整到飞行温度。电池安装在机翼表面的顶部和底部,安装在机翼底部的电池接收反射光,其反射系数为0.7。太阳电池覆盖了机翼80%的面积。

螺旋桨、整流器、电子设备的效率分别为$\eta_{propeller}=0.85$,$\eta_{electronics}=0.9$,$\eta_{converter}=0.9$。考虑到这些效率问题,净能量的转化效率为13.8%。

Stender提出了机身质量的估算方法,表7-4列出了包括机身质量的各个部件的质量以及总质量。

表7-4　大型金星飞机各部分的质量统计

部件	质量/kg	部件	质量/kg
齿轮箱	0.22	其他载荷	1.5
发动机	0.22	太阳电池	0.8
转速控制器	0.085	机翼	5.16
自动驾驶仪	0.113	导火线	1.44
数据存储器	0.5	发动机隔离壁	0.0248
副翼伺服系统	0.071	中心隔离壁	0.0558
充电器	0.2	后部隔离壁	0.0558
电池	1.27	水平尾翼	0.64
机尾伺服系统	0.08	竖直尾翼	0.064
光学相机	0.026	螺旋桨	0.4
红外相机	0.02	总质量	14.17
通信设备	0.5	—	—

金星飞机的发动机、速度控制器和启动机构都是标准飞机部件。相机采用了军用UAV飞机的设计,其他的部件(如数据存储器、数据程序包)都是估算的。电池质量是基于飞机在一定高度上无阳光输入的紧急情况下保持飞行10min进行估算的。大型金星飞机的尺寸必须满足携带光学相机和红外相机以及1.5kg的科学有效载荷。

所需要的能量为

$$P_{\text{flight}} = \frac{1}{2}\rho f S V^3 + \frac{2(Mg/b)^2}{(\pi\rho\varepsilon V)}$$

其中，$\varepsilon = 0.8$，这是根据麦考密克的高翼飞机而得到的数据，表面摩擦系数为 0.0117，这是由 Colozza 提出的。

水平飞行所需要的能量根据飞行速度进行计算，并且与根据太阳电池阵提供的太阳能进行比较。最小飞行包线和最大飞行包线是根据太阳能等于所需能量的条件得到的。

图 7-5 以最大飞行平面为 72km 的例子说明了水平飞行时的飞行速度与所需能量的关系。飞行速度包络线为 47~96m/s。

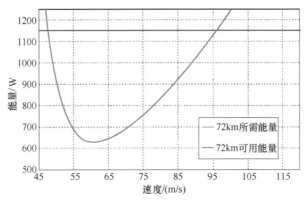

图 7-5   金星飞机在 72km 飞行高度时速度与所需能量的
关系及可用能量的比较

图 7-6 说明了对于小型金星飞机的纵横比效果。由于需要满足减速伞的约束，纵横比较低的金星飞机具有较大的机翼面积，所以，虽然可以利用更多的太阳能量，但是具有较低的空气动力效率，所以飞行时需要更多的能量。图 7-6 是在 66km 的飞行高度上进行计算的，这个高度略高于顶部云层的高度。图中可以看出，机翼的太阳电池阵所具有的能量与最大速度 78m/s 飞行时所需要的能量是相等的。由于需要高能量的方案存在许多劣势，并且没有没有明确的纵横比/机翼面积折中方案，所以取消了低纵横比/大型机翼面积可以提供较高太阳能量的方案。如图 7-7 所示，利用在机翼上添加额外的折叠部分，可以提高高纵横比机翼的效率。虽然在机翼上增加的附加移动部分提高了展开部分的复杂性、降低了飞机的可靠性，但是飞机性能得到了很大的提高。

需要比较一下风速与飞机的最大飞行速度。对于飞机的包络飞行速度大于风速的情况，可以将飞机维持在日下点，使得飞机的飞行时间长达无限期。

对于大型金星飞机和小型金星飞机两种飞机，保持位于日下点的飞行高度约 70km。当飞行高度低于 70km 时，就会存在较高的大气密度、较低的太阳能量、较

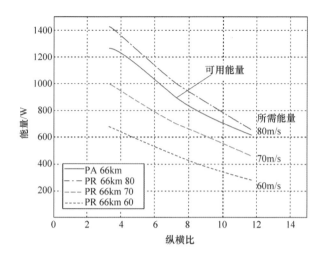

图 7-6　纵横比的效果(小型金星飞机、高度为 66km)

图 7-7　高纵横比飞机在降落伞减速过程中打开序列概念

高的温度(导致较低的太阳电池性能)、较高的风速,这些因素都会使得飞机性能不能满足保持在日下点的状态。

对于较低飞行高度的探测,采用几个小时的飞行周期进行滑动降低高度的方式是可行的,从而可以使飞机的地面航迹下风飞行,然后向上飞行到较高的高度,顶风飞行到原来的高度,达到低空和高空的探测。

通过分析利用电池存储器的金星飞机可以得到,当飞机处于金星的黑夜一侧进行飞行的时候,飞机的电池能量不可能一直维持飞机进行飞行。同样地,金星飞机无动力的滑翔飞行范围不足以使金星飞机飞越金星的黑夜一侧并再度出现在白天一侧。所以,如果探测任务的时间是不受限制的,那么应该限制在行星的白天一侧,并且飞行高度应该让金星飞机的速度等于或者超过风速。

另一个替代方案是可以将太阳电池阵安装在飞机的竖直表面上,并且在近极黄纬处飞行。这种方法并没有进行过实验。

7.2　金星飞机的科学任务

无论是金星大气还是金星表面都存在许多神秘的地方需要去探测。Crisp 将金星环境定义为"太阳系中最神秘的行星环境"。虽然对金星上的挥发物质还不能进行详细的描述,但是现存测量资料表明金星大气中大量的惰性气体相比于其他两个类地行星而言更加近似于太阳。类似地,虽然目前金星上的水不足地球上水的十万分之一,但是金星大气中氘与氢的比值是地球大气中的 150 倍。由于氢比氘更容易从大气中逃逸出去,所以可以判断金星上存在的原始水分与地球相当,甚至比地球上的水分还要多! 但是大量水分消失的详细过程和消失的时间还不得而知,给人们留下了一个广阔的空白区域去努力探寻金星表面和金星的历史和变化过程。

金星飞机进入金星大气中需要具有在不同的位置采集大气的能力,包括在两个不同的纬度范围和不同的高度范围内进行采集,从而可以得到挥发性物质在不同位置和高度的变化关系。

金星大气中硫的循环过程还不是很清楚。硫与金星表面的矿物质相互作用,这些矿物质作为硫的储藏室。金星中是否存在活跃的大气硫? 通过探测,大气中的硫含量与金星表面的位置是有关系的,金星飞机进行探测可以确定金星大气中大量的硫是否与特定的表面环境有关。

人们对金星大气动力学也不是很清楚。虽然金星表面的旋转速度是非常慢的,周期大约为 242 天,但是云层处的金星大气围绕金星运动的速度是很快的,周期大约为 4 天,比表面的运动速度快将近 60 倍。从 1970 年飞行器探测器发现金星大气高速旋转的现象之后,什么机制导致金星大气的高速旋转这一问题一直没有得到详细的解释。为了解决这一问题,探测器应该测量大气中的红外吸收情况,测量金星大气水平运动和垂直运动与高度、纬度和经度之间的关系。金星大气的详细模型可以通过利用两架金星飞机在垂直和水平方向上进行探测得到。

金星大气中吸收粒子的本质也是非常神秘的,可以通过化学和物理探测器对金星大气进行测量。

最后,金星是太阳系中研究温室效应的最好实验室。如果我们了解地球气候的变化,那么我们可以通过比较和对比地球与其相邻行星(金星和火星)的历史及气候进行探测。对于金星大气中红外线吸收、反射以及释放程度进行测量,通过将金星大气的温室效应与火星和地球大气的温室效应做比较和对比,将会把金星大气的温室效应解释的更加清楚。

太阳系中最让人激动人心的发现莫过于发现生命。虽然金星表面非常不适合生命存在,但是金星大气存在适合生物生存的环境。在金星云层顶部,金星大气的温度和压强与地面非常接近,水分是以硫磺酸滴的形式存在的。Grinspoon 和 SchulzeMakuch 推测,测量得到的金星大气化学失衡有可能是微生物活动的特性。虽然太阳辐射和光照可以产生大量的一氧化碳,但是从金星探测器任务、"先驱者—金星"以及"麦哲伦"号探测器上得到的金星数据可以得到金星大气中的一氧化碳含量是非常少的。氢化硫和二氧化硫两种气体相互作用,应该不会同时存在,但是在金星大气中却发现两种物质同时存在,这一现象可能揭示使其存在的某些原因。虽然氧硫化碳在无机条件下很难生成,但是这种物质却存在于金星大气中。在地球上,认为氧硫化碳这种气体是生物活动存在的明确标志。Achulze – Makuch 推断,这些化学指示成分可能说明了在金星云层处存在生物活动,在金星云层处可以将二氧化硫与一氧化碳、氢产生化学反应生成氢化硫和氧硫化碳。这种细菌寄生的大气与地球上观测到的寄生在小云滴的细菌一致。

金星飞机的仪表可以探测出大气中的化学成分与高度的关系,也可以直接探测是否存在假定存在的微生物。

金星表面也是非常具有科学探测价值的。Crisp 提出金星表面存在大量的科学奥秘还没有被人类所知晓。从撞击火山的密度推断金星表面的平均年龄为 5 ~ 7 亿年。是什么导致了金星表面的重新形成? 金星没有大型的年轻地壳和年久地壳的接缝,也没有明显的板块边界特征。

同时,金星山脉的顶部有一些不同于低海拔物质的矿物质,这些矿物质的本质还不得而知。

金星飞机对金星表面进行探测时最主要的工具为雷达。处于距离金星表面几十千米处对金星表面进行观测,而不是像环绕器一样处于几百千米的高度进行观测,其探测结果可以提高 10 倍,而需要的能量能够减少 100 倍。金星飞机也可以在特别感兴趣的位置进行循环观测,对感兴趣的地区进行详细的观测,而不用对整个金星表面进行统一的探测。

金星飞机雷达也可以通过接收机和发射机采用不同角度的收发分置模式完成探测任务。可以采用一架金星飞机发射信号,同时一架或者多架金星飞机接收信号的方式,或者采用从轨道探测器发射无线电脉冲的方式。

总体来说,采用金星飞机平台进行探测的科学成果可以扩展人类对金星的认识。通过比较金星探测、地球探测和火星探测,可以了解各行星在演变过程中的相同点和不同点,这对探测类地行星的起源和演变是非常有必要的。

8 金星表面和巡视探测

8.1 旗舰任务

旗舰任务(Venus Flagship Mission)由一个高性能的轨道器、两个在云中的气球以及降落在不同地形的两个着陆器组成,如图 8 - 1 所示。旗舰任务是由美国喷气与推进实验室牵头,俄罗斯、法国、日本和德国等多个国家的科学家参与的任务,发射时间定于 2020—2025 年(表 8 - 1)。

图 8 - 1　旗舰任务的组成

表 8 - 1　旗舰任务概况

科学主题	科学目标	仪器设备	探测平台
金星的温室效应对气候变化有什么影响	描述金星大气的动力学、化学循环过程以及辐射平衡	可见光/近红外成像光谱仪（Vis – NIR Imageing Spectrometer）	轨道器
		亚毫米波探测器（Sub – millimeter sounder）	
		兰米尔等离子测量仪（Langmuir probe）	
		大气结构（Atmosphere Structure）	气球,着陆器(下降过程)
		测云计（Nephelometer）	
		净通量放射计（Net Flux Radiometer）	
		无线电设备（Radio）	气球
	确认金星大气演化的约束条件	中性粒子和离子质谱仪（Neutral and Ion Mass Spectrometer）	轨道器
		GC/MS	气球,着陆器(下降过程)
金星是如何运动的	确认活跃的构造以及火山的证据,并且寻找构造进化和火山周期的约束	干涉雷达（InSAR）	轨道器
		无线电设备（Radio）	
	描述金星内部结构和动力学特征,确认金星表面形成的约束	磁力计（Magnetometer）	轨道器、气球、着陆器
		热通量平板（Heat flux plate）	着陆器
		地震检波器	
	确定金星底层形成、地标形成以及其他地质过程的约束	可见光/近红外相机（Vis – NIR camera）	气球,着陆器(下降过程)
金星上的水是在什么时间消失的	确认金星过去的环境条件(包括海洋)	GC/MS	
	根据过去和现在环境条件下金星表面石块的化学和矿物质组成确认地质单元	显微成像仪（Microscopic Imager）	着陆器
		XRD/XRF	
		被动 γ 射线探测仪（Passive Gamma – ray detector）	
		钻探取样和转移调配设备（Drill and sample acquisition, transfer and preparation）	

轨道器为气球提供一个月的通信中继,为着陆器提供 5h(不包括 1h 的下落阶段)的通信中继。在通信支持阶段,轨道器将执行气动减速,以进入 230km 的圆形科学探测轨道,寿命为 2 年。极高分辨率的雷达和高度计绘制金星表面图形,分辨率优于麦哲伦飞船 2 个数量级,旗舰任务为研究金星的地质学打开了一扇崭新的大门。

在气球 7 次环绕金星飞行期间,连续取样气体和云中的气溶胶粒子,并测量太阳和云层中的热辐射。着陆器执行下落过程中的科学探测任务,在垂直路径上对大气层进行探测,在着陆过程中对金星表面进行成像。着陆器到达金星表面后,将对进行表面下的岩石和土壤中的元素以及矿物含量进行精确的分析。着陆点全景图像的分辨率将比以前获得的图像高出 1 个数量级,并且提供着陆和取样点的详细地址信息情况。图 8-2 给出了气球进入、下降、充气以及着陆器进入、下降和着陆的过程。图 8-3 给出了着陆器及其结构。

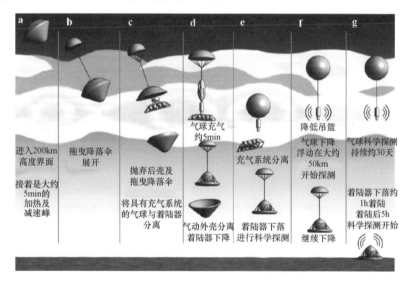

图 8-2　气球和着陆器进入、下降和着陆过程

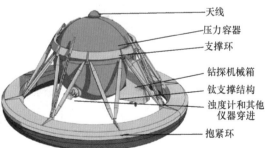

图 8-3　着陆器

旗舰任务所要达到的科学目标涉及金星大气层、金星地质学、金星内部结构和金星地球化学4个方面。整个任务由6个步骤组成：

第一步：发射运载器（2021年4月30日），采用Ⅳ型轨道到金星。

第二步：发射轨道器（2021年10月29日），采用Ⅱ型轨道到金星（图8-4）。

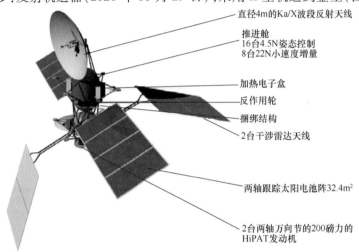

直径4m的Ka/X波段反射天线

推进舱
16台4.5N姿态控制
8台22N小速度增量

加热电子盒

反作用轮

捆绑结构

2台干涉雷达天线

两轴跟踪太阳电池阵32.4m²

2台两轴万向节的200磅力的
HiPAT发动机

图8-4 发射轨道器

第三步：轨道器飞行159天后于2022年4月6日到达金星，接着进行金星轨道切入机动，进入近金点300km、远金点40000km的椭圆轨道，为气球和着陆器金星通信中继。

第四步：运载器飞行436天后于2022年7月30日飞越金星。在飞越前20天释放气球；飞越金星前10天释放着陆器；在着陆器寿命期间用备份通信支持。

第五步：气球和着陆器进入下落过程（图8-5）。

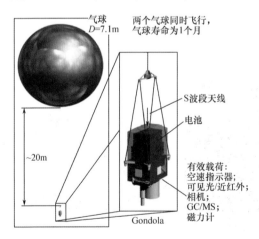

气球
D=7.1m

两个气球同时飞行，
气球寿命为1个月

S波段天线

电池

~20m

有效载荷：
空速指示器；
可见光/近红外；
相机；
GC/MS；
磁力计

Gondola

图8-5 气球和吊舱

第六步:轨道器完成中继通信支持,经过 6 个月时间的制动,最终轨道变为230km 的圆形轨道,开展为期 2 年的轨道科学探测(推进剂足够用 2 年以上)。

着陆器的负载质量为 106.2kg,外壳直径为 0.9m,壁厚 0.9m,材料是钛。旋转压力容器能够钻入金星表面 10cm。下落期间能够对金星进行大约 1h 的科学观测,表面工作时间大致 5h。

8.2 "金星-D"

8.2.1 "金星-D"项目——长期金星研究计划当中的第一个项目

"金星-D"项目包括轨道器、着陆器和气球探针。"金星-D"的任务流程如图 8-6 所示。

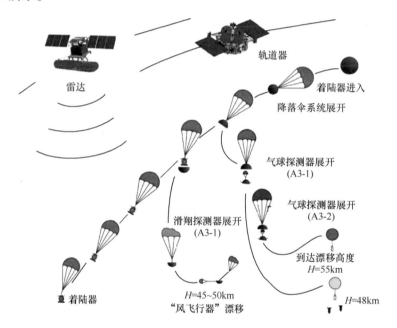

图 8-6 "金星-D"任务流程

轨道器的设计寿命为不小于 2 年,运行于近金点高度 250~300km、远金点高度为 60000km 的日周期轨道上。远金点高度之所以定得比较高是为了满足观测气球探针的需求。然而,将轨道的远金点高度降低到 10000km 处对于轨道器上搭载的等离子体探测仪和光谱仪两台实验仪器才更加合理。着陆器在大气层中下降的时间约 1h,并且在金星表面存活 1~1.5h。气球探针应该在金星大气中存活至少 8 天。

如此复杂的"金星-D"任务应该进行国际合作。参加"金星-D"研讨会议的专家来自德国、意大利、法国、英国、匈牙利、波兰等国家。这些专家对于"金星-D"计划产生了浓厚的兴趣。会上预先提出的科学仪器有：微型探针（英国）、亚毫米分光仪（法国）、光照探测仪（匈牙利）、红外和紫外成像光谱仪（意大利）、傅里叶光谱仪（意大利）等。

来自法国国家空间研究中心（Center National d'Etudes Spatiales，CNES）、法国国家科研中心（Cebtre National de la Recherche Scientifique，CNRS）、欧洲航天技术中心（European Space Technology Centre，ESTEC）的外国专家参加了科学技术会议，这次会议致力于讨论"金星-D"计划并且为"欧洲金星探测者"（European Venusian Explorer，EVE）任务进行建议准备。

值得注意的是，目前空间任务建议主要是美国的"发现"计划、"新边疆"计划和旗舰任务规划以及欧洲的"宇宙视野"计划。这些空间任务也包括气球探测和着陆器探测。然而，"金星-D"计划是目前唯一一个国际合作的金星探测计划。

规划中的"金星-D2"项目计划在2020年之后发射。"金星-D2"计划也将进行长期的金星探测，而且计划内容之一应该包括在金星表面进行一个或多个长期存活着陆点。2006年—2007年曾经召开过研讨会对"金星-D2"概念任务进行了讨论。会上讨论得出以目前的技术发展水平和资金情况来看，很难在2016年的"金星-D"任务中实行长期存活着陆任务。"金星-D2"任务中也有可能采用设计更加复杂的大气探测器（比如类似于金星飞机或气球），大气探测器可以进行不同高度的飞行探测。"金星-D2"的轨道器可能会安装电波探测仪器，该仪器可以对金星表面进行高精度的观测。在着陆器和大气探测器上可能会安装相关的科学仪器进行生命寻找试验。

8.2.2　"金星-D"项目构想和探测器外观设计

由于"金星-D"项目具有重要的科学价值、广泛的科学目标以及大量的科学仪器进行科学实验，所以需要利用高运载能力的"质子-M"（Proton-M）运载火箭进行发射。

"金星-D"探测器不同阶段的质量估计如图8-7所示。在地球轨道上初始上面级组成（Upper Composite，UC）质量的选择需要让探测器运行于金星轨道上时具备最大的S/C质量。主推进系统（Sustainer Propulsion System，SPS）和巡航舱（Cruise Modle，CM）的最大储箱限制也考虑在内。

设计人员想最大程度地继承第二代金星探测器的S/C设计以及基于"Phobos-Grunt"和"Flagman"统一平台发展而来的"Lavochkin Association"设计。如果使用"质子-M"运载火箭可以满足大部分探测器的S/C需求（不能满足类似"维加"的大型着陆器，"维加"探测器携带了着陆器和大气探测器，部分小型着陆器的质

初始上面级组成质量/kg	21600
行星轨迹上S/C质量/kg	4580
中途修正所需的燃耗/kg	120
进入金星轨道所需的燃耗/kg	860
金星轨道上S/C质量/kg	3340

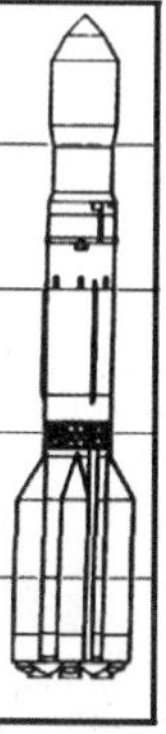

图 8 – 7　不同任务阶段的 S/C 质量

量为 100 ~ 200kg,携带有各种有效载荷或者一台或两台轨道器)。探测器的外部构型如图 8 – 8 所示,任务概况如图 8 – 9 所示。

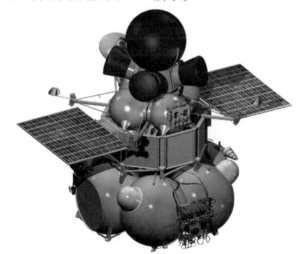

图 8 – 8　"金星 – D"探测器外部构型

在概念设计阶段,进行各种技术探测的科学载荷质量如下:
- 轨道器 40 ~ 100kg;
- 登陆器 15 ~ 50kg;
- 大气探头(气球)7 ~ 15kg。

诸如携带有气球探测器的小型下降飞行器在接近金星的 2 天之前从 S/C 上分离。为了达到这一要求,在行星际轨迹进行的第三次中途修正的参数需要以下述方式完成:通过脉冲机动将探测器转移到能够执行金星再进入的给定的轨迹角度。根据探测器在双曲线达到轨迹上预先设定参数,S/C 将指向重新定向机动。预先设定的参数提供了制动机动之后的初始进入轨道参数。气球探测器的进入速

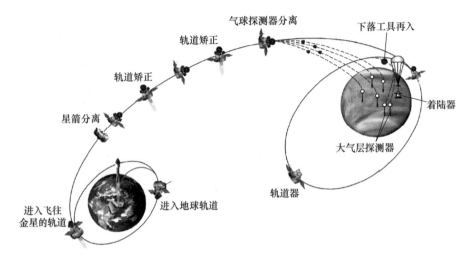

图 8-9 "金星-D"任务概况

度约为 10.7km/s,进入轨迹角的范围为 15°~20°。

制动机动之后,S/C 进入环绕金星的轨道,其轨道参数如下:

- 近金点高度:250km;
- 远金点高度:66600km;
- 轨道倾角:90°;
- 近金点幅角:142°;
- 升交点赤经:182°。

下降飞行器(Decent Vehicle,DV)在轨道的远金点地区执行分离操作。在飞行阶段,DV 再入的绝对速度约 6.7km/s,然后 DV 执行着陆操作任务降落在特定的金星表面。

8.2.3 探测器构型

巡航舱段如图 8-10 所示。在巡航阶段参数如下:

- 指向精度:0.5°;
- 姿态稳定度:0.005°/s;
- 频带范围:X 波段;
- 干重:540kg;
- 最大推进剂质量:1050kg;
- 推力:1600N;
- 比冲:307s。

入轨推进系统如图 8-11 所示,参数如下:

- 干重:550kg;
- 最大推进剂质量:5600kg;

- 推力:20kN;
- 比冲:331s。

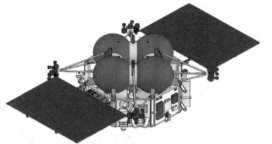

图 8 - 10　巡航舱段　　　　　　　图 8 - 11　入轨推进系统

8.3　欧洲金星探索者

8.3.1　概述

　　欧洲空间局制定了一个就地探测金星计划,称为欧洲金星探索者(European Venus Explorer, EVE)。欧洲金星探索者包括一个轨道器、一个位于云层高度的气球探测器和一个下落探测器,从而实现对金星的立体探测。图 8 - 12 是轨道器、气球和着陆器的示意图。图 8 - 13 给出了欧洲金星探索者的构成及运行方式。

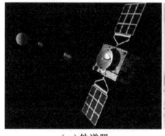　　　　

（a）轨道器　　　　　　　　　（b）气球　　　　　　　　　（c）着陆器

图 8 - 12　欧洲金星探索者

　　对于气球探测方式,目前存在一些概念性研究,并提出了多气球探测计划,最多的计划是在不同高度上配置 12 ~ 24 个气球。图 8 - 14 是多气球探测示意图。图 8 - 15 是欧洲金星探索者任务方案。

　　EVE 的气球平台运行于距离金星表面 50 ~ 60km 高度处,下降深测器是由俄罗斯承担研制的,轨道器运行于极地轨道,为气球和下降探测器提供中继数据,并执行科学观测任务。科学家已经针对行星探测提出几种气球探测方案,对于 EVE 科学目标而言比较好的气球探测方案是能够在竖直方向上反复通过云层的方案。

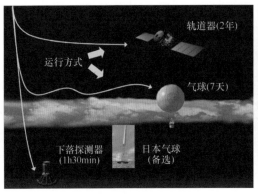

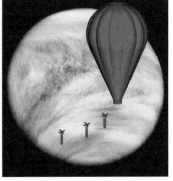

图 8 – 13　欧洲金星探索者的构成及运行方式　　　　图 8 – 14　多气球探测

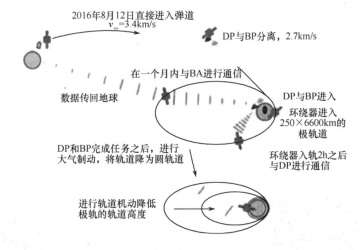

图 8 – 15　欧洲金星探测者任务方案

通过在气球中填充相变液体(如水),可以使气球在合适的飞行轨迹上飘浮。几乎所有的科学目标都可以通过一个氢气超高压气球来获得,如之前在 Vega 气球任务中一样,在任务期间它将会保持在一个固定高度。气球的预期寿命为 7 天——对于围绕行星一圈观测来说是足够的。下降探测器穿越大气层需要花费 60min 时间,接下来在表面工作 30min。轨道器的寿命为 2 年。

EVA 探测器由 Soyuz Fregat 2 – 1b 火箭从 Kourou 发射到地球同步转移轨道。EVA 探测器将气球和下降探测器由转移轨道送入到金星,随后进入绕金星的轨道。轨道器作为气球和下降着陆器的中继卫星,同时开展科学观测。气球在即将完成任务时,利用气动减速降低其轨道,以进行更多的科学观测。地面通过 VLBI 跟踪气球和下降着陆器。以获取金星低层大气信息。

EVE 气球携带的化学和同位素分析仪用于探测金星云层的成份。气体色谱仪和质量分光计(GCMS)是重要的有效载荷,用于分析金星云层和大气成分。其他的载荷执行大气悬浮颗粒成分的光学观测、微生物特性和辐射平衡探测。尤其是气球提供了一个稳定的平台用于同位素质量频谱仪进行长时间的观测。虽然1984年发射的Vega探测任务中已经验证了气球在金星探测过程中，复杂的展开和操作过程，但是，Vega气球只携带了一些非常小的载荷，用于压力、温度和光流量等观测，而且寿命只有48h。

俄罗斯的下降探测器携带的仪器与气球携带的有效载荷类似。下降探测器的一个特殊科学目标是探测近表面的化学特征。下降探测器在下降着陆过程中将会发回图片，并在着陆以后通过γ射线光谱仪测量表面成分。着陆地点位于高地，该区域被认为是金星最古老的陆地，并且没有被其他的探测器探测过。

日本空间机构（JAXA）开发了一种小型的水蒸气膨胀的气球，能够停留在35km高度，并能直接和地球联系。这个气球携带一些气象观测敏感器以及一个无线电信标用于轨道确定，其目标是确定该高处的环流，探测结果将对探究金星大气的超旋原理非常关键。

气球和下降探测器的进入质量均为170kg，轨道器的干重为690kg，再加上1800kg燃料，总的发射质量达到了3000kg。有效载荷的质量包括20%的余量，轨道器有52kg，气球有12kg，下降探测器有24kg。

8.3.2　关键技术

EVE任务继承现有的国际合作项目：ESA提供轨道器，技术上继承"金星快车"和Bepi Colombo探测器。气球将会使用法国/俄罗斯的Vega气球；俄罗斯的丰富经验基于Venera和Vega着陆器设计进入系统和下降探测器，日本基于现有的项目选择提供低空探测的气球。

1. 轨道飞行器

轨道捕获是一个与"金星快车"轨道相似的南北极椭圆轨道（250 × 66000km）。一个金星日之后，由于气动减速，远金点高度将会降低，探测器进入250×11000km的轨道。

EVE轨道器设计的两个关键点是热控设计和制动阶段设计。"金星快车"运用被动热量控制设计。然而，人们更希望让轨道器运行于低轨道上，这是因为低轨道具有更加强烈连续的金星反照率效应。考虑到BepiColombo潜在技术解决方案的再利用，一般没有长期的预期方案，除非有更加详细的热控研究。

NASA发射的"麦哲伦"探测器第一次利用了大气制动技术，随后在火星轨道器上使用了三次大气制动技术。虽然欧空局对"火星快车"和"金星快车"都设计了大气制动过程，但是由于没有操作经验，在执行过程中没有实施大气制动。此外，"金星快车"在以后的拓展任务中或许会得到较好的发展，ESA和科学家决定不仅在试验飞行制动中降低轨道近地点的高度，并且加强大气科学任务。此外，一些风险手段通过ASTRIUM被识别。总体而言，EVE大气制动技术降低了其探测风险,对于这长空局掌握更加适合火星和金星探测探的测技术提供了条件。

提议的飞行器科学有效载荷是成熟的,例如需要额外研究又必须考虑现阶段实际状况的加拿大激光雷达,得益于 BepiColombo 任务发展的分光仪。

2. 进入/下降系统

进入/下降系统是由俄罗斯 Roscosmos 出资的。金星探测任务是通过 2015 年以后俄罗斯联邦空间计划发射的下降探测器完成。发射器、下降探测器和其他一些元素将成为 EVE 任务的一部分。

下降探测器的概念是由 Lavochkin 协会提出的,在金星着陆器和下降探测器包括 Venera 4 – 16 和 Vega 探测器的设计和制造方面拥有综合经验。尽管考虑到之前金星发射器的笨重,EVE 下降探测器的设计更为小巧,关键技术(如热保护)将被早前的设计同化。

俄罗斯将负责下降探测器有效载荷的一体化,届时欧洲的专业技术将被广泛地应用于试验中。从俄罗斯的"织女号"和"火卫一"的返回任务吸取有效载荷开发的经验,如欧洲航天局的 Huygens 和 BepiColombo 任务。目前,γ 射线光谱仪计划作为外观化学分析的主要手段。大力发展可能传递土壤样本到保护容器技术储备,研究土壤的各种手段将在 2010 年生效。

为了降低开发成本,相同的进入探测器(前端的高温保护罩 3 阶段的降落系统)将在下降探测器和气球中同时应用。这些设想都处于 Lavochkin 协会的评价阶段。

EVE 气球展开是由 CNES 控制的,建立在"织女"计划中火星两个气球成功展开的基础上。气球和它的充气系统在 CNES 的 4 个识别阶段得到应用(图 8 – 16)。

(1)可行性:气球构造技术的发展,气球系统的原型,飞行物理分析。

(2)发展顺序:完整气球系统的发展,无盖货车接口工程尤其是气球飞行控制,进入/下降系统分界面工程,展开测试。

(3)确认和资格测试:全面的气球系统测试包括进入/最终下降阶段的模拟,进入/下降系统和无盖货车限制模型。

(4)飞机模型采购:气球系统飞行模型的转化。

3. 可供选择的微型探测器

在俄罗斯下降探测器加入 EVE 任务前,实施了两项可行性研究,分别为以着陆较低气层为目的的气球展开下降和外观研究。第一项研究涉及具有压强、气温、光照强弱和触点化学传感器的小型"微探针"。为了反馈关于气流的信息,上述探针运用安装在气球平台的定向天线列阵追踪。它的传感器有效载荷会反馈回来关于大气层垂直构造和化学成分的信息。为了能反馈回来所在行星位置,大气层的剖面图大概会有 20 个这样的探针。

在第二项研究中,为了达到外观研究的目的,一个相机会被安装在微探针有效载荷中(尤其是获得下降时的图像和外表的矿物质)。高质量的数据需要通过相机增加功率需求,但是整个探针质量要低于 2kg。这两项调查研究表明,即使没有下降

图 8 - 16　CNES 超压气球(1970 - 80)

探测器,一些表面地质和深度的大气科学目标通过气球展开探针也可以得到。

8.4　表面和大气层、金星化学探索者

　　对金星的表面进行直接探测一直是科学家所关注的问题。虽然苏联的金星探测系列中有部分探测器曾经在金星表面着陆,并且对着陆点进行了探测,但是由于着陆器在金星表面的寿命非常短,着陆器又是固定不动的,所以所观测到的区域和持续时间非常有限,对于深入研究金星是远远不够的。

　　表面和大气层、金星化学探索者(Surface Atmosphere and Geochemical Explorer, SAGE)是美国航空航天局(NAS)资助的研究项目,其目的是研究金星大气层、气候和表面演化的历史。图 8 - 17 给出了 SAGE 系统操作过程,图 8 - 18 给出了一种长寿命着陆器的结构。

　　表面和大气层、金星化学探索者计划于 2016 年 12 月发射,在地球与金星之间的行星际轨道飞行大约 136 天,着陆器于 2017 年 4 月与运载器分离,2017 年 5 月下落,在大气层中穿越 1h,着陆在可能是活火山 Mielikki 附近,表面科学探测 3h 以上。

　　表面和大气层、金星化学探索者系统由着陆器和运载器组成。运载器达到金星后,在着陆器下落前 5 天,着陆器与运载器分离。着陆器按照预先设定的程序进入大气层并在金星表面着陆,而运载器则在与着陆器分离后飞越金星。

　　着陆器携带了大气成分探测器、表面地质学研究探测器以及表面成分与矿物

图 8-17 SAGE 系统操作过程

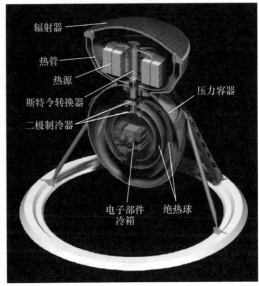

辐射器
热管
热源
斯特令转换器
二极制冷器
压力容器
电子部件冷箱
绝热球

图 8-18 长寿命着陆器

学研究探测器。着陆后,挖掘系统将挖掘 4 英寸(约 10cm)深,然后将金星土壤样品送入压力容器,用激光谱仪和 γ 射线谱仪进行分析,由此获取金星表面成分和结构的信息。

运载器是一个三轴稳定的飞行平台。释放出着陆器之后,还将承担接收、存储以及向地球发送科学数据的任务,着陆器向运载器发送数据是由 S 频段高增益天线接收的。

金星表面探测的最大技术挑战是着陆器,因为金星表面的环境非常恶劣,如何使得着陆器在金星表面工作更长的时间是问题的关键。这要求着陆器耐高压,并保持内部温度恒定。

8.5 金星实地探测器

金星实地探测器(Venus In Situ Explorer, VISE)是全国研究理事会(NRC)纲要中关于金星环境优先级最高的科学问题。金星大气进入系统传统的体系结构是一个 45° 球面锥刚性减速罩,使用碳酚材质的热防护系统。与其他 NASA 目前正在研究的可行的方案相比,该传统方案不再作为首选方案。一种利用自适应展开进入与部署技术(Adaptive Deployable Entry and Placement Technology, ADEPT)的机械展开气动减速器目前作为进入系统的备选方案,相对于刚性减速罩,该方案能够提供更好的控制能力,并降低风险。进行任务可行性分析,目的是分析查找与其他任务组件相关的潜在的耦合影响,确定机构的调整需求量。可行性评价通过一次发射着陆任务来考核,金星无畏镶嵌着陆器(Venus Intrepid Tessera Lander,VI-TaL)是金星实地探测器携带的科学载荷,将其刚性气动减速罩重新包装成了机械展开气动减速罩。结果表明,通过有次序的改变减速罩大小,自适应展开进入与部署技术能有效降低着陆器的减速负载。更有利的进入环境拓宽了增强科学任务返回、降低风险、降低成本方面的设计环境。最终,进入气动热分析确定了机械展开气动减速器所使用的革命性结构材料 TPS(三维编织碳纤维)的调整量。不断推进的工作将降低可行性分析中发现的主要风险。

8.5.1 概述

不久前,全国研究理事会(NRC)Planetary Decadal Survey 报告"视觉与航天"中定义了金星探测中的关键性科学问题,作为金星就位探测这一"新疆界"(New frontiers)等级任务的一部分。金星实地探测器首要的科学目标包括:了解金星表层的化学与矿物学特性,金星大气演化历史与水的作用,了解大气动力学与气候的主要驱动因素。通过测量深层大气组成和表面矿物了解金星表层及大气演化,要求一套就位测量平台能够进入金星稠密大气并存活下来。作为 Decadal Survey 的一部分,一个称为金星无畏镶嵌着陆器(VITaL)的强壮的着陆器概念出现了。VI-TaL 满足"新疆界"VISE 科学目标,但是特别瞄准镶嵌地形。

1978 年,"先驱者"金星探测器成为美国第一个也是唯一一个在金星严酷进入环境中存活下来的探测器。该任务采用了刚性气动减速技术和使用全致密碳酚(CP)材料的热防护系统。CP 材料是传统航天材料中唯一一种能够承受金星进入过程中的高热流与高气压环境复合影响的材料。CP 材料最大的缺点是其高密度性和高热导率。由于这些特征,质量效能约束需要进行进入轨迹设计时增大热脉冲严酷度,缩短持续时间。对于无升力弹道,达到期望效果的唯一途径是以非常陡的飞行航迹角进入大气。这样的轨迹设计最大缺陷是,减速负载高达 $200g$。而且传统 CP 材料极度难供应,当前 CP 材料的工业制造能力还在萎缩。

近来的研究表明,低弹道系数(进入飞行器的质量除以阻力面积)时采用小航迹角进入是可能的。先前的所有行星大气进入任务都依赖于刚性气动减速罩,其形状和大小又受到运载火箭整流罩尺寸和形状的限制。刚性减速机构的这一基本限制可被空间部署高热防护减速系统轻松克服。机械部署气动减速器又被称作自适应展开进入与部署技术(ADEPT),ADEPT 能够去耦合进入系统尺寸与发射系统尺寸的相互影响,使每一阶段都能实现局部最优化。

通过将 VITaL 着陆器重新包装使用 ADEPT 结构进行发射着陆设计研究,估计了 ADEPT 概念应用于 VISE 任务的可行性、风险、优势和限制。一个中继航天器设计用来配合 ADEPT 技术并提供关键性的行星际轨迹修正需求量。ADEPT 结构设计、气动热设计、系统质量优势、减速负载降低等细节问题都将给出介绍。特别需要强调的是 ADEPT 采用的关键材料是柔性多层编织碳纤维材料。最近的测试表明,该材料能够在气动加热的高温环境下操作,同时将空气动力载荷传递给支撑结构。

8.5.2　基线任务概念

基线任务概念有意支持科学目标和 VITaL 着陆器上的相关载荷。着陆器质量 1050kg,携带的有效载荷将放置于带热控系统的耐压容器中,系统可支持载荷工作 3h,其中,与大气进入系统分离后下降过程 1h,进行表面工作 2h。着陆器将限制减速负载在撞击瞬间对有效载荷的冲击,并提供一个稳定的平台逐渐递增至 60°。满足科学目标的着陆位置是东经 3.7°、南纬 25.4°,当地太阳高度角为 59°。

ADEPT 减速制动机构通过展开部署直径 6m,锥角 70° 的减速罩,能够实现低弹道系数进入。探测器进入质量 1620kg,以 10.8km/s 的临界条件和 −8.25° 的航迹角携带有效载荷进入,在大约 75km 的高度打开亚声速减速伞。基线任务的设计依赖减速伞将着陆器从 ADEPT 减速机构中拉出。一旦 ADEPT 减速机构与降落伞脱离达到安全距离,而且两者再接触的概率小到可以忽略时,VITaL 着陆器将切断降落伞。

在连续 16 个月的行星际巡航阶段,进入飞行器连接到三轴稳定的运输航天器上,运输航天器为着陆器提供电力和通信,到达金星时定向释放进入飞行器。ADEPT 减速机构在巡航阶段处于收拢状态,直径 3m,大小足够遮挡着陆器。运输飞行器质量大约 800kg。假定采用 Atlas V551 型运载火箭发射。标称发射窗口为 2023 年 5 月 29 日,运载火箭携带 5360kg 的有效载荷需要发射能量(C3)$7.0km^2/s^2$。这一运载能力提供了探测方案足够的设计余量。航天器和着陆器能够打包轻松放入整流罩内。

任务序列中的关键节点在图 8-19 中做了标识。

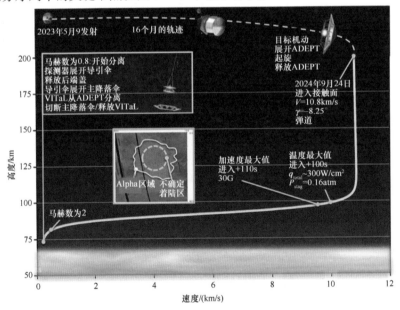

图 8-19　ADEPT 与 VITaL 组合体航天器关键节点

8.5.3　巡航操作

三轴稳定运输航天器,即巡航级,携带进入着陆器组合体,如图 8 – 20 所示。巡航级具备四项功能:运送进入着陆器组合体沿行星际轨道到达金星;展开 ADEPT 减速机构;以一定的指向和弹道将组合体航天器释放进入金星大气;承担着陆器与地球通信的中继功能。由于采用飞越弹道,燃料需求相对较少,热控和电力需求较为合理,电子和通信系统结构较为简单。驱动设计包含能够在释放前将组合体航天器起旋到 5r/min。剩余子系统包括星敏、飞轮组件、Ka 波段下行链路和 S 波段上行链路都是适度的。发射之后 ADEPT 机构保持收拢状态,以保证中增益天线在执行关键性机动时能够与地球通信。

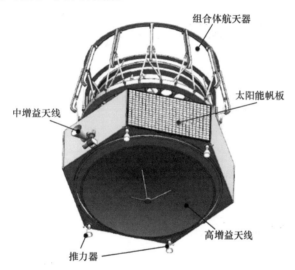

图 8 – 20　携带有 ADEPT 与 VITaL 组合体航天器的巡航级

为了避免巡航期间阻塞与地球的通信,ADEPT 保持收拢状态,直到抵达金星前三天。此时,航天器处于直接进入金星大气层的轨道中,瞄准位于 Alpha Regio 的着陆场。在起旋和释放之前,ADEPT 使用巡航级的电力完成机构展开工作。然后,组合体航天器以 5r/min 的速度起旋并稳定释放。组合体航天器释放一天之后,巡航级进行轨道机动,以最大化保证着陆器在下降过程和金星表面工作期间的通信。组合体航天器在与巡航级分离后的三天时间里将以低功耗状态运行。每天与巡航级的主要的遥测传输是确认着陆器的位置。如果需要,通信系统将在大气进入前 1h 开机,以留给巡航级充分的时间来调整姿态指向。在接下来的 4h 里,探测器将连续不断地发送信号。

8.5.4　金星着陆器

VITaL 设计携带仪器着陆金星表面的 Tessera 地区。着陆器如图 8 – 21 所示。

着陆器设计面临两大挑战:金星表面的高温环境和在未知地形着陆后系统的稳定性。由于在着陆区域的不确定地形因素,选择的方案必须要提供极高的稳定性,即使地形极端不平坦。该方案能够应对的最恶劣的情况是在60°的斜坡上保持稳定性。

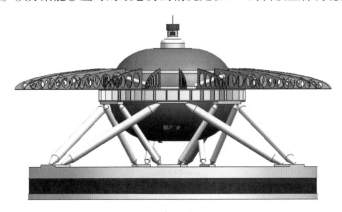

图8-21 着陆器状态

ADEPT通过顺序改变大小来降低高峰负荷,提供重要的机械载荷以降低VITaL着陆器对传统固定式减速罩的依赖。表8-2展示了仪器重量和着陆器子系统的期望负载降低的情况。对复杂的负载进行合理的处理可以节省仪器和结构的面积。质量规模变化的敏感度与发射载荷一致。质量换算因子可在10%~25%之间变化。电力系统与通信系统没有期望的设计余量。大气测量组件、磁强计、下降相机、LIBS/Raman背景相机等小设备只有10%的质量余量,实际上,由于结构做到了尽可能轻,它们已经是小质量设备了。固定装置与热控系统已经减轻了15%的质量,而所有部件期望减轻25%。

表8-2 采用ADEPT的VITaL质量节省量

项　　目	基线 VITaL CBD /kg	假定低加速度负载情况下的质量余量	采用 ADEPT 技术的 VITaL CBD/kg
VITaL	1061	—	813.5
着陆器科学载荷	48	—	36.9
计算机	11	25%	8.3
TLS	5	25%	3.4
大气探测组件	2	25%	1.5
磁强计	1	10%	0.9
下降相机	2	10%	1.6
LIBS/Raman 背景相机	2	10%	1.8
LIBS/Raman	13	25%	9.8

（续）

项　目	基线 VITaL CBD/kg	假定低加速度负载情况下的质量余量	采用 ADEPT 技术的 VITaL CBD/kg
全景相机	3	25%	2.3
科学载荷舱	10	25%	7.5
着陆器子系统	1012	—	777
结构	283	25%	212
着陆系统	603	25%	452
热控	77	15%	66
电力	12	0	12
降落伞	10	0	10
航电	8	15%	6.8
Mech 控制设备	10	15%	8.5
RF 通信	9	0	9

不是通过降低进入质量来获取降低减速度的好处，一种替代方案也许能够确保总质量不变的前提下增强设备能力。LIBS/Raman 系统的重量可以增加，或者采用传统的 X 射线荧光/X 射线衍射系统（XRF/XRD）系统，与"好奇"号使用的 Honeybee 机器人钻探系统类似。通过降低非载荷的进入系统所占的质量百分比，ADEPT 系统打开了增强任务能力或者降低非任务组分质量的空间。ADEPT 系统作为一种大气进入系统，完全提升了金星着陆的能力，在下述领域提供了机会：
- 降低 VITaL 着陆器的成本；
- 降低发射系统质量；
- 增加有效载荷质量；
- 增加热控系统来延长进行表面工作时间；
- 增加更多总体设备，提供更多的就位探测位置与环境；
- 增加着陆环和着陆系统，使其能够在陡峭的斜坡上着陆；
- 降低着陆组件的复杂性和风险系数。

8.5.5　进入配置

为了进入飞行器以较低的飞行航迹角进入金星时降低弹道因数，可行的轨道设计空间和灵敏度已经在前期工作中进行了研究。通过进入飞行器船身前半部连续的集合变化，可行的低负载进入轨迹能够实现，对于给定的质量，同样的高超声速弹道系数，实现要求是，飞行器具有 70°锥角且直径 6m，或者 45°锥角 8m 直径。图 8－22 中的气流模拟结果显示了两种配置的几何外形差异，两种配置如何达到相同的阻力,前者更钝,后者面积更大。采用 ADEPT 技术的 VITaL 基线任务配置的是采用 70°锥角、6m 直径、12 根支撑梁的锥体结构,考虑质量效率、关联速度下静态与动态稳定性、传导与辐射气动热以及选择材料的生存性等方面,综合研究设计而成。70°锥角 6m 直径基线方案配置的可行性与通过设计缓和基线任务的不利之处,两者之间不存在这种问题。

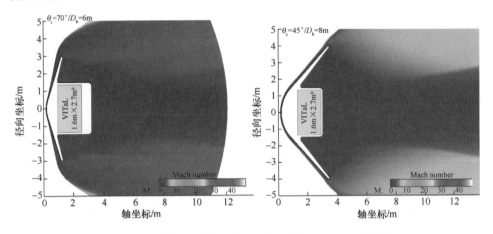

图 8-22　不同直径与锥角状态下 ADEPT 俯仰面内的马赫数

为了减小着陆器撞击载荷而重新设计带有 ADEPT 机构的进入飞行器是没有任何意义的。图 8-23 展示了带 ADEPT 与 VITaL 配置的基线任务,与之对比的是采用 CP 材料 45°固定锥角的传统刚性减速罩 TPS 配置方案。可以注意到,火箭整流罩直径只有 3m,因此,采用 ADEPT 机构的着陆器能够直接固定在整流罩限制环内。这种配置有助于保护着陆环在碳纤维蒙皮后不被热辐射损伤。另外,考虑到着陆环占了着陆器重量的绝大部分,这样的配置将确保进入飞行的重心尽可能靠近减速罩锥角,从而最大化系统的静态与动态稳定性。同样地,可以注意到飞行器尾部的 VITaL 压力容器也覆盖有隔热保护壳体。这种设计带有双重作用,一是保护压力容器不被气动热损伤,二是可以作为减速伞的存储空间。减速伞由侧面安装的引导伞在亚声速状态下打开,目的是将着陆器与 ADEPT 减速机构分离。

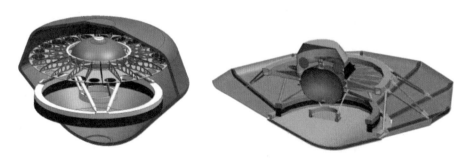

图 8-23　VITaL 打包在不同直径与锥角的减速罩内(3.5m/45° 与 6m/70°)

8.5.6 ADEPT – VITaL 结构组成与机械机构

1. 结构

ADEPT 使用机械部署半刚性减速机构实现了降低弹道因数的目的。ADEPT 结构包含覆盖张力蒙皮的肋状支撑框架,类似于日常使用的雨伞。这种设计允许大型减速罩能够装入运载火箭整流罩之内,而且依然能够提供稳定的可预测的结构在金星大气进入阶段抵御空气动力载荷。图 8 – 24 展示了 ADEPT 结构收拢与展开的状态。

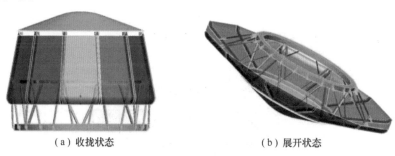

(a) 收拢状态　　　　　　　　　(b) 展开状态

图 8 – 24　ADEPT 结构收拢与展开状态

ADEPT 结构框架由四个主要的子系统组成:主体、头锥、肋状结构、支柱,如图 8 – 25所示。主体由钛合金上下环组成,中间由钛合金支柱隔开。主体的下环与巡航级连接,同时为肋状结构提供支撑。主体上环提供与 VITaL 着陆环的接口,同时也是头锥锁存器的安装位置。

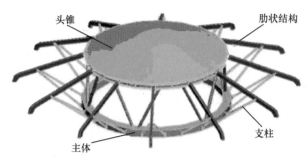

头锥　　　　　　　　　　肋状结构

支柱

主体

图 8 – 25　ADEPT 结构框架图

头锥是进入飞行器的最前缘,类似于常规刚性减速机构。其外形为球锥,为覆盖碳纤维蒙皮的锥状减速器提供过渡。头锥采用覆盖石墨/BMI 的钛合金蜂窝夹层结构,使用轻质离格 TPS 材料,如酚灌注碳烧蚀材料(PICA),来隔离气动热环境。钛合金环结构同时提供肋状结构的上端支撑。

肋状结构为碳纤维蒙皮提供支撑。该结构铰接在头锥上,在其一点上通过一对支柱支撑,确保该结构总体上弯曲程度最小。该结构为先进的碳碳箱连接而成,该材料能够在高气动热环境下工作,无需在蒙皮与肋状结构之间铺设绝缘层。

支柱提供肋状结构支撑,并将气动载荷从蒙皮和肋状结构传递给主体的下环。一对支柱同时提供横向支撑性、扭转稳定性,提高 ADEPT 结构的可折叠性。该支柱采用钛合金管状结构和连接件。

空气动力面由肋状框架支撑的张力可调 3D 编织的碳纤维蒙皮提供。高纯度中级模量的碳纤维纱用来制造结构面和热障的薄膜。碳纤维的高温耐受能力可以在进入的高温环境(1600℃)下工作,而无需附加使用 TPS 材料。外面若干层碳纤维蒙皮允许在进入热脉冲的作用下烧蚀氧化,但是 3D 编织的减速罩能够保持其结构的完整性。ADEPT 碳纤维蒙皮如图 8 – 26 所示。

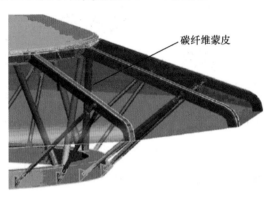

碳纤维蒙皮

图 8 – 26　ADEPT 展开状态下的碳纤维蒙皮

一项现代技术发展成果的重要部分是,能够采用弧喷流模拟 ADEPT – VITaL 任务中的结构和气动热载荷,来测试碳纤维蒙皮。

ADEPT 减速罩框架最初采用 MSC 的 NASTRAN 软件进行分析。随后又使用了更加复杂的非线性分析软件 LS – DYNA 进行分析,该软件包含碳纤维材料模型,可以用来测定减速罩结构的应力和挠度。肋状结构和支柱铰链销以及末端组件的设计都基于有限元模型负载分析的基础上完成。所有尺寸信息都用于 MEL 的质量估计。发射环境同样被考虑其中,ADEPT 减速罩的初步分析已经被用于估计发射期间的结构性能。一系列表现 ADEPT 发射配置变化的有限元模型,被用来分析减速罩骨架的基频和拟静态发射载荷。结果显示,采用每一个肋状结构直接固定的连接方式,主体能够承受发射环境。

2. 机械结构

三个机械机构是展开过程所必需的机构,另外,常规进入系统与巡航级之间还有一个附加机构。三个展开机构分别是:

(1) 释放机构;

(2) 主展开机构;

(3) 末端行程锁存器。

ADEPT 的半展开状态如图 8 – 27 所示。

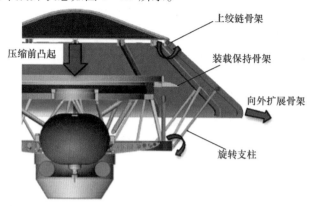

图 8 – 27   ADEPT 半展开形态

ADEPT 结构骨架约束肋状结构,防止其在振动环境下过度移动。释放装置用于解除约束,允许结构展开。释放结构的基线方案采用电动拔销器,解除每一根肋状结构的约束,如图 8 – 28 所示。另一个解锁方案同样可行。

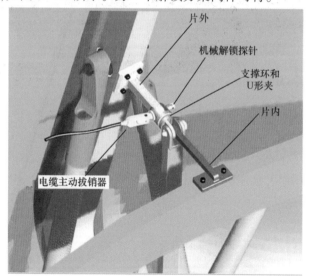

图 8 – 28   ADEPT 解锁释放机构

ADEPT 减速罩主展开机构的基线方案是马达驱动的绞车与钢丝绳系统。钢丝绳连接到头锥尾部,马达驱动的绞车将头锥从伸展位置拉向主体环方向。与此同时,肋状结构和支柱被迫向外伸展,由此碳纤维蒙皮覆盖表面的减速机构展开。马达/绞车/绳索系统将 ADEPT 减速罩拉紧的张力应该与进入期间的负载相等。为了限制功率需求,驱动马达采用了明显的齿轮压缩比。整个展开过程期望时间大约为 10min,虽然为了使用低功率系统而延长了展开时间。

末端行程锁存器用于在展开动作完成后，保持 ADEPT 结构处于展开状态。这是为了防止在进入过程中，出现极度的负载或者驱动机构出现反向驱动的情况。该系统包含球和制动杆结构，安装在头锥环与主体上环的连接面上。一旦驱动机构将两个环拉到一起，制动球将进入制动杆的空位，将减速罩锁定在展开位置。传感器将用来检测展开机构是否到位。

ADEPT – VITaL 中的其余机械机构的作用与常规刚性减速罩的一致。这些机构包括：飞船与运载火箭的分离机构，进入飞行器与巡航级分离机构，后舱盖分离机构以及减速伞释放机构，ADEPT 与 VITaL 分离机构。关键界面如图 8 – 29 所示。进入飞行器与巡航级分离过程由巡航级控制系统执行，其余分离过程由VITaL的电子设备执行。

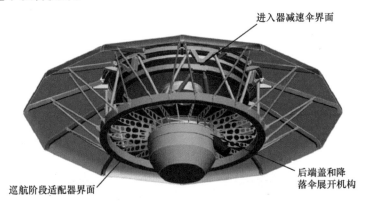

图 8 – 29　ADEPT – VITaL 飞行器的后向视图

ADEPT 系统相对于传统刚性减速罩有一定的质量减轻：ADEPT 标称质量807kg，相对的 VITaL 基线设计质量1050kg。如果采用更加保守的余量政策。这些数据结果显示，ADEPT 减速罩的质量毫无疑问比传统刚性减速罩更低。

8.5.7　进入气动热分析及设计面临的困难

ADEPT 为同时进行结构和气动热负载下工作而设计，利用两种最先进的材料：三维机织碳衣和活性碳酸钙。独特的进入结构体系存在一些在进入飞行器设计中不常见的挑战。本节讨论利用气动热分析来证明 ADEPT – VITaL 为这些关键性挑战所设计的鲁棒性能：表面加热偏离、局部起皱、碳衣渗透。最后结合对机织碳衣材料的性能的验证，对进入环境进行概括。

整个 ADEPT 减速装置的表面分布式气动热环境利用 NASA 艾姆斯氏试验4.02.2 版本的内部数据并行线松弛方法（DPLR）编码计算得出。DPLR 利用有限流量的方法，解决了描述混合气体热化学非平衡三维流动的偏微分方程。针对金星的大气进入，使用 16 种气体模型。由三自由度轨迹分析得到要求的自由流条件。减速器表面假设在允许原子重构（从自由流的冲击加热分解）和发射率为

0.85 的再辐射附加热流方面是百分百有效的。

1. 表面分散加热

我们首先考虑了碳衣由于预张力不足导致的松弛(或褶皱)，光滑情况和两种附加的情况：在球锥接触点和圆锥侧翼接触点的中点处最大差分别为 5cm 和 10cm。图 8 − 30 给出理想化为一个光滑的球体、圆锥体、一个带棱的钝圆锥和顿圆锥带偏转面的 ADEPT 配置。对于减速器直径为 8m(基线没有 6m)这个特殊的分析，但我们最感兴趣的是在环境中与基准(无斜面)比较相对增加/减少，因此只要所有型号都是一样的，大小并不重要。图 8 − 31 给出无斜面和有斜面(5cm 和 10cm)的表面压力分布、热壁的热通量和剪应力的分布，给出了沿候选飞行轨迹的峰值加热点的结果。

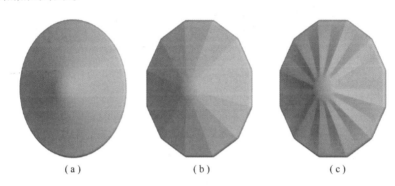

（a）　　　　　　（b）　　　　　　（c）

图 8 − 30　ADEPT 配置理想化为一个光滑球锥(a)、一个带棱钝金字塔(b)和一个钝的
金字塔与偏转面(c)，虽然偏转面出现折痕，表面上仍存在复合曲率

结构变形会产生严重影响。由于结构变形会产生缝隙，气流会通过这些缝隙形成连接线。对结构骨架加热和剪切都会产生变形。由于变形将气流移动到凹面，所以对压力也会影响。虽然球面—锥面的连接方式可以在一定程度上减缓气流对结构的影响，但是当气流从槽中流出时会产生压缩，从而增加未扭曲结构所承受的压力、剪切力和热通量的值。但是碳纤维可以产生合适的预张力，能够将变形维持在足够小的状态，从而在进入金星阶段的加热过程中不受损害。

2. 局部起皱

第二个问题是织物局部起皱(压力负载下，而不是大变形)，这种起皱很可能发生在碳布面板的下方，即靠近球锥接合面。图 8 − 32 给出由 CFD 模拟工具分析过的平滑和"皱"的几何结构。注：这里的分析是针对 12 棱、6m 底座直径、70° 钝锥体 6m 底座直径的 ADEPT − VITAL 基线设计。

皱的最大深度(在两个棱之间的中点)为 1.2cm，相比于两个棱之间的距离是非常小的。此外，皱对准气流而并非垂直于它。虽然这可能代表了最坏的情况，垂直于气流方向的褶皱也可能是作为在飞行中的有界壁的剪切层早期过渡和援助。

光滑和皱纹情况下表面压力、热壁的热通量和剪切应力的表面几何分布如

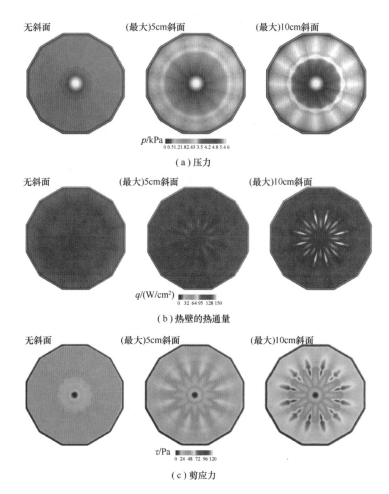

图8-31 直径为8m的70°钝角锥未偏转面和偏转面的(a)压力、(b)热壁热通量和(c)剪应力的表面分布,给出沿候选飞行轨迹的峰值加热点结果

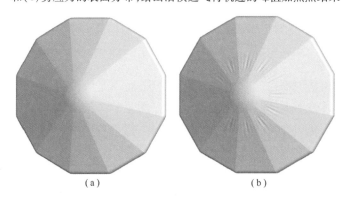

图8-32 平滑(a)和"皱"(b)面料的几何形状。皱纹与流量(最坏情况)相对应,而最大深度发生在两个肋之间的中点。起皱是从周围棱的中点到分界面掺混出来的

图8-33所示。这些结果是沿候选飞行轨迹的峰值总加热点计算得来的。显然，起皱导致的碳纤维织物局部的"热点"，略有扩展的下行足迹。另外棱加热和棱剪切的也有增加，但加热和剪切的增加不超过碳布的预期能力。

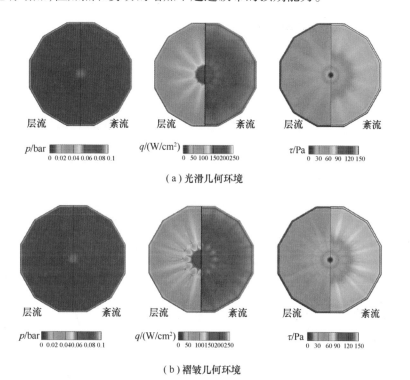

（a）光滑几何环境

（b）褶皱几何环境

图8-33　（a）70°/6m 平滑基线及（b）在 70°/6m"皱"的配置，在沿着候选轨迹的峰值总加热点层/紊流的压力、热通量和剪切应力为表面分布

3. 渗透性

另一个问题是，透气性碳纤维织物的渗透性以及预测的环境的渗透性的敏感度。已完成一些碳布透气性测量，温度限制为室温，进行了与透气材料有限的计算。假设渗透率（用不同的编织方法散射）可以被转换为等效的吸引速度，分别进行小概念模型中的电弧喷射到待测试的计算。图8-34 给出电弧加热流下直径为14英尺、55°球锥模型冷和热壁情况。图中的关键是，由于渗透性的增加，没有热通量，渗透率取决于壁是热的还是冷的。对于冷壁，抽吸抽出的高温边界层边缘更靠近壁，而热壁的情况下，即使在边界层边缘被拉近，焓差（边缘之间以及壁）不会改变很多。这些计算表明，渗透性在热壁的情况下只有很小的差别，但这样的结论仍需通过一个电弧喷射试验来验证。

4. 机织碳布性能

预进入环境由材料的能力来约束，以实现设计收敛。电弧喷射测试已经在ADEPT – VITAL 任务的机织碳布上同时进行结构和气动热负荷下有关环境的测

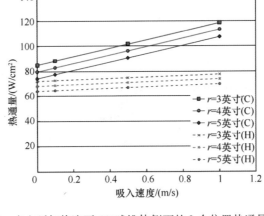

图 8 - 34　在电弧加热流下 55°球锥体侧面的 3 个位置热通量的变化。
结果给出冷和热壁抽吸速度(相当于 4 层碳布的透气性)的四个值

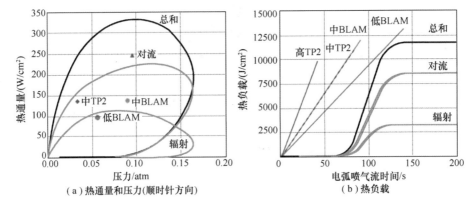

（a）热通量和压力(顺时针方向)　　　（b）热负载

图 8 - 35　与电弧喷射试验条件相比,进入质量 2100kg、进入速度 11.5km/s、进入飞行
轨迹角 - 8.25°、直径 6m、锥角 70°ADEPT - VITAL 进入器的机织碳布的最高加热位置环境

试。这些测试证明了机织碳布作为 ADEPT - 重要任务结构 - TPS 材料的可行性。
图 8 - 35 将最近的碳布电弧喷射试验条件与 NASA 的测试位置 2(TP2)电弧喷射
和互动加热设施(IHF)电弧喷射进行比较。在该图中,边缘是通过一个进入质量
(2100kg)和速度(11.5km/s)来实现的,高于预期的 ADEPT - 重要任务(1621kg 和
10.8km/s)。进入飞行轨迹角为 - 8.25°,与飞行中的预测是相同的。

　　在图 8 - 35 中,热通量与压力曲线(a)和热负荷随时间的曲线图(b)可用来
将机织碳衣能力与气动热环境及热结构环境进行比较。电弧喷主要验证的是纤
维束在热结构环境下的性能,其中热结构环境是指同时存在结构负载和热负载
(热负载 = 热通量 × 时间)。双轴心受压构件电弧喷射机械(BLAM)在超过
ADEPT - VITAL 热结构环境的试验条件下,得到优良的材质性能。尽管初步测
试结果比较乐观,但气动热边界条件(热通量、压力和剪切力)并未在测试中获

得。读者应该参考阿诺德关于测试的文章,了解测试条件、模型设计和结果的详细说明。

8.6 "金星移动探索者"

对金星表面进行直接的探测是一种非常重要的探测方式。但是如果一次探测只在一个地点着陆,所获取的信息是非常有限的。为了得到更多的探测信息,美国哥达空间飞行中心着手研究"金星移动探索者"(VME)项目,其目标是在金星表面两个不同位置测量其成分和矿物学特征。

VME 在探测金星时分为两个过程,首先是探测器下落时的探测阶段,然后是在两个不同着陆地点的探测阶段。图 8-36 给出了两次着陆过程。

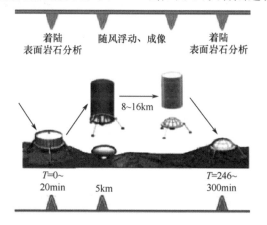

图 8-36 两次着陆过程

移动探索的方案也将经受技术挑战。从表面到 3km 的高度,探测器将经受极端的环境条件,温度从 447℃ 到 424℃,压强从 81bar ~ 67bar[①]。只有金属波纹管才能满足这些要求,图 8-37 给出了波纹管的结构。

8.6.1 科学目标

金星常被看作是地球的姊妹天体,因为金星和地球的大小相似,在太阳系中的位置相近。但是,尽管它们具有相同的起源,两个天体的进化路径明显不同。金星的最高级别科学目标在"金星探测分析组目标、任务、调查和优先权文件"中有详细的表述,并在金星旗舰科学技术小组最终报告中得到了重申。本研究中所涉及的 VME 概念,就是一项探测金星表面和金星近地环境的任务,目的是确定金星表面的矿物学特征以及相关的组成变化,了解金星表面和大气层之间的化学变化机

---

① 1bar = 100kPa

VME波纹管	219kg
直径	2.3m
展开高度	3.55m
壁厚度	0.18mm
波纹管质量	93kg
其他支撑结构	45kg
充氦质量	81kg
压缩氦的体积	~2m³
VME伸展系统	842kg
螺旋形箱(2m³)	764kg
管道+阀门	38kg
绝热层(1cm厚)	40kg
VMF吊篮	649kg
科学负载	41kg
子系统总重	608kg
机械结构	351kg
机械部件	66kg
热涂层	147kg
其他	44kg
气动外壳	1139kg
热屏蔽	824kg
后盖	263kg
降落伞	52kg
进入系统和负载	2849kg

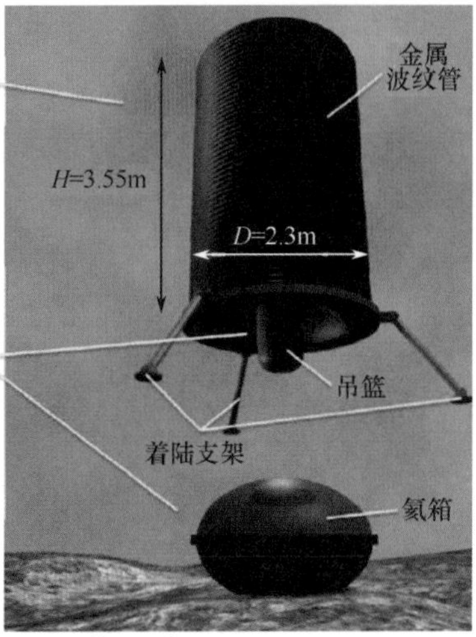

图 8-37　波纹管的结构

制,弄清楚是否曾有分布广泛的海洋,若存在,为什么随后消失了。还有就是研究金星曾经是否具有支持生命的条件。

VME 的首要科学目标是 VEXAG 确定的研究目标的一部分,具体包括:

(1) 确定金星是否具有由最近的撞击和外太阳系物质引入形成的次级大气层;

(2) 依据主要元素、岩石组成矿物质表征主要的地质单元;

(3) 表征金星表面单元的形态学及相关地层学;

(4) 确定金星表面和大气层之间的主要化学元素的交换率;

(5) 对金星过去可能存在的海洋的规模和时间跨度进行估计;

(6) 表征近地大气层物理参数的变化性,如压强、温度和风力等;

(7) 通过低地表和近地表的立视图测量周围的磁场。

被称作"复杂脊状地形"的金星高原区域是 VME 类型任务的首要探测目标,最有可能通过这些地形了解到金星内部的热演化过程,包括以往大陆地壳的保存以及过去水在金星所扮演的角色。"金星快车"以及"卡西尼"号在金星飞越时得到的最新结果显示,高原地区在近 IR 区域的表面反照率可能比玄武岩平原区域高一些,这意味着高原地区具有更加进化的物质组成。进一步来说,因为玄武岩平原已经被苏联"金星"号和 Vega 任务探测了多次,与先前的研究相比,"复杂脊状地形"能够为组成物质多样性的研究提供最大的可能性。在多个位置对这类区域进行主要元素和矿物质的采样,这降低了统计抽样的不确定性。

在高空间分辨率光学波长范围内对这些独特区域进行成像,这会对金星表面进化起作用的物理过程有新的了解。即使是在"复杂脊状地形"上相对较短的空中穿越,也能够提供地貌粗糙度相关的详细描述,以及地域性构造变化的证

据,还可能提供随地形变化的区域性物质坡移相关证据。由于超临界 CO_2 低层大气的存在,照度非常发散(由瑞利散射控制),而且在金星表面没有阴影。此外,低反照率玄武岩的火山岩表面是单色的,具有很低的对比度,所以对于任何成像系统,都需要很高的信噪比。由于高原区域较高的近红外反射率,对成像信噪比的需求可能会较低,这就使得这些区域更容易引起研究人员的兴趣,技术层面更可行。

科学目标通过额定有效载荷完成,这些有效载荷执行大气层中气体的捕获和跟踪原处测量,在两个相隔 8~16km 的区域进行元素化学和矿物学研究,对下降和沿航行穿越两个区域时的金星表面进行成像,测量大气层的物理属性,探测地壳偶极磁场的潜在迹象。

8.6.2 任务概述

VME 任务的空间段包括 1 个探测器和飞越运载飞行器,飞越运载飞行器也用作通信中转,如图 8-38 所示。探测器由两个顶层单元:进入和降落单元(EDE)以及着陆器,其中 EDE 包括减速伞和降落伞系统。着陆器有两个主系统:吊舱系统和风箱空中机动系统。吊舱系统运载科学设备和其他子系统,这些设备位于热保护压力罐中。风箱空中机动系统包括风箱和充气子系统。

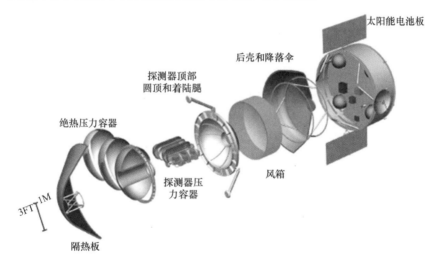

图 8-38 运载飞行器

1. 运载飞行器

三轴稳定运载飞行器有以下三个功能:将探测器发送到行星际轨道,到达金星;在适当指向的轨道释放探测器,使其进入金星大气层;作为 VME 和地球之间的通信中转。由于飞越轨道的存在,所需的燃料重量相对较小,热功耗任务变得简单,电子通信系统直接明确。运载飞行器设计的驱动程序包括探测器释放之前的起转以及支撑探测器的鲁棒结构驱动。

2. 探测器

在到达金星前5天,探测器从运载器上释放,通信系统在遭遇大气层前1小时开启,并持续发送信号。减速伞由大约1英寸的碳酚醛材料制成,当探测器进入金星大气层时,碳酚醛材料融化,此时探测器的减速度为167g。在后壳和降落伞系统展开数分钟后,挡热板丢弃,在此操作之后,后壳和降落伞系统从着陆器上释放出来。在降落的过程中,控制阀维持风箱中的压强,使其不超过逐渐增加的环境压强0.5bar。原地大气层结构和化学特性的测量在降落过程中进行,图像在离地大约15km时获取。一旦到达地面,着陆器将进行表面岩石的元素和同位素测量,然后氦气瓶给风箱充气,为任务的空中机动阶段做准备。重型氦气压力罐与风箱分离,这使得吊舱能够快速上升到平均星球半径之上(AMPR)5km。因为AMPR 5km处的压强低于地表的压强,多余的氦气被放出,以维持风箱中的压强在0.5bar大气压之内。在0.6~1.2m/s的地表风中漂浮220min,并且沿着穿越方向进行连续地表拍照之后,风箱被释放,吊舱自由坠落到金星表面。地表化学特性测量在第二个着陆点进行,剩余数据被发送到运载飞行器。

8.6.3 有效载荷

以下设备构成了VME的额定载荷,具体的实现要在将来的任务设计中完成。

1. 中性粒子质谱仪

中性粒子质谱仪(NMS)进行惰性气体同位素和多种微量气体混合率的原地测量。NMS设备由三个模块组成:离子源、质谱仪和检测器。离子源将气相采样分子转换为离子,质谱仪利用电磁场将离子依据质量进行分类。检测器测量现有的每种离子的丰度。气体采样是通过吊舱底部的进气口获得的。因为向压强为81bar的环境中排放气体是有困难的,排放的采样气体在设备中的贮存器中被获取。

2. 可调谐激光光谱仪

可调谐激光光谱仪(TLS)测量微量气体,包括多种含硫和含氢同位素的气体。特别有趣的是,TLS通过红外分子吸收线的相关分子线参数测量大气降水中的氘氢比率。通过在赫里奥特池结构中利用带有室温激光检测阵列的极小可调谐激光分光计,TLS进行金星大气层的原地多波长测量。采样气体通过吊舱底部的进气口进入赫里奥特池,NMS以及TLS进气口的数量和详细实现,视具体任务设计情况而定。和NMS一样,排出的气体进入设备中的一个贮存池。TLS和NMS相结合,共享电子设备和管道系统,但是由于每个分光计有独特的测量时间线,所以这里将其分开列出讲述。

3. 拉曼激光诱导击穿光谱仪

拉曼激光诱导击穿光谱仪(LIBS)是一种组合设备,通过使用唯一的激光器和望远镜,进行金星表面岩石的矿物学组成和元素化学组成的相关研究。"拉曼"通

过使用低功率激光脉冲,照射远处的岩石采样(2m 左右或者更近一些),并对返回的散射激光脉冲进行观测分析,从而确定目标中化学键的振动模式。LIBS 使用较高功率水平的相同激光脉冲,对目标的组成物质进行汽化和电离,产生等离子体。通过测量等离子体发出光子的强度和能量,可推断出采样岩石的元素化学组成。该设备通过着陆器底部的视窗进入采样区域,并需要一个 2cm 的通光孔径,这是通过共享底部观测近红外成像仪所需的 10cm 视窗实现的。本研究报告中假设的设备实现包括带有反射光学器件的齿轮装置,反射光学器件能够让 LIBS 设备直接指向三个着陆器支脚附近的金星表面。三个支脚所在的支点是经过选择的,目的是不管着陆方位如何,都能为已知距离位置的观测提供固定的焦点。将来的研究将会专注于着陆器触地产生的灰尘所带来的潜在干扰。选择使用 LIBS 遥测方法进行表面元素化学和矿物学研究,而不是采用更传统的 X 射线衍射/X 射线荧光性光谱学(XRD/XRFS)方法,这是因为遥测方法具有技术实现方面的优势,即不用进行采样获取和处理,并传送到 XRD/XRFS。

4. 近红外成像仪

近红外成像仪(Near - IRImager)指向着陆器底部方向,获取初始降落、着陆点之间空中穿越以及第二次降落这些阶段的图像。在每次降落的最终时刻,LIBS 准备采样区域的图像会被记录下来,用于着陆之前提供着陆点周围的附加信息。相机需要的视窗为 10cm,LIBS 设备也共享这个视窗。1k × 1k 的焦平面组件(FPA)在距地表 2km 处有 2km 的正方形视场(50°FOV),或者说具有 2m 的像素尺寸。该设备还具有一种特殊机制,通过移动 FPA,使该设备重调焦距,从而可以实现近地表成像。将来的研究将会专注于着陆器触地产生的灰尘所带来的潜在干扰,特别是灰尘附着视窗的可能性。

5. 大气结构研究设备

着陆器外部安装有敏感器,用于整体大气特性的表征,包括温度和压强等方面。大气结构研究设备(ASI)组件包括 1 个温度敏感器、1 个压力传感器和 1 个加速计。标称设备实现没有利用吊杆或者桅杆,该设备的具体实现留在以后的研究中去讨论。

6. 三轴饱和式磁力计

三轴饱和式磁力计(TFM)确定行星磁场的有无。该设备内置于着陆器中,所以不需要吊杆,但是对于其他有效载荷以及着陆器本身所带来的影响,需要在磁力计的校准过程中加以考虑。

8.6.4 操作概念及任务设计

对 2021 年和 2023 年的两个"20 天 – 类型 II"发射窗口进行了分析,运载火箭为美国擎天神 V551 型(Atlas V 551)。研究团队选择的发射窗口满足发射重量以及探测器进入临界速度约束的要求。金星的再遭遇轨道伴随一次初始飞越和大约

112 天之后的二次金星遭遇,这被用于确保在任何发射机会下,均能够满足着陆点的光照约束。二次金星遭遇之前的前 5 天,探测器被释放,之后,飞行器执行一次金星飞越,接收着陆器执行科学任务期间获得的数据。

对于 2023 年 5 月这个发射窗口,相对应的着陆时间为 2024 年 2 月 15 日,着陆点位金星 IAU 纬度为 N 22.6°,经度为 E 8.4°,接近地方正午(着陆点的太阳仰角约为 68°,90° 为日下点)。2021 年的发射窗口对应的着陆点为 S 15.5°/E 61.4°,接近于地方正午(太阳仰角约为 75°)。这两个发射机会均满足近红外图像所要求的大于 45°太阳角。本研究中没有对具体目标着陆位置的飞行动力学进行优化。

在金星上进行的 VME 操作是自主的,是基于具体事件的相关时刻完成的。与运载飞行器分离之后,探测器开始维持 5 天的巡游,在这期间,探测器处于低功率模式。探测器每天向运载飞行器进行短暂的遥测传输,从而使运载飞行器能够确认自身相对探测器的方位。在预测的大气层进入之前 1h,探测器启动,以确保有足够的时间进行必要的运载器指向调整,接下来的 7h,探测器持续向运载器传输数据。

在进入大气层的过程中,减速伞对着陆器进行防护。在探测器减速之后,降落伞展开,将着陆器从挡热板中拉出。接着降落伞释放,着陆器自由坠落到金星表面,着陆器在下降过程中有足够的阻力,将花费超过 60min 的时间,这就使得有足够的时间进行大气层的测量,最终的着陆速度小于 10m/s。着陆器和运载器之间的通信通过风箱顶部的全向天线来维持。

图 8-39 对降落过程中的设备操作进行了描述。大气结构研究设备 ASI 的内部元件和磁力计从大气层外就开始操作,直到整个任务结束。NMS 和 ASI 的外部元件在减速伞释放时候就开始操作。在降落期间,NMS 通过外部大气进气口的使用,进行惰性气体的分析工作。

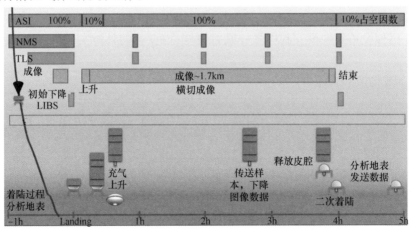

图 8-39　降落过程中的设备操作

TLS 在云层之下和地面之间运行,近红外成像仪在 15km 和 20km 之间开始成像,防护成像仪的 8 位/像素图像。降落期间阴暗的大气层和着陆器的运动会影响图像质量。成像仪能够评估图像的清晰度,在接近预计的撞击时,转换焦距,从而确保成像仪在着陆器刚好着陆时对采样区域进行成像,只有质量较高的图像才会上传。

着陆之后,ASI 将减少任务周期。LIBS 设备立即开始进行着陆地点表面的分析工作,并进行多位置的采样研究,花费的时间共计约为 15min。NMS 和 TLS 和 LIBS 同时进行操作,为金星表面的分析研究工作提供大气环境背景。

一旦 LIBS 的分析工作结束,风箱就被充气,着陆器上升到 AMPR 大约 5km 处,受到 220min 的金星风力影响,到达一个新的区域,两地相距 8 ~ 16km,着陆器飞行距离的估计值是基于预期的平均风速得到的,金星表面和 5km 高度之间的平均风速达 0.6 ~ 1.2m/s。近红外成像仪在上升、漂移和降落过程中收集图像。图 8 - 40 对近金星地面的成像进行了说明。ASI 在漂移阶段恢复 100% 的任务周期,NMS 和 TLS 大约每 1h 完成一次大气分析。

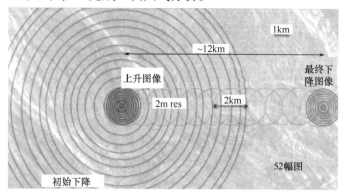

图 8 - 40 近红外成像仪获取不连续图像

在上升之前的某一时刻,风箱被弹出,着陆器的二级全向天线启动,继续上传,吊舱降落到金星表面。如果热电池敏感器敏感到恶劣的热条件或者放电状态,热电敏感器就会自动弹射风箱。近红外成像仪收集降落过程中的图像。LIBS 在着陆时进行分析工作,而 NMS 和 TLS 进行最后的大气层分析工作。一旦分析工作结束,吊舱需要花费大约 1h 的时间完成向运载飞行器的数据传输工作,数据传输由第二次降落时获取的图像数据卷驱动。

在初始着陆之后,吊舱将运行 5h,在这 5h 的最后,吊舱继续发送缓冲图像,并且尽量长时间的重放高优先级数据,通信链路也一直保持延续。

8.5kb/s 的固定数据率在降落期间开始成像之后,被缓冲近红外成像仪数据占满。研究团队建议对于将来的研究工作,应该对运载器和着陆器通信系统之间的信号交换进行研究,以提高返回的数据量。

8.6.5 飞行器

运载飞行器是三轴稳定的,是基于低复杂、高继承性设计。飞行器重量受到探测器支撑所需结构的控制,而剩下的子系统规格适中。运载器结构的优化工作会带来重量的节省。

太阳能电池阵列面积约为每面 $1.2m^2$,与单独的轴向执行机构相连,这使得运载飞行器能够绕着执行机构的轴线扭转。次级电池(可再充电,锂离子)很小,因为没有重大日蚀发生。即便聚光倍数为 1.9,太阳能电池阵也将会保持在 140° 以下,因为太阳能电池阵列不是壳体结构的。

燃料质量为 366kg,整个运载器干重为 846kg,这与很多星际运载飞行器相比,是比较低的。在探测器被释放之前,使用了将近预算的 $280m/s\Delta V$ 的一半,另一半用于之后的运载器转移机动。肼燃料系统是基线化的,但是通过使用较贵的铋推进剂系统,实现大约 70kg 的质量节省是有可能的。与反作用轮相比,使用小型推力器来实现三轴稳定(对热和功耗子系统进行了简化),也能够节约质量、流量和功率。

运载器的通信子系统包括 1 个 3m 的轻质网状 S 波段天线和 1 个较小的 1m 的固态 X 波段天线,S 波段的天线用于和探测器上行通信,X 波段的天线用于和深空网络下行通信。如果 3m 天线用于 X 波段和 S 波段,就不会使用轻质的网状天线,因为将会给整个运载器重量增加 50kg。3m 的 HGA 规格会降低探测器上的上行 RF 功耗需求。运载器和探测器之间的通信要求运载器完成定向,要求在 0.8° 内。运载器的指向位置不会随着吊舱转移到第二着陆点而变化。通过使用 1 个 3302 捆绑载荷转接装置,3m 网状天线就能够安装在运载器的运载火箭交界面上。当来自探测器的数据完全上传之后,运载飞行器重新标定方向,指向 1m 固定 X 波段 HGA,与深空网络地面站的夹角为 0.2°,下行传输速率为 25kb/s。两个 X 波段全向天线使得运载飞行器在任何时候都是可以被指挥控制的。因为 Ka 波段全向天线还需要验证,所以对于本书所做研究而言,假设与地球之间的所有通信使用 X 波段。发展 Ka 波段全向天线的成本适中,如果能够受到深空网络 2021 性能的推动,就像研究基本原则所描述的那样,使用 Ka 波段实现运载器和地球之间的通信会是可行的。

8.6.6 进入和降落单元

进入和降落单元(EDE)由减速伞、降落伞和可展开机构组成。EDE 提供进入大气层期间的气动阻力,并保护探测器不会受到进入大气层所受到的热损害。选择 2021 发射窗口时,减速伞结构和热防护(TPS)系统材料的设计能够承受进入大气层大约 $167g$ 的减速负载。在"先驱者金星大型探测器",PVLP 缩减版的基础上,对 VME 任务参数进行了敏感度研究。选择 19° 的进入飞行航道倾角(EFPA)

以及 11.3km/s 的进入速度(限定在 2021),目的是使得 g 负载和挡热板上的总热量负载最小。

在经受最大减速和受热之后,降落伞在 60km 处展开,通过使用爆炸分离螺栓,挡热板与着陆器分离。最后,降落伞和后壳从着陆器单元分离,有效载荷展露出来。

硬壳结构直径为 3.5m,球锥形减速伞为 45°,该结构的作用是对着陆器进行封装,支撑发射和进入负载,并保证着陆器能够安全可靠的脱离大气层。挡热板是 PVLP 的缩减版,但是后壳部分形状上类似于星团。该结构是一个 2 英寸类三明治结构,由复合材料面板以及铝制蜂窝组成,结构完整且能够节省质量 175g,如图 8 - 41 所示。

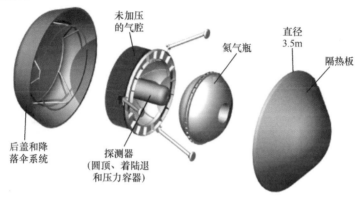

图 8 - 41 减速伞后壳及挡热板结构

挡热板 TPS 由蜂窝结构上的带包式和碎状碳酚醛材料(TWCP 和 CMCP)组成,总计 1 英寸。TWCP 和 CMCP 是唯一能经受金星进入过程中恶劣条件,具备飞行资格的材料。计算得到的挡热板峰值停滞热流(具有对流性和辐射性)为 2.3kW/cm^2(2023 发射窗口)或者 2.7kW/cm^2(2021 发射窗口)。TWCP 和 CMCP 均被用于先前的金星和"伽利略"号飞入探测器。尽管由于供应商对人造丝原丝生产的停止,传统碳酚醛产品在 20 世纪 80 年代就被终止使用,但是 ARC 对初始碳酚醛原丝仍然敞开供应,从而能够制造 VME 同等规格的,也能提供相关的测试以及评估值。

在对后壳环境的工程估计基础上,酚碳热烧蚀板(PICA)能够用作后壳 TPS 材料,PICA 是一种轻质烧蚀挡板。通过使用 HT - 424,PICA 瓦片黏附在后壳结构上,并用 RTV - 560 填满缝隙,这里也使用了和火星科学实验室相同的生产技术。PICA 已经飞入星尘,经过了大量的评估,被认作火星科学实验室的一种隔热材料,也是猎户座任务的备选隔热材料。

8.6.7 着陆器

着陆器机械系统的设计能够安全地将设备组件运送到金星表面的两个着陆区

域,探测器的概念设计能够满足 NMS/TLS 大气采样进气口最小化的设备需求,以及着陆和转移过程中的对地成像市场需求,还能保证 LIBS 在吊舱三个支脚附近进行的测量具有自由视野。结构系统设计能够容纳高性能热控系统,热控系统包括隔热和绝缘系统、热管以及相变材料。为了保证两次着陆和空中可移动性,结构的设计支持 1 个大型氦气罐和 1 个可充气风箱组件。组合的着陆器经过设计之后,能够纳入 1 个减速伞系统,这是需要进行容量有效设计,最终的构造设计简单、紧凑而且坚固。

近红外成像仪和 LIBS 所需要满足的视场需求通过吊舱底部的 10cm 透明陶瓷(蓝宝石或者尖晶石)孔径来实现。转轮选择机制使得近红外成像仪和 LIBS 能够使用相同的视窗,并且当反射镜对感兴趣的位置瞄准时,可以保持固定。大气采样的需求由两个直径 5mm 的进气孔来实现,进气孔带有易碎的陶瓷螺线管帽。组件包经过设计之后,也能够容纳高性能热控系统,包括吊舱中 59kg 的相变材料,相变材料经热管网和热源实现热耦合。吊舱的初级结构是一个密封压力舱,防止金星大气进入。初级结构的设计能够承受进入金星大气阶段加在探测器上的减速负载(最坏情况下为 $167g$),以及每次着陆时受到的大约 $10m/s$ 的冲击速度。支脚系统能够保证一次抑制冲程,将着陆负载降低到 $34g$。全部系统容量受到大型氦气罐和吊舱组件的制约,但是足够容纳减速伞。嵌套系统的使用提供了灵巧紧凑的设计方案。

为了提高存储密度,同时降低装载系统的总高度,使用了嵌套结构和多用途负载途径相结合的方法。加压氦气罐决定着体积和重量。通过使用单一氦气罐,并把该氦气罐嵌套到装载的风箱中,可以使所有的可用空间最大化,降低整个装配的高度。圆柱形吊舱的使用,可以带来着陆器内有效的空间利用,如图 8 – 42 所示。相变材料体积的初始模型表明可以有更多足够的可用容积容纳相变材料,所以热管网能够以回流方式在 $0.9g$ 的金星环境下散热,所有主要部件都能够被容纳到这个设计中,而且还会有盈余。

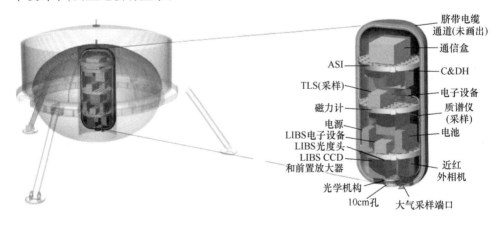

图 8 – 42　着陆器及吊舱的结构细节

着陆器将要经受的恶劣环境和高 g 负载,要求使用的结构材料默认为钛合金,钛合金是一种轻质、耐高温的材料。

尽管还有很多概念工作需要校验,每个低 TRL 机构的概念设计仍然为重量评估提供了基础。由于暴露于金星的恶劣环境之中,所以第一次着陆之后就需要执行的机构是首先需要考虑的,所以假设吊舱中的机构处于温度可控的环境中,不会经受外部机构所经受的同水平的热环境和压力环境。所有机构都要经受住进入金星时所经历的高负载。

8.6.8 着陆器移动性

为了满足 VME 的空中移动性,需要一个能在近地位置(2~5km)运行的系统,在这段距离内,温度变化范围为 424~447℃,压强变化范围为 67~81bar。主要的移动系统子系统包括金属风箱、氦气贮存罐、氦气填充气体以及相关的管道、阀门、支撑结构以及机械结构,如图 8 – 43 所示。

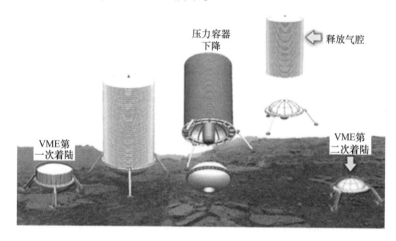

图 8 – 43　风向布局顺序

在 JPL 测试的风箱原型基础上,当前的风箱设计是一个不锈钢薄板结构,结构厚度为 0.18mm。风箱设计能够保持内部压强高于周围 0.5bar。这种设计参数通过阀门来实现,在降落期间,阀门控制受压贮存罐为风箱充气,在吊舱/风箱上升时,阀门控制释放压强。

金属风箱系统能够为着陆器上升到特定高度提供所需的浮力。就像其他充气系统一样,金属风箱通过用较轻的气体(He)替换较重的环境气体(CO_2)来提供浮力,当前的 VME 设计使用了和原型风箱等体积的风箱。为了在金星表面保持内部压强高于外部 0.5bar,风箱中填充的氦气比漂浮阶段要多。当风箱上升到漂浮高度时,氦气逐渐释放。除了考虑原址操作之外,在没有压弯和损坏的情况下,风箱在结构方面具有超过 167g 的飞入负载需求。因为可折叠面的箱体能够提供足够的结构支撑,所以主要应该顾虑的是顶部和底部的圆顶以及总负载。在风箱膨胀期间,假设了一个 L/D 弹性比为 5,这个弹性比可以在 2005 风箱原型的经验基础上得到。

对于 VME 而言,因为氦气很轻,具有惰性,容易操纵,所以选择氦气作为充气气体。由于重负载的存在(吊舱大约 650kg,其中有 30% 的盈余),风箱需要替换大约 14m^3 的 CO_2,为耦合风箱/吊舱系统提供漂浮高度下所需要的浮力。在地表条件下,VME 着陆器的氦重量为 84.4kg(没有盈余),为了能更有效地存储在紧凑压力罐中,氦气被压缩到 10000Pa,从而将氦气的体积减小了大约 2m^3。由于钛合金具有很高的传统型,再加上对金星腐蚀性高温环境中复合材料的耐受性考虑,选择钛合金作为压力罐的制作材料。对于固定的贮存罐而言,钛合金具有最好的质量长度比,然而不锈钢具有可延展性,用作风箱材料是最好的。在高级计算的基础上,对于每 1kg 的氦气,存储系统需要 6~7kg 的桶槽质量。为了保持氦气在 70℃以下,需要在贮存罐周围加一层绝热隔离层,这将给系统增加 30kg 的质量。对比之下,在使用相同容积的情况下,在 460℃ 的环境下,质量将达到 2.5 倍左右。为了减少质量,提高容纳量,存储系统具有独特的环形贮存罐设计,这种传统的构造在圆环面中心为吊舱提供了紧凑的包装。

膨胀系统装备有大量的阀门,当在地球进行氦气罐的初期填充时,使用装填阀门,在金星表面使用单独的一组阀门进行风箱的填充。在降落阶段,通过一种特定机构,实现有限的氦气替换,目的是保持装载过的风箱压强成中性,因为这种薄壁容器设计不能承受太大的高压差。在降落阶段,还需要一种机制,来维持风箱中的压强低于当地金星压强 0.5bar。在第一着陆点对风箱充气,使得风向压强高于当地金星压强 0.5bar,之后氦气罐断开,从而导致受浮力的风箱/吊舱系统在大约 20min 内迅速上升到漂浮高度。因为等容风箱中的压强需要比周围环境中的压强高 0.5bar,所以使用减压阀排放掉 7~18kg 的多余氦气,这依赖于地表和漂浮高度之间的高度变化。由于需要在金星表面进行操作,风箱系统需要的机构面临很大的挑战。独特的热防护机制可以通过给热防护附件增加重量来实现,这就更容易研究了。

在 220min 漂浮期的最后,吊舱及其支撑机构需要和风箱安全分离,分离机制自动发起,由吊舱中的指令数据处理系统驱动。这种概念设计仅限于一次横越,因为在第一着陆点氦气罐被释放,而且由于塑料的变形特性,充过气的风箱不可能再次利用。

8.6.9 着陆器热系统

本书所研究的热分析是在先前金星大气层任务模型的基础上进行的,模型中的导热率、辐射以及对流连接都是经过校正的,目的是保证温度预测和 PVLP 飞行参数之间良好的一致性。对于 VME 任务而言,对模型进行了改进,从而能够将吊舱压力容器的几何形状和尺寸参数考虑进去。模型还对该设计概念的热流和温度进行了预测。

在探测器从运载器释放之后，作用在自旋稳定减速伞上的太阳辐射流约为 1900W/m^2。挡热板和后壳的表面都涂有白漆，目的是将探测器有效载荷的冷偏差控制在寒冷生存温度极限之上，不会超过 -5℃。有效载荷上的生存加热器能够确保有效载荷的温度维持在 -20℃之上，规划的航空电子设备负载的生存加热器功率为 15W。在释放之前，运载飞行器为探测器提供任何加热器功率需求。

风箱系统压力罐和吊舱都需要与金星的周围环境保持热绝缘。金星表面的大气温度能够达到 462℃。风箱系统压力罐外部涂有 1cm 厚的多微孔二氧化硅绝缘材料，绝缘材料用薄的钛金属外皮包裹。压力罐暴露于金星环境中的时间将近 70min，在此期间，绝缘材料为压力罐提供热防护，将氦气的平均温度维持在 70℃以下。在降落期间，随着大气压强和温度的升高，多孔二氧化硅绝缘材料的传导率也会升高，在降落期间的平均热传导率约为 0.03W/m·K。

吊舱的有效载荷、设备舱板和吊舱压力容器之间被低传导率的钛合金底座隔离。为了使通过吊舱压力容器的对流辐射耦合最小化，将厚度为 2.2cm 的多微孔二氧化硅绝缘材料黏附在压力容器的外表面，内表面使用的是多层绝缘材料（MLI）。外表面绝缘材料被很薄的钛合金外皮包裹，在降落期间由硫磺酸密封。这种绝缘材料的工作温度高达 1000℃。绝缘材料的热传导依赖于二氧化硅的密度、温度以及大气压强。假设绝缘材料的密度为 290kg·m^{-3}。基于高压下热传导率的厂商数据，模型中使用了平均温度 350℃时 0.06W/m·K 的热传导率。多层绝缘材料对有效载荷和压力容器的内表面进行了热屏蔽。

探测器在降落穿过大气层期间，总的热负荷迅速上升，在着陆时达到达到 1355W。为了能够延长着陆器在金星表面的停留时间，将相变材料和有效载荷进行热耦合，最佳的相变材料为硝酸锂三水合物（LNT），选择这种物质能够使得质量和体积最小，这种物质被封装在密封的镶铝嵌板中。LNT 的特性为：融化潜伏热为 290kJ/kg，熔点为 30℃，密度为 1550kg/m^3，液态比热为 3kJ/kg·C，这些特性使其成为最好的待选相变材料。系统需要 59kg 的 LNT，在 6h 任务寿命的最后，维持有效载荷温度在最大工作温度极限以下，并保证有 5℃的工作温度盈余。为保证有效的热传导，LNT 的最大厚度假设为 3.72cm。5 个相变材料嵌板从上到下分布在压力容器中，底层相变材料嵌板靠近相机窗口以及大气采样进气口，此处会发生严重的热损失。这个相变材料嵌板和设备底座也是热耦合的。在顶层的两个嵌板上，装有低功率的耗散组件。内部 PCM 板会有恒定导率热管（CCHP），可以将热量以回流的形式从低层板传送到高层板。通过使用 CCHP 散布机，将热量在 PCM 嵌板内进行传播。每个嵌板有 9 个 CCHP 散布机和 1 个 CCHP 集管，集管将 9 个 CCHP 连接起来。Inter PCM 嵌板 CCHP 在热量方面与集管连接，所有的 CCHP 都是冗余的。

8.6.10　着陆器通信

着陆器通信系统使用的是 S 波段,因为对于较低的频率,会由于金星大气层的原因产生较小的衰减。对于仰角大于 10° 的情况而言,S 波段的大气层衰减小于 3dB。设计的轨道能够在整个任务期限内提供可靠的通信,并保持仰角大于 10°。

VME 探测器的通信系统仅在 S 波段进行传送,探测器到运载飞行器的传输率恒为 8.5kb/s。数据经过 rate – 1/2 回旋编码和 BPSK 调制,通过使用 50W 的 RF TETA 和两个全向天线,系统提供 3dB 或者更好的 RF 链路盈余,在所有范围和仰角内的误码率为 10^{-6},如图 8 – 44 所示。每次只使用一个天线,初级天线位于风箱的顶层,初级天线一直使用到风箱被弹出之时。之后 RF 信号切换到吊舱顶部的天线。风箱顶部的天线通过一个缠绕的电缆与发送机相连,电缆穿过风箱的内部。有一种机制能够使得在风箱扩张时,将电缆展开。子系统组件都是商业贸易现货供应的,除了全向天线之外。全向天线需要使用适合金星大气组成和温度的材料进行重新设计。

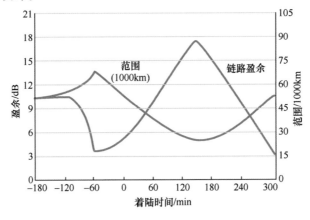

图 8 – 44　金星表面操作过程中的通信链路盈余

在方案设计阶级考虑了直接向地球通信的方式,"先驱者"金星号曾经采用这种方式,而 VME 没有采用这种方式的原因如下:①满足 VME 的科学目标需要庞大的精密仪器的数据量;②在深空网中缺乏 S 波段的支持;③着陆器需要功能更加强大的通信系统。

8.6.11　着陆器重量功率和数据率

整个任务的发射重量如表 8 – 3 所列。移动系统占着陆器系统的 65%,包括膨胀系统以及支撑组件。在吊舱内,结构和热设计是主要的子系统驱动。每千克的吊舱设备质量相当于 5kg 的结构质量,和将近 50kg 的发射质量。即使在给两个发射窗口的当前最优估计基础上,加上 30% 的质量留量之后,任务的质量盈余仍

表 8 – 3　整个任务的发射质量

项目	CBE/kg	质量增加的 允许度/%	最大期望质量
着陆器	1390	30%	1782
着陆器科学载荷	31	30%	41
着陆器子系统	469	30%	609
波纹管	890	30%	1132
减速伞	876	30%	1139
航天器	846	30%	1100
总共干重	3112	30%	4021
推进剂质量	366	1%	370
总共质量	3478	—	4390
LV 抛弃质量	—	—	5141

然存在,尽管 2021 发射窗口需要 19kg 的附加推进剂。

　　在从运载飞行器到金星大气层这期间的 5 天滑行段中,假设用于通信、电子设备以及主动热控制的功率为 15W,目的是确保进入金星大气层时,探测器温度尽可能低一些。通信系统每天仅被开启很短的一段时间来发送信号。在金星表面 5h 之后,目前原电池的放电深度为 70%。

　　将来的研究将集中于运载器和着陆器通信系统之间的信号交换能否实现。

8.6.12　技术成熟度

　　VME 发展设计的的大多数技术能够在金星的高温、高压和腐蚀性大气环境中进行操作。VME 的设计利用了多种机械结构,包括操作系统、螺栓割刀、阀门以及发动机等。在设计这些机械结构时,要寻找到在金星环境下能够运行的材料,同时满足质量和体积的最小化。风箱和氦气罐的设计需要承受金星的较大温度和压强梯度,同时使得质量和体积最小化。大型金星环境测试实验室的缺失也增加了这些系统的设计风险。由于机械结构在穿越金星大气层时将经受压强和温度梯度的存在,使得对降落和上升条件的模拟复杂化。

9 金星探测关键技术构想

深空探测能够推动多个领域的技术创新和多学科的交叉融合。自主导航与控制、自主管理、深空通信、捕获制动等深空共性关键技术,将在火星、小行星以及金星探测器的研制过程中得到突破并逐渐走向成熟。

此外,由于地内行星和地外行星两种探测任务有所区别,所需要的新技术也有所不同。由于地外行星探测面临距离远、光照弱等问题,因此地外探测对推进和能源类新技术的需求更加强烈,而对于地内行星探测,由于飞行方向的不同,探测器将会面临更加复杂的热流与空间环境问题,对热控以及可靠性的要求比对推进和能源类新技术的需求表现得更加强烈和严格。

金星探测不仅可以验证深空探测共性关键技术,也能够推动热控与可靠性等关键技术的不断创新,推动航天领域高新技术的不断发展。

9.1 深空探测关键技术

9.1.1 新型轨道设计技术

近年来,由于深空探测任务的进展,采用了一些新的飞行轨道设计技术。

1. 借力飞行轨道设计技术

借力飞行技术是指借助大天体如行星的引力调整或改变探测器飞行轨道的轨道设计技术。很多探测器都采用了借力飞行技术,从而节省了大量推进剂。例如,日本于 2003 年发射的"隼鸟"号小行星探测器采用了这种借力飞行技术;再如,美国于 2004 年发射的"信使"号水星探测器在 6 年多的飞行过程中,要 1 次飞越地球、2 次飞越金星、3 次飞越水星。最后于 2011 年进入环绕水星的轨道。它在

2005 年 8 月返回地球时,曾借助地球引力加速度;而在 2006 年 10 月、2007 年 10 月飞越金星时,则借助金星引力调整飞行轨道向水星靠近。

2. 气动减速轨道设计技术

气动减速技术是指利用行星大气特性实现气动减速的轨道设计技术。近年来,美国在火星探测中利用了气动减速技术,先通过主推进系统制动实现火星轨道捕获,进入环绕火星的大椭圆轨道,再通过火星大气减速降低轨道高度,最终进入近圆工作轨道。此外,火星着陆器的软着陆过程也利用这种气动减速技术来降低轨道高度。

3. 小推力过渡轨道设计技术

小推力过渡轨道设计技术是新型轨道设计技术与新型跳进技术相结合的产物,它可以利用新型推进器的推力实现轨道加速。由于探测器接近探测目标、环绕目标飞行或软着陆都要提供很大的速度增量,若采用传统化学推进剂则必须携带大量推进剂,从而会增加探测器的质量,相对减少有效载荷的质量。而新型轨道设计方法与这些先进技术(如电推进、核推进、太阳帆板和微波推进等)相结合,将会大大促进深空探测任务的进展。

9.1.2 新型结构与机构技术

1. 着陆器结构技术

着陆器结构按照组成构建类型可分为桁架式结构、板式结构和筒壳式结构。其中桁架式结构材料利用率和整体结构强度高,又可以实现发射状态折叠。因此是首选方案,已发射成功的大型探测任务着陆器均采用框架式结构。

欧洲月球 2000 着陆器的主体框架由上下支撑板、中间圆柱形月球车舱和 4 个着陆退组成。中间圆柱形月球车舱为铝合金蜂窝或波纹板夹层结构,它通过铝合金蜂窝夹层上支撑板与一个电子设备锥形段连接,上面为与轨道器连接的铝环,下支撑板为与"阿里安"4 火箭连接的铝环。整个结构由 4 个缓冲腿支撑,每个着陆缓冲腿由三支杆状结构组成,通过缓冲腿内部的多级可压缩蜂窝结构实现着陆冲击的衰减。该着陆器能够将加速度峰值衰减到 $7.5g$,可在坡度不超过 $15°$ 的月球表面着陆。美国航空航天局(NASA)研制的 2007"凤凰"号火星着陆器携带机械臂,可挖掘表面冰层下 0.5m 深度。21 世纪美国重返月球的新一代月球着陆器将运送 4 名宇航员和 20t 货物着陆,并具有到达全月球能力和任何时候返回地球的能力,具有用于表面活动的增压舱。

2. 表面巡视探测器结构与机构技术

行星(及其卫星)表面巡视探测器又称为漫游车,如月球表面巡视探测器又称为月球车。它携带科学仪器在行星表面移动,完成探测、采样、运输等任务。在着陆前它是着陆器的有效载荷,着陆后则是独立完整的移动探测器,其结构与机构技术涉及构型设计、总体布局和一体化集成设计技术。由于科学仪器种类多、操作复杂,其展开与伸展,重复展开与收拢,对轮子的驱动与转向、机械臂的关节等要进行模块化设计。

2004年着陆火星的美国"机遇"号和"勇气"号火星表面巡视探测器质量为185kg,外形尺寸为150cm×230cm×260cm,车轮直径25cm,宽度20cm。它装有带6轮的摇臂悬挂系统,能够跨越25cm的岩石,在沙地和不规则岩石上爬坡,最大允许倾角30°,可以在45°斜面上保持不倾覆。前后两轮带有转向装置,可以使车体原地转向260°,也能够使车体突然转向和作曲线运动。最大移动速度可达0.5cm/s(实为0.1cm/s)。

9.1.3 热控技术

深空探测器在轨运行和在行星表面运行的过程中需要经受复杂、恶劣的热环境,热控系统保证其仪器设备能在适宜的温度范围内正常工作。如表面巡视探测器的热控系统,需要解决在外热流环境、复杂工作模式下的温度控制问题,有些仪器工作时需要散热,关机时又需要保温,而且外露部件较多。需要采用合理的防热方法保证其处于可以工作的工作条件,采用使用温度更宽的材料和器件。热控系统一般由散热涂层和隔热结构、加热器与热源以及控制加热器的控制器等构成。热控技术分为被动热控和主动热控,被动热控包括表面处理技术、隔热技术、热管技术等,主动热控包括无源主动热控(如百叶窗与旋转盘和导热通道热开关)、有源主动热控(如加热和冷却回路或液体循环换热装置)等。一种探测器通常采用多种热控技术的组合。

1. 加热器技术

加热器主要包括电阻加热器和核能源加热器与发电器。由于对远离太阳的行星进行探测时,阳光强度太低,探测器不能有效利用太阳电池,因而采用基于核能源(即放射性同位素热源)的温差发电器和加热器,主要有放射性同位素热电发生器(温差热源)(RTG)和放射性同位素热源单元装置(RHU)。在深空探测中广泛采用同位素热电发生器废热进行加热。近年来在一些深空探测器上还采用微型RHU加热,一般采用Pu-238作为热源,热功率只有几瓦,质量约几十克,称为轻型RHU。

2. 流体回路技术

流体回路技术传热效率和可靠性高,设计灵活,在深空探测中获得广泛应用。近年来闭环控制流体回路换热装置得到广泛应用。它通过强制流体在管路内循环流动而传输热量,可分为单向流体回路和两相流体回路。20世纪90年代发展了毛细泵驱动的两相流体回路(CPL)和环路热管(LHP)。在深空探测领域获得重视与应用。美国的火星探测漫游车(MER)采用了成熟的流体回路技术,其勇气号和机遇号表面巡视探测器的蓄电池组和电子模块的热控分别采用了6个和2个同位素加热器(RHU)。而2009年火星科学实验室(MSL)是大型表面巡视探测器,它

利用多用途同位素热电发生器产生的2000W废气对内部设备进行补偿加热,而采用蓄电池对外部设备进行热控。它包括两个单相流体回路,一个用于巡航阶段整个探测器的热控,传热能力2150W,另一个用于表面巡视探测器工作阶段的热控。欧洲火星漫步车ExoMars表面巡视探测器则在箱体内部采用RHU加热器加热,多余热量通过热开关和LHP传递到外部的辐射器进行排散,箱体外部设备采用电阻加热器加热。

9.1.4 自主导航与控制技术

1. 探测器智能自主导航控制技术

NASA的"新盛世"计划把智能自主技术放在首位,使深空探测器能自主完成导航控制、数据处理、故障判断和部分重构与维修工作。作为该计划的先导,美国的"深空"1号探测器通过远程代理、自主导航、信标操作、自主软件测试和自动编码等技术途径充分实现了智能自主控制,这是21世纪开始单个航天器智能自主技术应用的最高水平。欧空局、俄罗斯、日本和印度在自主技术方面也都开展了研发工作。

2. 表面巡视探测器自主导航控制技术

表面巡视探测器的自主导航与控制技术主要包括自主导航定位、路径选择和控制技术。①在月面和行星表面的复杂自然环境下定位难度很大,国外主要采用基于轨道图像、软着陆降落段图像和车载视觉系统图像的匹配定位、基于里程计的航位推算法、路标特征匹配法等实现局部定位。要在长距离导航中获得鲁棒性较好、精度较高的位置信息,应采用组合定位方法,并结合测角和测距技术。②路径规划的效率直接影响控制的复杂程度和探测效率,月面巡视探测器采用基于多种敏感器信息融合的路径规划,实现自主运动和完成科学仪器操作。③目前表面巡视探测器难以实现完全的自主控制,"基于人机交互的局部自主+遥操作"是实现探测器控制、科学仪器操作和提高探测效率的关键技术。此外,月面巡视探测器的驱动转向控制技术是实现能量优化控制的又一关键技术。由于月面巡视探测器在松软的月面环境下运动,存在严重的滑移和滑转,为了适应地形,每个轮子的负载不同,因此需要最佳地协调轮子的驱动和转向,优化驱动效率。

行星表面巡视探测器的最困难问题之一就是在困难地形上的机动性和自主通过以前未被描述过的环境的能力。2006年加拿大麦克唐纳-德特威勒联营有限公司(MDA)开展了行星表面巡视探测器的自主导航研究,其关键领域包括目视运动估测、自主路线编程和车辆定位。MDA负责设计的欧洲火星漫游车(ExoMars)能够在火星表面巡视数千米,由星上软件系统自动控制,采用光学敏感器导航,底盘的关键领域是运动和导航。

9.1.5 新型推进技术

空间探测新型推进技术主要包括电推进、太阳热推进、太阳帆推进、核推进技术以及新兴气动捕获和先进化学推进技术。2002 年 NASA 制定了空间推进技术（ISPT）计划,开发用于机器人深空探测的下一代空间推进技术,包括气动捕获、太阳电推进、太阳帆推进和先进化学推进。

1. 气动捕获技术

气动捕获技术利用航天器与大气之间的动量交换而获得减速推力导致轨道捕获。这一技术非常具有吸引力,因为它允许航天器以较高的速度从地球发射,从而可以缩短总旅行时间。在目的地（目标星）则通过大气中的气动阻力降低速度。如果没有气动捕获,就需要航天器上的大量推进系统来执行同样的减速,这将使得运载的科学有效载荷减少,运载火箭尺寸增大。

美国认为在两年内能够达到采用非推进方式而使航天器减速的要求。另一种可选方案是使飞行器开展一个"降落伞气球"——一种由薄的耐久性材料制成的降落伞与气球相结合的产品。目前正在为气动捕获研发 4 种不同的方案:①钝头体刚性气动壳体（软着陆降落伞）;②细长体刚性的气动壳体（软着陆降落伞）;③拖尾形降落伞气球;④附加降落伞气球。目前已经研制出一些先进的轻质刚性壳体结构,如洛克希德·马丁公司制造出了直径为 2m 的碳/碳气球壳体,未来计划还包括制造 1m 的先进烧蚀气动壳体。可膨胀气动壳体技术的研发已经开始进行。

2. 电推进技术

电推进技术是利用电能加速工质形成高速射流而产生推力的技术,是迄今发展最快、最为成熟的非化学火箭推进技术。电推进的能源和工质是分开的,电能通过太阳能或者核能经过转换装置获得,因而电推进技术可以分为太阳电推进技术和核电推进技术的两大类:工质常用氢、氮、氩或碱金属的蒸气。电火箭推进的比冲高,可达 250kN·s/kg,寿命长,累计工作时间可达上万小时,重复启动次数可达上万次。而且,电推进器的推力一般小于 100N,因而适用于深空探测。近 10 年来,世界航天国家或地区都在深空探测领域积极开展与利用电推进技术,美国正在研制下一代太阳电推进系统以及为未来太阳系和星际探测的核能电推进提供10 ～30kW 级、比冲大于 98kN·s/kg 的离子发动机,2003 年日本发射的"隼鸟"号小行星探测器采用微波离子推进器,欧空局发射的 SMART1 月球探测器于 2006 年验证了稳态等离子体推进器（即霍尔推进器）。日本正在考虑的金星探测器和欧空局计划中的贝皮,哥伦布水星探测器、SOLO 太阳轨道器、火星及其卫星取样返回轨道器等,都将以太阳能电推进作为主推进。

1）太阳电推进技术

太阳电推进（SEP）系统包括太阳电池阵、电源处理装置、万向节系统、推进器以及推进剂输送系统。ISPT 将通过提高它们的能量、比冲和总产生量使 SEP 系统成熟化,从而降低成本。正在研制的静电推进器可以达到非常高的比冲（29.4 ～117.6kN·s/kg 或者更高）,这对于深空探测任务是十分理想的。ISPT 计划的重点在于离子推进器。离子发动机已经在空间得到验证,作为主推进的首次应用是

1998 年的"深空"1 号任务,并成为 2007 年发射的"黎明"号任务的主推进系统。"深空"1 号上的离子发动机 NSTAR 在其最大功率水平 25kW 下可工作一年之久,共使用约 83kg 的氙推进剂。2003 年 6 月 NSTAR 飞行备用发动机工作超过 30352h,处理了 235.1kg 的氙推进剂,这好似迄今为止火箭发动机所层工作的最长时间,并达到其原始设计寿命的 283%。目前 ISPT 计划正在利用研制的"革新的氙推进器"(NEXT)来推进 SEP 技术,将在超过 7.0kW 的功率水平下验证系统级特性,曾使 NEXT40cm 推进器工作超过 200h。霍尔推进器的技术研发包括高压霍尔加速器(HiVHAC)推进器,预期寿命超过 30000h。

2)核电推进技术

2003 年开始的普罗米修斯计划使电推进技术与空间核反应堆产生的电源相结合形成混合电源,第一个建议的应用任务即木星冰月轨道器(JIMO),其重点是一个利用电推进的 100kW 级航天器。相关技术包括高功率/高比冲栅格离子推进系统方案与中子反应堆(NRA)、长寿命部件与建模、高压隔离器/绝缘体、高功率电源处理器装置(PPU)选择和辐射加固推进器部件与材料。顶层推进系统特性包括:①高功率:每个推进器 20~50kW;②高比冲:19.6~88.2kNs/kg;③长寿命:推进系统能工作 6~10 年;④抗辐射:木星环境要求抗辐射性很强的材料;⑤技术成熟度:初步设计评审(PDR)。JIMO 项目正在开发一个离子推进系统。离子推进器通过提高高速排气来提供推力(其排气速度高达 20000~100000m/s,而化学系统的最大速度仅为 4500m/s);同时可使质量流量减少至最小(仅为 5~10mg/s,而化学发动机则超过 100mg/s)。

核电推进系统(NEP)还可以用在 2020—2030 年期间向金星发送一系列机器人表面巡视探测器和大气科学飞机。NASA 格伦研究中心特别重视 NEP 转移级。NEP 具有发射重型有效载荷的能力。NEP 级的 EP 推进器系统采用 6 个 HIPEP 模型离子推进器,每个推进器功率为 25kW,质量为 30kg。液体金属布雷顿循环反应堆为转移级上的科学仪器提供电源。NEP 级的干重为 9096kg。

3. 太阳帆板推进技术

太阳帆是通过反射太阳光子实现推进的大型轻质结构。近期的大多数应用是在地球邻近地区(例如地球–太阳 L1 平衡点)的以太阳为中心的任务,也是目前 NASA 投资的重点。第一代太阳帆的尺寸范围为 100~200m。它被压缩装载以便发射,展开时将中超轻桁架支撑。太阳帆由平滑材料制成,外面涂敷反射涂层,由连接到中心毂上的超轻结构支撑。近期的太阳帆可能将采用镀铝聚酯薄膜(Mylar)或 CP – 1。NASA"新盛世计划"的研制工作集中在三轴稳定的方形太阳帆上,两种不同的 20m 太阳帆分别由 ATK 航天公司和拉加德公司设计与研制。这些帆十分坚固,可以在大气、重力环境下展开,并可加大比例制成大得多的太阳帆,每侧长达 150cm。拉加德公司研制了采用可膨胀桁架杆的太阳帆,这种桁架杆在室温下使柔性的,而在低温下使刚性的。它们的方案采用位于方形帆 4 角的铰枢接叶片来控制太阳帆的高度和推进方向。2005年,两种不同的20cm太阳帆系统在格伦研究中心的空间能源设施(SPF)中成功地完成展开与功能真空试验。目前,拉加德公司和喷气推进实验室正在研发100m基本型太阳帆方案,它采用聚酯薄膜以及低于玻璃转变温度的可膨胀/可刚性化学半硬壳梁和延展系统,并由此组成膨胀展开的太阳帆支撑梁,太阳帆在支撑梁端部上装有翼片,为太阳帆板提供三轴控制。

4. 核热推进技术

月球任务对推进要求十分苛刻,短的转变时间和高速度增量(AV)最好由核推进的高比冲来提供。为了降低飞离地球期间的重力损失所需的高推力可以由液氧(LOX)增加推力的核热火箭(LANTR)来提供。原位资源利用(ISRU)能够大大降低运送质量至低地轨道(LEO)的重现成本,允许实现一个重复使用月球转移飞行器(LTV)体系,它比化学动力飞行器成本75%。LANTR是一种通过喉部下游的气氧(GOX)喷注能使来自热核火箭的推力增为2倍甚至4倍的方案。已经证明采用核动力(特别是LOX增加推力改型)对月球任务的巨大价值并可为火星任务提供飞行经验。

5. 先进化学推进技术

ISPT计划正在两个关键领域开展进一步提高现有化学推进系统性能的工作。在轻质部件领域,目标是减轻推进剂与增压储箱的质量,并且促进防护热羽微流量星体的可能替代品而降低对多层隔热(MLI)的依赖。在先进推进剂领域,正在开展提高可储存双圆推进剂系统和确定其在深空探测任务中的全部应用的工作。化学推进剂的温度一直受到传统推进器化学材料铌的限制,在革新设计中引入高温抗氧化燃烧室材料如铱/铼(IrRe),允许达到较高的燃烧室温度,从而提高发动机的性能。未来计划包括研制压力更高的燃烧室与空间可储存的推进剂,均将增大比冲,其他发展包括添加铝的高比冲凝胶推进剂和泡沫芯屏蔽微流量体防护系统。

9.1.6　新型能源技术

用于空间探测的能源技术包括太阳能源、核能源、新型能源和能量储存技术等。就应用而言,太阳能应用较广,然而在一些距离太阳较远的深空探测任务中只能依靠核能源,新型能源的应用潜力巨大,近年来美国在深空探测中研究利用了大量太阳能源和核能源,水平先进。欧洲在依靠光电能源系统推动空间任务方面也已经具有优势。罗塞塔木星探测器是最远的只靠太阳能源的航天器。猎兔犬是第一个仅依靠太阳能源的火星着陆器。但是,某些类型的任务仅通过采用核能系统来启动,ESA和NASA合作的两项任务尤利塞斯和卡西尼/惠更斯中采用了放射比同位素加热器装置。

1. 太阳能源技术

2005年美国Auburn空间研究所提出一种新的轻质太阳能系统方案。它采用最新的 25kW 转换器、可膨胀菲涅耳透镜太阳聚光器、先进斯特林转换器技术和液膜辐射器,将带来一种新型月球电力系统。这种液膜辐射器被包在一个透明包套里,流入包套内的液体仅 300μm,在 373K 温度下发光率为 0.85,该系统比功率可大 100W/kg,也能夜间应用。

2. 核能源技术

放射性同位素电源系统(RPS)具有如下优点:寿命长、可使用各种工作条件,不受辐射影响、结构紧凑、姿态控制简单、可靠性高、动力可调、不产生噪声、振动和扭矩,因而非常适合在外层空间和行星表面的极端环境中执行任务。如月面巡视探测器的能源受到太阳电池阵面积的限制,采用同位素温差电池是解决度过月夜所需能源的优选技术途径。又如 2007 年 9 月 NASA 在"探测体系"中提出了利用核能替代太阳能用作火星表面能源。RPS 一般可按所提供电功率大小分为较大型 RPS(功率大于 40W)和小型 RPS(功率由几十瓦到 40W)。

大型 RPS 已经获得大量应用,通常采用放射性同位素热电源(RTG)。实际应用的 RTG 几乎都是静态热电型电源,而今年动态热电型同位素电源也已经进入工程设计与论证阶段,研究最多的是斯特林和布雷顿两种循环电源系统。未来将开发具有更高热电转化效率的热 – 光电转换器和碱金属热电转换器等,前者采用镓 – 锑(GaSb)红外光电电池直接将同位素辐射热转化成电能,后者则借助液体金属离子将红外辐射转换成电能,从而使转换效率比现在提高 2～3 倍。目前美国拥有的较大型 RPS 的功率都高于 285W,正在研制新一代功率高于 110W 的标准 RPS,即多用途 RTG 和斯特林放射性同位素电源。现在美国的 RTG 的热电转换效率已经从早期的 4% 提高到 8%,电功率由开始时的 2.7W 提高到近千瓦级,比功率也由 1.48W/kg 增大到 5W/kg。

小型 RPS 称为开发热点,它比大型 RPS 能更好地执行一些空间科学与探测任务,如小型自动着陆器、飞行器和附属卫星等。目前世界各国开展了毫瓦级、十几瓦级 RPS 的概念研究。对于毫瓦级 RPS 而言,美国的 RPS 输出功率为 20W 和 40W,转换效率为 2%～4%,质量为 0.12～1.26kg,俄罗斯的 RPS 输出功率为 25W,转换效率为 2.5%,质量为 0.27kg。对于十几瓦级的 RPS 而言,目前设计最大输出功率为 12.5W,转换效率为 5%,最大质量为 5kg。而近期和未来的最大输出功率为 18W,转换效率为 7%,最大质量分别为 5kg 和 3kg。小型 RPS 的关键技术主要是:①通用放射性同位素热源(GPHS)技术,如美国喷气推进实验室为下一十年火星着陆任务,根据 25～50W 目标设计了以单个 GPHS 模块为基础的 RPS;②能量转换(热电能量转换与斯特林动能转换)技术,如美国正在设计一种新型能量转换系统,输出功率约 10W,转换效率达 18.5%。

今后小型 RPS 的应用将日益广泛,尤其是用于着陆器和表面巡视探测器。例如,探测月球地下冰冻层的月面巡视探测器既不能采用太阳能动力,又由于周期限制不能采用单独电源,因此 RPS 是目前唯一的选择,计划采用 4 台带有散热片的独立 GPHS,转换效率为 5% ,总功率为 50W。还拟用于土卫二着陆器(转换功率为 5% ,功率为 250W/12.5W)、火星表面巡视探测器(功率为 23.5W)等。

3. 能量存储技术

能量存储技术主要包括各种蓄电池和燃料电池技术,NASA"探测技术开发计划"(ETDP)的 21 项技术开发工作之一就是"能量存储项目"。该项目旨在提升锂离子蓄电池和质子交换膜燃料电池(PEMFC)技术,来满足 NASA 探测任务包括猎户座 CEV、CLV、月球先驱机器人计划(LPRP)、月面到达舱(LSAM)和月面巡视探测器于居住舱的特殊要求。PEMFC 技术具有许多超过现有碱性燃料电池(AFC)的优点,NASA 目前工作集中在具有纯氧的燃料电池系统操作和在多种重力环境中的水管里。

9.1.7 测控通信技术

深空跟踪测量与通信技术是探测活动成败的关键。它包括:在整个飞行过程中进行高精度跟踪测量,以准确确定轨道并进行轨道机动控制和状态监视。在达到目标后进行制动和入轨等操作,在探测过程中通过深空通信系统将操作指令发送给科学仪器,以控制其进行科学探测,并将所获取的科学探测数据传回地球。

1. 深空测控网站技术

深空测控系统主要是深空探测网站,目前美国、欧洲、俄罗斯和日本等国家或地区的航天机构都已经建立了深空测控系统或深空测控网(DSN),法国、意大利和印度也在计划建立自己的深空站。如美国的 DSN 是为对执行月球、行星和行星际探测任务的航天器进行跟踪、导航与通信而建立的地基全球分布测控网,可以提供双向通信链路,用于对航天器进行指挥控制、跟踪测量、遥测、图像与可科学数据的接收等。该 DSN 由分布在全球的三个深空通信测量综合设施(DSCC)组成。

1) 新型天线与组阵技术

新型天线与组阵技术主要包括:①Ka 频段技术:Ka 频段具有比 X 频段更高的信噪比,可提高数据的传输率。美国正在对 34m 和 70m 天线实施 Ka 频段升级改造计划,可使下行链路能力增加 4 倍,Ka 频段测量已经在卡西尼探测器上得到应用。ESA 新建深空站的 35m 天线也具有 Ka 频段能力。②大口径天线技术:各国或地区都在开发和利用大口径天线技术,目前世界上主要深空站的天线口径都在 34m 或 35m,有的已经达到 60~70m。美国将对现有大口径天线进行改造,包括延长 70m 天线的寿命、实施多目标支持(MSPA)计划。③天线组阵技术:为了提高对远距离微弱信号的接收能力,利用大量小口径天线组阵的技术成为增加天线口径的经济有效途径,可以提高从探测器返回的数据量。NASA 提出并采用了多种天线组阵技术方案,包括 $4 \times 34m$ BWG 天线组阵和甚大规模 10m 级天线组阵,后者可使 DSN 下行链路能力提高 2~3 个数量级。

2）火星轨道器中继通信技术

相对于传统的直接与地球通信而言,通过在火星轨道运行的航天器的中继通信解决通信难题具有重要意义。NASA 的火星环球勘测者(MGS)和火星奥德赛(ODY)轨道器以及 ESA 的"火星快车"(ME)轨道器构成初步的中继通信体系,这一体系已经成功地支持了"勇气"号和"机遇"号火星表面巡视探测器。为了支持高速率仪器,MRO 已经显著增加了其下行链路能力,达到火星轨道器深空通信的现代技术水平。MRO 的优势特征是 3m 高增益天线(HGA),它提供明显高于 MGS 和 ODY 的下行增益。

火星着陆器和表面巡视探测器可以大大受益于中继通信,包括提高数据传输速率与总数据容量、减少能量使用和在观察不到地球时获得通信的机会。两个火星探测漫游车(MER)都装有与火星轨道器通信的特高频(UHF)链路。至 2006 年5 月,已经有超过 200Gb 的数据返回,其中 97% 通过 ODY 和 MGS 轨道中继返回,中继链路将使能量效率比深空链路提高一至两个数量级。

2. 光通信技术

光通信可以将深空探测数据的传输速率提高几个数量级,在光通信中,信息通过激光和望远镜传输,性能更高,而且航天器上的通信设备更轻巧。①望远镜传输技术:在采用望远镜传输中,光学空间链路的地球端有地基和天基两种实施方案,目前倾向于地基方案。地基方案采用两个 10m 望远镜接收深空信号,成本较低。②激光通信技术:NASA 于 2003 年中期开始执行火星激光通信验证(ML – CD)项目。该项目由 NASA/GSFC 管理,飞行终端将在火星通信轨道器(MTO)上进行飞行试验,原计划于 2009 年发射。该项目完成了从围绕火星轨道运行的航天器以1 ~30Mb/s的数据速率发送数据的初步系统设计,但由于 NASA 内部计划变更而中止。

9.1.8 综合电子系统技术

综合电子系统将深空探测器的遥测、遥控、自主控制和管理等功能综合在一个以微处理机为主的系统中,达到信息共享。关键技术包括嵌入式计算机系统技术、数据总线技术、大容量存储技术和微型元器件技术。发展方向是小型化和集成化。

1. 高性能、小型化嵌入式电子系统技术

深空探测综合电子系统多为嵌入式计算机系统,关键部件包括嵌入式微处理器(MCPU)和嵌入式系统软件。它要集成高速处理器、高速数字信号处理器(DSP)、复杂可编程逻辑器件(FPGA/CPLD)、专用集成电路(ASIC)、芯片基系统(SOC)等新兴器件以及高效、高可靠系统软件,如实时多任务操作系统(RTOS)。嵌入式电子系统的发展方向是高性能和小型化。

2. 大容量存储技术

大容量存储技术主要包括磁带存储技术、磁光存储技术和固态存储技术。其

中固态存储技术芯片容量越来越大,使存储器容量增大,设备功耗与体积减小,工作速度提高,并可随机存储,远优于磁带存储。以计算机为基础的存储器,其数据存储能力大于150GB,特别适合于长寿命、高可靠的深空探测器应用,将取代磁带存储器。

9.1.9 有效载荷技术

深空探测器的有效载荷主要是各种探测仪器设备,根据探测目标(星)、科学任务、探测方式、探测飞行力式而各不相同。

1. 探测仪器的类型和发展趋势

深空探测仪器基本上包括:①成像探测仪器:主要分为光学成像仪器(包括CCD立体相机、高分辨率电视摄像机、成像光谱仪等)、表面地形测绘和结构分析仪器(包括激光高度计等)。②土壤与矿物分析仪器:主要分为化学元素分析仪(包括X射线和γ射线光谱仪、中子谱仪等)、矿物分布分析仪(包括紫外–可见光–红外成像光谱仪(VIRTIS)等)。③环境探测仪器:分为表面(与空间)环境测量分析仪(包括磁力计、等离子体成像仪、带点粒子光谱仪、等离子体分析仪、高能粒子与等离子体谱仪(EPPS))、大气探测仪器(用于具有大气层的金星、水星探测,包括无线电科学实验仪(RS))、重力场试验仪器(包括多普勒重力场试验仪器等)。今后深空探测仪器的主要发展趋势是高性能(如高分辨率)、小型轻质化、高集成度、高可靠、长寿命。

2. 探测仪器在深空探测中的应用实例

1)NASA“火星科学实验室”的阿尔法粒子X射线谱仪(APXS)

APXS仪器具有来自“火星探路者”(MP)和“火星探测漫游车”(MER)两者的传统,用于确定土壤和岩石中的元素含量,这对于了解火星形成的地质过程至关重要。

2)新型火星探测纤维摄像仪

它可以表征水成岩。获得细小岩石特征以及碳酸盐一类物质的微小纹理的信息,还可以确定火星风化层中的微粒的形状和尺寸。

9.1.10 外星工作站技术

1. 选址布局技术

临时性和永久性外星工作站和基地的建设,首要任务当然是选址与布局。

1)选址

其基本原则是:便于着陆和适于在一定范围内活动的平坦区域,适合于建设和人员长期居住,便于与地球进行通信和运输,具有科学研究价值,附近具有丰富的资源。一般先通过多次无人探测选择载人着陆地点,并在此基础上选择建立工作站和基地的地点。美国月球前哨站的选址地点位于沙克尔顿月坑边缘上,在以前“阿波罗”飞船着陆的椭圆区域内。

2）布局与建设

工作站或基地应该包括居住地、制造厂（制造氧、水或推进剂以及相关部件）、研究实验室、仓库和其他保障设施，并进行合理布局配置。

2. 外星表面运输与探测技术

外星工作站和基地的表面运输与探测直观重要，涉及人员、货物和推进剂的运输以及在一定范围内的探测活动。其设施主要包括运输工具或车辆。可移动居住系统和表面巡视探测器以及必要的环境控制与生命保障、后勤供应支持设备等。美国月球前哨战的设想涉及居住组件、可移动着陆器和增压月面巡视探测器以及它们的混合配置。

1）居住条件

具有乘员/货物着陆器的多居住组件。可以利用可移动性着陆器组装前哨站。

2）月面巡视探测器（月球车）

扩大范围甚至到达全月球需要使得表面可移动性称为月球前哨的关键决定因素。月面移动的新方式是采用增压月面巡视探测器。NASA 研究了两种月面巡视探测器，一种是小型敏捷月面巡视探测器，另一种是大型月面巡视探测器。

小型增压月面巡视探测器具有 2 人航天服装置，可进行快速进行的舱外活动（约 15min）（EVA），具有环境控制与生命保障系统（ECLSS）组件，采用防水后舱室提供太阳粒子活动（SPE）防护，并通过冰水相变提供车辆热控，增压传至居室，大幅度降低 EVA 负担，行走距离 200km。长距离探测需要两辆有驱动器的这种增压月面巡视探测器。

大型月面巡视探测器可以提供更远距离的月面探测。由于能很好地利用着陆器，并与增压月面巡视探测器结合，可以提供几千千米的探测距离，还可以减少"战神"5 火箭的数目。这种月面运送器带腿，腿上装轮，提高月面探测能力。

3）混合配置方式和统一月面系统

混合配置方式是灵活的月球表面体系，尺寸小于单个居室，但大于微型居室方案的离散组件。它具有坚固耐久的货运着陆器，仅有 2 个或 3 个组件的前哨站建设，由分散的月面移动系统提供便利的组装，骨架尺寸减至最小。

着陆器包装、居室模块和表面运送器必须作为一个系统。居住组件为模块化设计，自带太阳电源、通信和闭合环境生命保障系统等，仅利用着陆器，货物就能交付使用。月面运送方案利用腿/轮进行组件的卸载、运输和放置。

3. 原位资源开发与利用技术

1）原位资源利用技术

原位资源利用（ISRU）是采集、处理、储存与利用在载人与机器人探测期间所遇到的本地资源或原材料，从而降低成本与风险。2006 年 NASA 首次制定了一项"ISRU 技术开发计划"，使这种方式用于月球和火星的长期探测。该计划包括从 2020 年初期开始的扩大载人任务期间，发射对月球风化层（包括埋藏的挥发性物质)进行挖掘与采集的能力和生产氧来供应推进与生命保障耗材。原位资源利用技术主要包括下列三项:①用于推进剂和生命保障后援的氧的生产,包括月球土壤的搬运、拣选和粉碎,氧的化学、电化学或热萃取,萃取氧的分离、处理和储存,反应物的再循环,以及所还原的月球土壤的处置。根据月面到达舱的推进剂要求,支持月面到达舱的推进剂要求,支持每年两次任务的上升阶段将需要 8 ~ 10t 的氧。②彗发物的萃取和探矿:氢在月球两极的气量约 1‰,而在赤道地区约0.1‰。原位资源利用计划正在研究月面巡视传感器/取样器方案,来自含有水火分子氢的加热样品中的气体挥发物将进行进一步处理,以分离与采集这两种物质。③月球风化层挖掘技术:原位资源利用计划正在确定挖掘月球表面风化层(向下10 ~ 15cm)的能力,每年要采集与处理多达 1000t 的风化层。

2)原位制造与修理(ISFR)技术

ISFR 是一项用于空间探测的新兴关键技术,将提高现有的技术水平,来支持居住建筑结构的建造、工具和机械零件制造以及空间部件的修理与置换,目前,美国马歇尔航天飞行中心(MSFC)正在开发在月球与火星表面工作期间具有原位制造能力的技术,这些技术将利用所供应的材料和本地提取的材料。ISFR 技术包括制造技术、修理与无损评价(NDE)技术和居住建筑解耦股。2006 年该中心决定集中研究金属部件的制造技术,最后集中评价了电子束融化(EBM)和选择激光烧结(SLS)两种工艺技术。其中 SLS 明显具有更小的表面粗糙度,而 EBMI 在真空中进行,非常适合月球表面的环境以及探测任务的非增压空间飞行环境。因此结论是EBM 工艺最适合于未来空间环境要求,EBM 金属制造系统将支持 NASA 的现有计划(如 CEV、CLV 和 E – CLSS)。

9.1.11　运载和运输系统技术

运载和运输系统技术主要包括新型运载火箭(或重复使用运载器)推进系统技术、发射及发射场技术、返回着陆及着陆场技术、空间运输技术。

9.1.12　载人系统技术

载人系统技术主要包括 ECLSS 技术、航天服技术和航天员安全技术。

9.2　深空探测关键技术的综合分析

9.2.1　目前国外深空探测关键技术的发展重点

深空探测关键技术的研究主要有以下几个内容:
(1)重视轨道设计,开发模块化空间轨道交会对接与组装技术。
(2)优化发展着陆器与表面巡视探测器技术,进行多方案论证。

（3）探索新型推进与能源技术。

（4）开发更远距离、更可靠的测控通信技术。

（5）发展新型自主智能技术。

（6）继续研发微小型化、高集成化、多功能化技术。

（7）积极探索外星工作站和基地建设技术。

9.2.2　未来国外深空探测应用的各类关键技术

从应用的角度出发，深空探测关键技术可分为共性关键技术和用于各种探测目的地（目标星）以及特殊用途的专用技术两类。

（1）共性关键技术，主要包括飞行轨道设计技术、重要结构技术、深空热控技术、深空测控通信技术、自主导航与控制技术、新型推进与能源技术、微小型化综合电子设备技术，以及多目标与组合探测技术。

（2）月球探测关键技术，主要包括月球轨道器、着陆器、月面巡视探测器及机器人技术，下降、着陆、巡视和上升导航与控制技术。

（3）火星探测关键技术，主要包括核推进与能源技术，火星着陆选址技术，火星着陆器、表面巡视探测器技术，远距离测控通信技术与激光通信技术。

（4）金星、水星等探测关键技术，主要包括行星接力飞行与气动减速技术。

（5）小天体探测关键技术，主要包括电推进技术和行星借力飞行技术。

（6）太阳与深空环境探测关键技术，主要包括太阳望远镜技术和天文探测器技术。

（7）载人深空探测关键技术，主要包括新型重复使用运载器技术、模块化轨道交会对接组装技术、环境控制与生命保障技术、舱外活动及航天服技术、人员安全技术。

（8）月面与火星表面建站关键技术，主要包括选址与布局技术、居住舱技术、表面运输技术、推进剂存储技术、原位资源利用技术。

结 束 语

金星是太阳系中八大行星之一,按照距离太阳由近及远的次序是第二颗行星。长期以来,浓厚的云雾成为遮盖金星的神秘面纱,人们很难认识到金星的真实面目。人类对金星的探测并没有像对月球和火星探测那样充满幻想,目前既没有设想充分利用其资源,也没有设想将其变为人类的第二个家园。但是可以肯定的是,这个结构与地球非常相似的姊妹星,诞生时的环境与地球是一样的。由于金星有许多未解之谜,而揭开这些未解之谜对于认识地球的演变具有十分重要的意义,因此,人类依然将继续想方设法对金星展开探测。

人类对太阳系行星的空间探测首先是从金星开始的,苏联和美国从20世纪60年代起,就对揭开金星的神秘倾注了极大的热情和探测竞争。已经发射的探测器获得了金星的大气层、表层特征、地质结构、空间环境和内部结构的大量资料,但是,由于金星探测难度大,仍然有许多未解之谜。主要包括:

- 为什么金星大气层中的二氧化碳会占据金星大气层主要成分的96%,并且一直以气态形式存在于大气层中?
- 金星自旋极其缓慢,可为什么中层大气环绕金星运动的速度那么快?
- 金星是否存在火山?
- 金星磁场很弱,究竟是起因于金星自旋缓慢,还是根本就没有液体核?
- 高的氘氢比有力地说明金星过去有更多的水,随着时间的推移,大多数水消失了,其消失的原因是什么?
- 目前获得的金星表面图像,只有苏联"金星"系列着陆器获得的很小的区域,金星到底长什么样子?
- 金星大气有神秘的斑块在旋转,这些斑块是否具有生命?
- 与地球相比,金星的自转方向,其原因是什么?

通过深空探测工程的实施,可突破一批具有自主知识产权的核心技术和关键技术,获得重大科技创新成果,带动基础科学和应用科学若干领域深入发展,推动信息技术和工业技术进步,促进多学科的交叉和融合。

开展深空探测,和平开发利用外层空间是人类的共同事业,符合人类的共同利益。航天事业征途漫漫,科技创新永无止境。深空探测是当今世界航天活动的重要领域,是一个国家综合国力和创新能力的体现,是建设创新型国家的重要内容,对国家科技进步、经济建设、社会发展具有十分重要的意义。

附录 世界各国金星探测活动编年表

序号	日期	探测器	国别(地区)	运载火箭	任务类型	任务结果	任务概述
1	1960.3.11	"先驱者"-5 (Pioneer-5)	美国	"雷神-艾布尔"	飞越金星	失败	原计划是发射金星轨道器,后来在苏联发射月球1号探测器后改为飞越金星探测器,用来探测高能粒子、总编射通量、行星际磁场分量和微流星。于1960年3月11日用"雷神-艾布尔"火箭发射升空。该探测器用"探索者6号卫星改进而成,总重43.2kg,携带有效载荷18.1kg。发射后运载火箭工作正常,可惜的是它最后达到的飞行速度稍微低于奔金星飞行的轨道速度,只能停留在远离金星的日心轨道上
2	1961.2.4	"金星"-1961 (Venera-1961)	苏联	"闪电" (Molniya)	金星撞击	失败	"金星1961"是苏联的第一个金星着陆器,探测器为1VA型,直径1.05m,高2.03m,重643.5kg,增压至1200hPa。所承担的探测任务是研究行星际磁场和金星本身的磁场,收集太阳风数据,探测宇宙射线和微流星,探测金星温度。发射后进入了地球停泊轨道,但在球轨道时由于运载火箭变压器故障致使第四级火箭未能点火而失败
3	1961.2.12	"金星"-1 (Venera-1)	苏联	"闪电" (Molniya)	金星撞击	失败	发射后进入227km×285km地球轨道,同日该探测器进入飞向金星的轨道。与探测器的通信保持到2月17日,10天后因为未能建立重新联系,飞行任务失败。苏联甚至求助于英国的射电望远镜,但是仍无效果。虽然后来该探测器远距离飞越了金星,但无法得到它的探测结果

序号	日期	探测器	国别(地区)	运载火箭	任务类型	任务结果	任 务 概 述
4	1962.7.22	"水手"-1 (Mariner-1)	美国	"宇宙神-阿金纳"B (Atlas-AgenaB)	飞越金星	失败	"水手"1号是由"徘徊者"探测器发展而来的金星飞越探测器，重203.6kg，用于探测金星红外辐射、太阳等离子体、微流星、磁力扰动和带电粒子等。发射升空不久因偏离航向而自毁。
5	1962.8.25	"金星"-1962A (Venera-1962A)	苏联	"闪电" (Molniya)	金星着陆器	失败	"金星"-1962A是苏联第二代火星和金星探测器（2MV）系列中的第一台金星着陆器，直径1.1m，高2.1m，携带有气体分析仪、温度和压力传感器等探测仪器。鉴于"金星"1号的教训，对防热系统、通信系统和分离机构均作了改进。发射升空后进入地球停泊轨道后，因第4级火箭故障而失败。
6	1962.8.27	"水手"-2 (Mariner-2)	美国	"宇宙神-阿金纳"B (Atlas-AgenaB)	飞越金星	成功	"水手"2号是"水手"1号探测器的备份，其任务也是飞越金星并传回此行星之大气、磁场以及质量等数据。"水手"2号发射后虽然出现了一系列故障，但仍然在1962年12月14日在距金星34773km处飞越，探测了金星的大气温度等数据，揭开了人类探测金星的序幕。12月30日由于电子仪器过热而丢失遥测数据，1963年1月3日失去联系
7	1962.9.1	"金星"-1962B (Venera-1962B)	苏联	"闪电" (Molniya)	金星着陆器	失败	"金星"-1962B金星着陆器的结构和有效载荷和金星1962-A相同。进入地球停泊轨道后，因第4级燃料阀门故障而失败
8	1962.9.12	"金星"-1962C (Venera-1962C)	苏联	"闪电" (Molniya)	飞越金星	失败	"金星"-1962C同样采用2MV系列探测器，所不同的是执行飞越金星之任务。由于第4级火箭发生爆炸，致使探测器解体坠毁，此任务亦告失败

序号	日期	探测器	国别(地区)	运载火箭	任务类型	任务结果	任务概述
9	1963. 11. 11	"宇宙"－21 (Cosmos－21)	苏联	"闪电" (Molniya)	飞越金星	失败	"宇宙"21号是苏联3MV系列中的第一个金星探测器。3MV是苏联第3代火星－金星探测器的缩写,其主体部分直径均为1.1m,高3.6m。"宇宙"－21号发射目的是在3MV系列中作为装载重型仪器进行探测之前的技术试验,包括通信系统和深空导航系统的试验,但发射后因第4级火箭点火定时定向错误而失败
10	1964. 2. 19	"金星"－1964A (Venera－1964A)	苏联	"闪电"－M (Molniya－M)	飞越金星	失败	"金星"－1964探测器亦为3MV型,它是第2个携带电离子发动机的深空探测器,目的是飞越金星探测,但发射后因第三级火箭燃料管线爆裂而失败
11	1964. 3. 1	"金星"－1964B (Venera－1964B)	苏联	"闪电"－M (Molniya－M)	飞越金星	失败	可能是因为运载火箭前级故障导致任务失败
12	1964. 3. 21	"金星"－1964C (Venera－1964C)	苏联	"闪电"－M (Molniya－M)	飞越金星	失败	未能进入地球轨道
13	1964. 3. 27	"宇宙"－27 (Cosmos－27)	苏联	"闪电"－M (Molniya－M)	飞越金星	失败	"宇宙"27号探测器任务是飞越金星。该探测器原定于3月1日发射,但由于和对接方面出现故障而推迟了4个星期,发射后成功进入了地球轨道,但由于上面级丢失方向而离开地球轨道,探测失败
14	1964. 4. 2	"探测器"－1 (Zond－1)	苏联	"闪电"－M (Molniya－M)	飞越金星	失败	"探测器"1号对外声称用于深空工程试验。实际上它是一个用于探测宇宙射线、辐射带电粒子、微流星、离子、原子氢和磁场的飞越金星探测器,并且携带了一个金星着陆器。但发射后不久就出现故障,经过2次修正,将其轨道设定在可以于1964年7月14日在100000km处飞越金星,但在1964年5月24日和探测器的联系已告中断,任务中断,任务失败

（续）

序号	日期	探测器	国别(地区)	运载火箭	任务类型	任务结果	任务概述
15	1965.11.12	"金星"-2（Venera-2）	苏联	"闪电"-M（Molniya-M）	飞越金星	失败	"金星"2号是1965年11月苏联连续发射的3个3MV型金星探测器中的第一个,目标是飞越探测,搭载着电视照相系统照相光谱仪、声谱仪等科学仪器。1966年2月27日,它在24000km距离处飞越金星,但由于舱内温度过高,探测器系统在到达金星前就已停止工作,没有发回数据
16	1965.11.16	"金星"-3（Venera-3）	苏联	"闪电"（Molniya）	金星着陆器	失败	"金星"3号探测器是苏联在该窗口发射的第二个探测器,重963kg,目标是着陆探测。于1966年3月1日在金星上实现了硬着陆,由于高温使一切通信遥测全部中断。探测器虽然失败了,"金星"3号却首次实现了人类发射的探测器到达另一颗行星。"金星"3号的仪器包括温度、密度和压力敏感器,气体分析仪、光度计和γ射线探测器
17	1965.11.23	"宇宙"-96（Cosmos-96）	苏联	"闪电"-M（Molniya-M）	金星着陆器	失败	"宇宙"96号也是金星着陆器,其设计与"金星"3号相似,是这个窗口发射的最后一个探测器。探测器进入地球轨道后,运载火箭与入轨发射平台分离,但由于第四级发动机爆炸而失败,于1965年12月9日坠毁于地球
18	1965.11.23	"金星"-1965A（Venera-1965A）	苏联	"闪电"-M（Molniya-M）	飞越金星	失败	发射失败
19	1967.6.12	"金星"-4（Venera-4）	苏联	"闪电"-M（Molniya-M）	金星着陆器	部分成功	发射后于1968年1月10日进入金星大气层,降落在金星表面白昼黑夜交界线1500km的地方。"金星"4号的着陆舱直径1m,重383kg,外壳包着一层很厚的耐高温壳体。由于金星大气的压力和温度要比预想的高得多,在下降到25～27km时着陆舱就被大气压裂,通信中断,所以着陆舱降落到金星表面时就已损坏了,未能发回金星表面探测到的情况

（续）

序号	日期	探测器	国别(地区)	运载火箭	任务类型	任务结果	任务概述
20	1967.6.14	"水手"-5 (Mariner-5)	美国	"宇宙神-阿纳金"D (Altas-Agena D)	飞掠金星	成功	"水手"5号原为"水手"4号探测器的备份，后改用作金星飞掠探测。任务是在金星上空采样太阳粒子和测量磁场扰动、测量行星际和金星的磁场。金星大气层的带电粒子、等离子体、无线电折射和紫外发射。探测器重245kg，1967年10月19日在3990km高度飞越金星。其无线电掩星数据还有助于获得对金星表面温度和致密大气层的正确认识，1967年11月探测器停止工作
21	1967.6.17	"宇宙"-167 (Cosmos-167)	苏联	"闪电"-M (Molniya-M)	金星着陆器	失败	"宇宙"167号探测器的设计与"金星"4号相似，也是金星着陆器，和以前的"金星"2号和3号不同的是"金星"4号和"宇宙"167号经过了重新设计，全向天线由低增益芯型天线代替。着陆舱能承受住11000℃高温和300g的负加速度，甚至降落到海中也能漂浮。发射后由于运载火箭上面级点火失败而未能离开地球轨道
22	1969.1.5	"金星"-5 (Venera-5)	苏联	"闪电"-M (Molniya-M)	金星着陆器	部分成功	"金星"5号和"金星"6号的设计同"金星"4号非常接近，探测目标比4号相同，但其外壳经过加固，可以承受2.5MPa和450g的负加速度，但仍然无法经受金星大气层的高压。"金星"5号着陆舱在大气层中下降了53min，在距离金星表面24~26km高度被压碎
23	1969.1.10	"金星"-6 (Venera-6)	苏联	"闪电"-M (Molniya-M)	金星着陆器	部分成功	和"金星"5号基本相同，"金星"6号着陆舱在大气层收集了51min的数据，一直下降到金星表面10~12km高度时才毁坏

序号	日期	探测器	国别(地区)	运载火箭	任务类型	任务结果	任务概述
24	1970.8.17	"金星"－7 (Venera－7)	苏联	"闪电"－M (Molniya－M)	金星 着陆器	部分成功	为吸取过去登陆舱故障的教训，"金星"7号探测器设计能承受180kg/cm²压力和540℃高温以经受穿过大气层时的巨大压力和高温。12月15日到达金星，成为第一个到达金星实地考察的人类使者。传回的数据表明，温度高达470℃，大气成分主要是二氧化碳，还有少量的氧、氮等气体。不足之处是下降过程中降落伞因高温损坏，使着陆器最后阶段以自由落体而下降，严重影响了着陆后的信号传输
25	1970.8.22	"宇宙"－359 (Cosmos－359)	苏联	"闪电"－M (Molniya－M)	金星 着陆器	失败	"宇宙"－359号探测器总重1180kg，该探测器和"金星"7号一样，对原来的登陆舱进行了重大的改造，减小了壳体直径和开孔数量，外部用钛合金材料制成，并进行高精度加工，还包裹了防冲击材料，但发射时由于运载火箭故障而失败
26	1972.3.27	"金星"－8 (Venera－8)	苏联	"闪电"－M (Molniya－M)	金星 着陆器	成功	"金星"8号是一个和"金星"7号非常相似的探测器。基于"金星"7号探测器的可行性，因此对"金星"7号探测器作了修改，最高设计压强减为105kg/cm²，以适应在白天降落的需要。着陆器总重495kg,1972年7月22日在金星表面成功着陆，进行了一系列探测，成为第一个全面成功的金星着陆器
27	1972.3.31	"宇宙"－482 (Cosmos－482)	苏联	"闪电"－M (Molniya－M)	金星 着陆器	失败	和"金星"8号类似，"宇宙"－482号是苏联在"金星"7号的基础上继续深化金星探测工作的2个着陆器之一，采用改进型3V母舱。着陆器重495kg,根据"金星"7号测得的金星大气数据加强了着陆舱壳体，可承压10.5MPa，并采用了主动热控系统，着陆器必须在夜间一侧着陆。1972年3月31日用闪电号运载火箭发射后，因计时器故障导致L级发动机提前关机而失败

（续）

序号	日期	探测器	国别（地区）	运载火箭	任务类型	任务结果	任 务 概 述
28	1973. 11. 4	"水手" – 10（Mariner – 10）	美国	"宇宙神 –半人马座"（Altas – Centaur）	飞越水星/金星	成功	"水手"10 号是迄今第一颗造访水星的探测器，是人类首个执行金星和水星双行星探测任务的飞行器。1974 年 2 月 5 日，"水手"10 号从距金星 5760km 的地方飞过，拍摄了几千张金星云层的照片。1974 年 3 月 29 日在距离水星 703km 处飞越，同年 9 月 21 日又在距离 48000km 处白天一侧飞越水星。1975 年 3 月 24 日又在 327km 距离处第 3 次飞越水星
29	1975. 6. 8	"金星" –9（Venera – 9）	苏联	"质子"K/Block D（ProtonK/Block D）	金星轨道器/着陆器	成功	发射"金星"9 号和 10 号，都采用了苏联 4V – 1 第三代探测器，于同年 10 月 22 日和 25 日分别进入远拱点为 111700km 和 114000km 的环绕金星轨道，成为第一对绕金星飞行的人造卫星。两者探测了金星大气结构和特性，首次发回了电视发回的图像和金星表面全景黑白图像。"金星"10 号还发回了 65min 的图像和金星表面黑白全景图像。它们释放的着陆器先后在金星表面着陆，分别测得金星表面温度为 455℃和 464℃，压强 8.5MPa 和 9.1MPa
30	1975. 6. 14	"金星" –10（Venera – 10）	苏联	"质子"K/Block D（ProtonK/Block D）	金星轨道器/着陆器	成功	见"金星"9 号
31	1978. 5. 20	"先驱者 – 金星" –1（Pioneer – Venus – 1）	美国	"宇宙神 –半人马座"（Atlas – Centaur）	金星轨道器	成功	"先驱者 – 金星"1 号又称"先驱者"12 号，是环绕金星进行长期考察的轨道器，任务质量 517kg，携带总重 45kg 的 17 台考察仪器。1978 年 12 月 4 日进入环绕金星轨道，经调整后一直在 142 ～253km×66900km 的椭圆轨道进行科学探测。1991 年其雷达成像仪激活，和"麦哲伦"探测器共同进行金星南部地区考察。1992 年 8 月因燃料用尽而坠毁于大气层

（续）

序号	日期	探测器	国别(地区)	运载火箭	任务类型	任务结果	任务概述
32	1978.8.8	"先驱者-金星"-2 (Pioneer-Venus-2)	美国	"宇宙神-半人马座" (Atlas-Centaur)	金星轨道器	成功	又称"先驱者"13号,母舱总重881kg,装有一个直径790mm的大着陆器和3个直径460mm的小着陆器,用于大气采样和检测,云层、粒子太阳辐射探测。"先驱者-金星-2"号在进入绕金星轨道后,于1978年11月16日释放了大探测器,下降过载565g,下降过载400g。11月20日释放了3个小探测器成功着陆。一个小着陆器成功着陆,传回了67min37s的数据,下降时发回了一些数据
33	1978.9.9	"金星"-11 (Venera-11)	苏联	"质子"K/Block D (ProtonK/Block D)	金星着陆器	部分成功	"金星"11号和"金星"12号目的是测量金星大气成分,分析分散的太阳辐射光谱和检测土壤成分。到达金星后,其母舱都飞越金星而去,释放的着陆器均在金星成功实现软着陆,分别工作了95min和110min。但两个着陆器的相机盖均未能抛去,地面都没有收到金星表面图像,而且下降阶段强烈的振动损坏了它们的采样通道,导致采样失败
34	1978.9.14	"金星"-12 (Venera-12)	苏联	"质子"K/Block D (ProtonK/Block D)	金星着陆器	成功	见"金星"11号
35	1981.10.30	"金星"-13 (Venera-13)	苏联	"质子"K/Block D (ProtonK/Block D)	金星着陆器	成功	"金星"13号和14号是2个完全相同的金星探测器,是"金星"11号和12号的改进型。探测器均由母舱和着陆器两部分构成。着陆器重760kg,采用了先进的防热技术和可以在高温下工作的润滑剂。在金星大气层下降阶段进行一系列大气和太阳光谱的理化分析,着陆后拍摄图像并在金星表面进行土壤钻探、地震探测。1982年3月1日,"金星"13号在7.5°S/303°E区域成功着陆。1982年3月5日金星14号在13.2°S/310°E着陆,两者相隔950km

（续）

序号	日期	探测器	国别(地区)	运载火箭	任务类型	任务结果	任务概述
36	1981.11.4	"金星"-14 (Venera-14)	苏联	"质子"K/Block D (ProtonK/Block D)	金星着陆器	成功	见"金星"13号
37	1983.6.2	"金星"-15 (Venera-15)	苏联	"质子"K/Block D (ProtonK/Block D)	金星轨道器	成功	"金星"15号和16号是一对雷达型金星轨道探测器，任务是在轨长期雷达图像拍摄。它们结构上完全相同，重5300kg，包括1985kg燃料以作轨道机动，探测器配备了Polyus-V型合成孔径雷达和1.4m高的抛物碟形天线。"金星"15号和16号分别在1983年10月17日和10月22日进入1000km×65000km的工作轨道，周期24h，倾角90°，二着陆物面相隔4°以便配合拍摄。在8个月的工作期间共计拍摄了25%金星表面图像，分辨率2km
38	1983.6.7	"金星"-16 (Venera-16)	苏联	"质子"K/Block D (ProtonK/Block D)	金星轨道器	成功	见"金星"15号
39	1984.12.15	"维加"-1 (Vega-1) ("金星-哈雷"-1, "织女"-1)	苏联	"质子"K/Block D (ProtonK/Block D)	金星着陆器/飞越哈雷星	成功	"维加"1号和"维加"2号探测器在飞越金星时各释放了一个金星气球和一个金星着陆器，然后即飞往与哈雷彗星交越的轨道。它们释放的气球对金球的气球对金星大气的探测和温度分析。着陆器也实现了金星软着陆，但"维加"1号着陆器因受强烈气流扰动，使传感器误读数据，提前在空中就启动了钻探程序，导致采样失败。1986年3月6日，"维加"1号到达距彗核8890km处，首次拍摄彗核照片，显示出彗核是冰雪和尘埃粒子组成的。"维加"2号于3月9日从距彗核8030km处飞过，拍摄到了更清晰的彗核照片。"维加"号探测器还首次发现彗核中存在一氧化碳和简单的有机分子
40	1984.12.21	"维加"-2 (Vega 2) ("金星-哈雷"-2, "织女"-2)	苏联	"质子"K/Block D (ProtonK/Block D)	金星着陆器/飞越哈雷星	成功	见"维加"1号，不同之处在于"维加"2号与金星表面软着陆后，成功地进行了表面钻探和土壤分析

序号	日期	探测器	国别（地区）	运载火箭	任务类型	任务结果	任务概述
41	1989.5.4	"麦哲伦"（Magellan）	美国	航天飞机/IUS	金星轨道器	成功	"麦哲伦"探测器是美国的金星雷达成像卫星。1990年8月10日飞临金星，进入了289×8458km的金星环绕轨道，倾角85.5°，8月29日正式开始雷达摄像，虽然曾遇到一系列故障，但仍然成功地拍摄了金星绝大部分地区的雷达图像。1994年12月12日在围绕金星飞行15032圈后因电池耗尽而停止工作
42	2005.11.9	"金星快车"（Venus Express）	欧空局	"联盟－弗雷加特"（Soyuz－Fregat）	金星轨道器	成功	"金星快车"是欧空局的第一个金星探测器，由俄罗斯"联盟"号/Fregat火箭发射升空，主要目的是对金星大气层进行长时期观察，以便更好地了解金星大气动力学和气候变化。探测器重1270kg，已于2006年4月11日到达金星，进入了250×66000km的环金星轨道，倾角90°，偏心率0.8403，周期24h。原计划只进行500天的长期探测，现已2次延期至2012年12月31日
43	2010.5.21	"拂晓"（Akatsuki）	日本	H－2A	金星轨道器	飞行途中	"拂晓"号又名"金星气候轨道器"或"行星－C"探测器，发射质量500kg，于2010年12月抵达金星，进行为期2年的探测，轨道高度300km×7900km。飞行约5.2亿km，利用多种波长观测器在轨道上探测金星的大气构成，矿产资源分布、云层、气温和风能等信息，重点弄清这颗地球的姊妹星是如何成为一个灼热的星球的

参 考 文 献

[1] Geoffrey A Landis, Christopher LaMarre, Anthony Colozza. Venus atmospheric exploration by solar aircraft [J]. Acta Astronautica 56, (2005):750 – 755.

[2] Geoffrey A, Landis, Anthony Colozza. Atmospheric Flight on Venus: A Conceptual Design[J]. Journal of Spacecraft and Rockets,2003:672 – 667.

[3] Brandon Simth, Ethiraj Venkatapathy. Venus In Situ Explorer Mission Design using a Mechanically Deployed Aerodynamic Decelerator[J]. IEEE,2013.

[4] Lori S Glaze, Charles Baker, Michael Adams. Venus Mobile Explorer (VEM): A Mission Concept Study for the National Research Council Planetary Decacal Survey[J]. 2010.

[5] Geoffrey A Landis, Kenneth C Mellottl. Venus Surface Power and Cooling Systems [J]. Acta Astronautica 61(2007):995 – 1001.

[6] Bullock M A,Senske D A,Balint T S,et al. A Venus Flagship Mission: Report of the Venus Science and Technology Definition Team[C]. 40th Luanr and Planetary Science Conference(2009).

[7] Carl S Christensen, Stephen J Reinbold. Navigation of the Mariner 10 Spacecraft to Venus and Mercury [C]. AIAA 13th Aerospace Sciences Meeting,1974.

[8] Donna L Shirley, Supervisor. Mariner 10 Mission Analysis: Application of A Black Art[C]. AIAA 13th Aerospace Sciences Meeting,1994.

[9] Hyo-keun Ahn, Chul Park, Keisuke Sawada. Response of Heatshield Material at Stagnation Point of Pioneer – Venus Probes[J]. Journal of Thermophysics and heat Transfer, 2002, 16(3): 432 – 439.

[10] John W Dyer, Robert R Nunamaker, John R Cowley JR,et al. Pioneer Venus Mission Plan for Atmospheric Probes and an Orbiter[J]. Jornal of Spacecraft Rocket,1974:710 – 715.

[11] Masanori Takahashi, Keisuke Sawada. Simulation of Entry Flight Flowfield over Four Probe Vechicles in Pioneer – Venus Mission[C]. 40th AIAA Aerospace Sciences Meeting & Exhibit, 14 – 17 January 2002.

[12] Wayne F Brady. Pioneer Venus Probe Targeting Maneuver Design. NASA.

[13] McCloy R D. Entry Dynamics Performance Predictions for Pioneer Venus Probes[C]. AIAA, 1978:285 – 293.

[14] Findlay J T, Blanchard R C. Proposed Methods for the Reconstruction of the Pioneer Venus Probe Entry Trajectories[C]. 17th Aerospace Sciences Meeting,1979.

[15] McNamee J B,Kronschnabl G R,Ryne M S. An Improved Venus Gravity Field From Doppler Tracking of the Pioneer Venus Orbiter and Magellan Spacecraft[C]. Amercian Institute of Aero-

nautics and Astronautics,1992:603 – 610.

[16] Steven D Dorfman. The Pioneer Venus Spacecraft Program [J]. Journal of Spacecraft Rocket, 1997,14(11):683 – 689.

[17] James C Neuman, Joseph A Buescher, Gregory J Esterl. Magellan Spacecraft Thermal Control System Design and Performance [C]. AIAA 28th Thermophysics Conference, July 6 – 9,1993.

[18] Didier F G Rault. Aerodynamic Characteristics of Magellan Spacecraft in Venus Upper Atmosphere [C]. 31th Aerospace Sciences Meeting & Exhibit, January 11 – 14,1993.

[19] Anita S Carpenter. The Magellan Aerobraking Experiment: Attitude Control Simulation and Preliminary Flight Results [C]. Amercian Institute of Aeronautics and Astronautics, 1993:1148 – 1157.

[20] Zasova L V,Moroz V I,Linkin V M. Venera – 15,16 and Vega Mission Results as Sources for Improvements of the Venus Reference Atmosphere [J]. Acta Astronautica,1995:171 – 180.

[21] Jon D Giorgini, Eric J Graat, Tung – Han You,et al. McNamee. Magellan Navigation Using X – band Differenced Doppler During Venus Mapping Phase [C]. American Institute of Aeronautics and Astronautics, 1992:351 – 360.

[22] Didier F Rault, Francisco J Cestero, Russell W Shane. Spacecraft Aerodynamics During Aerobraking Maneuver in Planetary Atmospheres [C]. 31th AIAA Thermophysics Conference, June 17 – 20,1996.

[23] Martin Shaw, Michel Denis, Octavio Camino,et al. Lessions Learned from safe modes encountered on ESA's interplanetary mission: Mars Express, Venus Express and Rosetta [C]. SpaceOps 2008 Conference,2008.

[24] Bougher S W,Rafkin S,Drossart P. Dynamics of the Venus upper atmosphere:Outstanding problems and new constraints expected form Venus Express [J]. ELSEVIER Planetary and Space Science 54(2006):1371 – 1380.

[25] Svedhem H,Titov D V,McCoy D,et al. Venus Express – The first European mission to Venus [J]. ELSEVIER Planetary and Space Science 55(2007): 1636 – 1652.

[26] Geoffrey A Landis. Analysis of Solar Cell Efficiency for Venus Atmosphere and Surface Missions [C]. 11th International Energy Conversion Engineering Conference, July 14 – 17,2013.

[27] Landis G A,et al. Venus Rover Design Study [C]. AIAA Space 2011 Conference & Exposition, Sept,26 – 29,2011

[28] Landis G A,Vo T. Photovoltaic Performace in the Venus Environment [C]. 34th IEEE Photovoltaic Specialists Conference, June 7 – 12,2009.

[29] Landis G A,LaMarre C,Colozza A. Atmospheric Flight on Venus: A Conceptual Design [J]. Journal of Spacecraft and Rocket,2003,40(5):672 – 677.

[30] Landis G A. Robotic Exploration of the Surface and Atmosphere of Venus [C]. International Astronautical Federation Congress, IAC – 04 – R. 2. 06, Oct,2004.

[31] Lorenz R D, Bienstock B, Couzin P,et al. Thermal Design and Performance of Probes in Thick

Atmospheres：Experience of Pioneer Venus, Venera, Galieo and Huygens［C］. 3rd International Planetary Probe Workshop, 27 June－1 July, 2005.

［32］ Kenneth Hibbard, Lori Glaze, Jill Prince. Aerobraking at Venus：A science and technology enabler［J］. Acta Astronautica,73,2012:137－143.

［33］ Spencer D, Tolson R. Aerobraking cost and risk decisions［J］. Spacecraft Rockets 44（6）（2007）1285－1293.

［34］ Drossart P,Piccioni G,Ariani A,et al. Scientific goals for the observation of Venus by VIRTIS on ESA/Venus express mission［J］. ELSVIER Planetary and Space Science 55（2007）：1653－1672.

［35］ Ferdinando Tonicello, Alistair Winton. Venus Express, the Maximum Power Point Tracker and the initial commissioning［C］. 4th International Energy Conversion Engineering Conference and Exhibit,2006.

［36］ Shinichiro Narita, Yasuhiro Kawakatsu, Toshihiro Kurii, Takeshi Yoshizawa. Operation Scenario of PLANET－C：Venus Climate Orbit（AKATSUKI）［C］. SICE Annual Conference 2010：822－828.

［37］ Kawaguchi J, Hagino S,. Ohshima. Guidance and Navigation Operation for Rehearsals and touch－downs in HAYABUSA, AAS 2006－1:6－183.

［38］ Ishii N,nakamura M,Imamura T,et al. System Analysis and Orbit Design for PLANET－C Venus Climate Orbiter, ISTS,2009.

［39］ Narita S, Kawakatsu Y, Kurii T,et al. Overview of Attitude Orbit Control System of PLANET－C：Venus Climate Orbiter, ISTS, 2009.

［40］ 焦维新. 国际金星探测的计划和理念［C］.2011 年第二十四届全国空间探测学术交流会,2011.

［41］ 胡中为. 神秘的金星［J］.自然杂志,2011,34(2).

［42］ 徐博,陈杰. 金星探测的历程与展望［C］.中国宇航学会深空探测技术专委会第六届学术年会暨863 计划"深空探测与空间实验技术"学术研讨会:512－518.

［43］ Schaber G G, Strom R G, Moore H J,et al. Geology and distribution of impact craters on Venus：what are they telling us?［J］. Geophys. Res. 97（1992）13257－13301.

［44］ Spencer D A, Tolson R H. Aerobraking cost and risk,［J］. Spacecraft Rockets 44（6）（2007）1285－1293.

［45］ Spencer D, Tolson R. Aerobraking cost and risk decisions,［J］. Spacecraft Rockets 44（6）（2007）1285－1293.

［46］ Prince J L H,Striepe S A, NASA Langley simulation capabilities for the Mars Reconnaissance Orbiter, in: Proceedings of the 15th Annual AAS/AIAA Space Flight Mechanics Conference, Copper Mountain, Colorado, January 23－27, 2005.

［47］ Hashimoto G L, Roos－Serote M, Sugita S,et al. Felsic highland crust on Venus suggested by Galileo near－infrared mapping spectrometer data, J. Geophys. Res 113（E9）（2008）.

[48] Kerzhanovich V, et al. Venus aerobot multisonde mission; atmospheric relay for imaging the surface of Venus, IEEE2000 Aerospace Conference, Big Sky, MT, March 18 – 25,2000.

[49] Gilmore M S, et al. Venus Intrepid Tessera Lander; Mission Concept Study Report to the NRC Decadal Survey Inner Planets Panel. NASA GSFC – NASA ARC, April 2010.

[50] Squyres S, et al. Visions and Voyages for Planetary Science in the Decade 2013 – 2022 (Decadal Survey). The National Academies Press, Washington, D. C. , 2011.

[51] Arnold J O, Laub B, Chen Y K,et al. Arcjet Testing of Woven Carbon Cloth for Use on Adaptive Deployable Entry and Placement Technology, IEEE Aerospace Conference, Big Sky, MT, March 2013.

[52] Smith B P, Yount B C, Venkatapathy E,et al. Mitigation of Separation System Risks through Subsonic Parachute Design and Dynamic Stability Analysis for a Mechanically – Deployed Aerodynamic Decelerator at Venus. Pending Publication, 22nd Aerodynamic Decelerator Systems Technology Conference, Daytona Beach, FL, March 2013.

[53] Wells N, et al. Atmospheric microprobes for Venus; a preliminary probe design and localisation method. Proceedings of "ASTRA 2004" Workshop, ESTEC, Nov 2004.

[54] MacCready P B, Lissaman P, Morgan W R,et al. Sun Powered Aircraft Design. AIAA Paper 81 – 0916,May 1981.

[55] Landis G A, Lamarre C,Colozza A. Venus Atmospheric Exploration by Solar Aircraft. International Astronautical Congress, IAC Paper 02 – Q. 4. 2. 03,World Space Congress, Oct. 2002.

[56] Schulze-Makuch D. Proceedings ofthe Second European Workshop on Astrobiology, Graz, Austria, 16 – 19 September 2002.

[57] Landis G. Exploring Venus by solar airplane, Presented at the STAIF Conference on Space Exploration Technology, Albuquerque NM, February 11 – 15, 2001, AIP Conference Proceedings, 552;16 – 18.

参
考
文
献

248